河南省机关事业单位工勤技能人员培训考核教材

建筑施工人员岗位技能

许　可　李　奎　贾广征　主编

黄河水利出版社

·郑州·

图书在版编目(CIP)数据

建筑施工人员岗位技能/许可,李奎,贾广征主编
.—郑州:黄河水利出版社,2021.3
河南省机关事业单位工勤技能人员培训考核教材
ISBN 978-7-5509-2942-5

Ⅰ.①建… Ⅱ.①许… ②李… ③贾… Ⅲ.①建筑工程-工程施工-职业培训-教材 Ⅳ.①TU7

中国版本图书馆 CIP 数据核字(2021)第 044477 号

出 版 社:黄河水利出版社　　网址:www.yrcp.com
地址:河南省郑州市顺河路黄委会综合楼 14 层　　邮政编码:450003
发行单位:黄河水利出版社
发行部电话:0371-66026940、66020550、66028024、66022620(传真)
E-mail:hhslcbs@126.com
承印单位:郑州市运通印刷有限公司
开本:787 mm×1 092 mm 1/16
印张:11.25
字数:260 千字　　印数:1—1 000
版次:2021 年 3 月第 1 版　　印次:2021 年 3 月第 1 次印刷

定价:50.00 元

编委会名单

主　编：许　可　李　奎　贾广征

副主编：常　健　朱苗苗　谷剑锋

参　编：王晓耀　杨翠英　李　杨　刘　艳

前 言

为适应现代岗位技术技能发展和河南省机关事业单位工勤技能岗位变化的实际情况,促进机关事业单位工勤技能岗位工种设置更加规范、科学、合理,根据人力资源和社会保障部2017年9月15日印发的《人力资源社会保障部关于公布国家职业资格目录的通知》(人社部〔2017〕68号),2019年11月29日河南省人力资源和社会保障厅发布了《河南省人力资源和社会保障厅关于印发新修订的河南省机关事业单位工勤技能岗位工种设置目录的通知》(豫人设办〔2019〕107号),对河南省机关事业单位工勤技能岗位工种设置目录进行了重新修订。

工勤技能岗位包括技术工岗位和普通工岗位,其中技术工岗位分为5个等级,即一至五级(高级技师、技师、高级工、中级工、初级工),各级别掌握程度见下表。普通工岗位不分等级。人事部公布的《事业单位岗位设置管理试行办法》(国人部发〔2006〕70号)的实施意见规定,事业单位中的高级技师、技师、高级工、中级工、初级工,依次分别对应一至五级工勤技能岗位。

此次河南省机关事业单位工勤技能岗位工种修订共计归并取消了74个工种。修订后的河南省机关事业单位工勤技能岗位工种设置由原20类178个工种调整为20类104个工种。其中,原有建设类工勤技能岗位工种中的建筑工程试验工、木工、钢筋工、混凝土工、架子工、砌筑工、油漆工,统一归并为土建施工人员。

为更好地贯彻国家有关方针政策,帮助土建施工人员学习、掌握土建施工的专业技能知识,通过工勤技能岗位等级考核,我们组织专家依据《河南省人力资源和社会保障厅关于印发新修订的河南省机关事业单位工勤技能岗位工种设置目录的通知》(豫人设办〔2019〕107号)编写了土建施工人员培训教材。

在教材编写过程中,充分吸收了最新的有关土建施工人员的规章、政策及标准规范,注重理论联系实际,对土建施工人员应了解、熟悉、掌握的相关专业技能知识进行了系统全面的介绍,以帮助相关人员深入理解,通过考核。

教材在编写和审定过程中,得到了河南建设行业劳动管理协会、河南建筑职业技术学院等单位诸多专家的支持。在此,对各支持单位及各位领导、专家表示衷心感谢!因土建施工人员工作内容涉及专业面广,专业技术性强,本教材难免有不足和疏漏之处,还望读者提出宝贵意见和建议。

章节	初级工	中级工	高级工	技师	高级技师
第一章　绪　论					
第一节　工勤技能岗位概述	了解	了解	熟悉	掌握	掌握
第二节　土建施工人员岗位相关规定	了解	了解	熟悉	掌握	掌握
第二章　试验工相关岗位技能					
第一节　试验工基础知识	了解	了解	熟悉	掌握	掌握
第二节　原材料试验	了解	了解	熟悉	掌握	掌握
第三章　木工相关岗位技能					
第一节　木工基础知识	熟悉	掌握	掌握	掌握	掌握
第二节　木工安全生产知识	了解	熟悉	熟悉	掌握	掌握
第三节　木工操作技能	了解	了解	熟悉	熟悉	掌握
第四章　钢筋工相关岗位技能					
第一节　钢筋的种类	熟悉	掌握	掌握	掌握	掌握
第二节　钢筋进场验收	熟悉	熟悉	熟悉	掌握	掌握
第三节　钢筋加工	了解	熟悉	熟悉	掌握	掌握
第四节　钢筋连接	了解	了解	熟悉	掌握	掌握
第五节　钢筋配料与代换	了解	了解	熟悉	掌握	掌握
第六节　钢筋的安装验收	熟悉	熟悉	掌握	掌握	掌握
第七节　101G 系列平法图集要点	了解	了解	熟悉	掌握	掌握
第五章　混凝土工相关岗位技能					
第一节　混凝土的原材料	熟悉	掌握	掌握	掌握	掌握
第二节　混凝土的搅拌	了解	了解	熟悉	熟悉	熟悉
第三节　混凝土的运输	了解	了解	熟悉	熟悉	熟悉
第四节　混凝土的浇筑	了解	熟悉	熟悉	掌握	掌握
第五节　混凝土的振捣	了解	熟悉	熟悉	掌握	掌握
第六节　混凝土的养护	了解	熟悉	掌握	掌握	掌握
第七节　混凝土工程的质量要求	了解	熟悉	掌握	掌握	掌握
第八节　混凝土工程的绿色施工	了解	熟悉	掌握	掌握	掌握
第六章　架子工相关岗位技能					
第一节　建筑脚手架基础知识	了解	了解	熟悉	掌握	掌握
第二节　落地扣件式钢管外脚手架	了解	了解	熟悉	掌握	掌握
第三节　落地碗扣式钢管脚手架	了解	了解	熟悉	掌握	掌握

续表

章节	初级工	中级工	高级工	技师	高级技师
第四节　落地门式钢管外脚手架	了解	了解	熟悉	掌握	掌握
第五节　承插式盘扣脚手架	了解	了解	熟悉	掌握	掌握
第六节　附着式升降脚手架(爬架)	了解	了解	熟悉	掌握	掌握
第七章　砌筑工相关岗位技能					
第一节　砌筑材料	了解	了解	熟悉	掌握	掌握
第二节　砌筑工程施工	了解	了解	熟悉	掌握	掌握
第三节　砌筑工程的季节施工	了解	了解	熟悉	掌握	掌握
第四节　砌筑工程常见质量问题及防治措施	了解	了解	熟悉	掌握	掌握
第八章　油漆工相关岗位技能					
第一节　常用涂料与辅助材料	了解	了解	熟悉	掌握	掌握
第二节　涂料、常用腻子调配	了解	了解	熟悉	掌握	掌握
第三节　涂饰前的基层处理	了解	了解	熟悉	掌握	掌握
第四节　涂饰施工工艺	了解	了解	熟悉	掌握	掌握
第五节　涂饰施工常见问题及解决方法	了解	了解	熟悉	掌握	掌握
第六节　涂饰安全与防护	了解	了解	熟悉	掌握	掌握

编　者

2021 年 2 月

目　　录

前　言
第一章　绪　论 …… (1)
　第一节　工勤技能岗位概述 …… (1)
　第二节　土建施工人员岗位相关规定 …… (4)
第二章　试验工相关岗位技能 …… (9)
　第一节　试验工基础知识 …… (9)
　第二节　原材料试验 …… (14)
第三章　木工相关岗位技能 …… (30)
　第一节　木工基础知识 …… (30)
　第二节　木工安全生产知识 …… (35)
　第三节　木工操作技能 …… (40)
第四章　钢筋工相关岗位技能 …… (51)
　第一节　钢筋的种类 …… (51)
　第二节　钢筋进场验收 …… (51)
　第三节　钢筋加工 …… (53)
　第四节　钢筋连接 …… (54)
　第五节　钢筋配料与代换 …… (66)
　第六节　钢筋的安装验收 …… (69)
　第七节　101G 系列平法图集要点 …… (77)
第五章　混凝土工相关岗位技能 …… (84)
　第一节　混凝土的原材料 …… (84)
　第二节　混凝土的搅拌 …… (89)
　第三节　混凝土的运输 …… (90)
　第四节　混凝土的浇筑 …… (91)
　第五节　混凝土的振捣 …… (92)
　第六节　混凝土的养护 …… (93)

第七节　混凝土工程的质量要求 …………………………………………………… (94)

第八节　混凝土工程的绿色施工 …………………………………………………… (97)

第六章　架子工相关岗位技能 …………………………………………………… (102)

第一节　建筑脚手架基础知识 …………………………………………………… (102)

第二节　落地扣件式钢管外脚手架 …………………………………………………… (107)

第三节　落地碗扣式钢管脚手架 …………………………………………………… (113)

第四节　落地门式钢管外脚手架 …………………………………………………… (117)

第五节　承插式盘扣脚手架 …………………………………………………… (121)

第六节　附着式升降脚手架(爬架) …………………………………………………… (125)

第七章　砌筑工相关岗位技能 …………………………………………………… (129)

第一节　砌筑材料 …………………………………………………… (129)

第二节　砌筑工程施工 …………………………………………………… (133)

第三节　砌筑工程的季节施工 …………………………………………………… (144)

第四节　砌筑工程常见质量问题及防治措施 …………………………………………………… (146)

第八章　油漆工相关岗位技能 …………………………………………………… (151)

第一节　常用涂料与辅助材料 …………………………………………………… (151)

第二节　涂料、常用腻子调配 …………………………………………………… (154)

第三节　涂饰前的基层处理 …………………………………………………… (155)

第四节　涂饰施工工艺 …………………………………………………… (157)

第五节　涂饰施工常见问题及解决方法 …………………………………………………… (163)

第六节　涂饰安全与防护 …………………………………………………… (166)

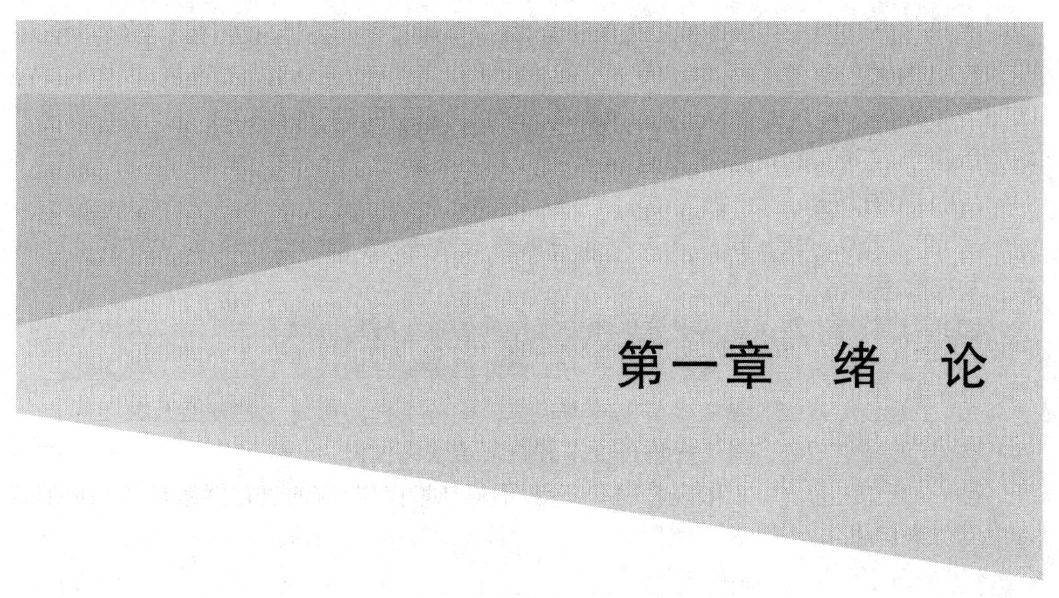

第一章　绪　论

第一节　工勤技能岗位概述

一、工勤技能岗位相关规定

(一)定义

国家人事部规定,事业单位岗位分管理岗位、专业技术岗位和工勤技能岗位三种类别。

工勤技能岗位,又称工勤岗位。在这种岗位上的工作人员为工人编制。这种岗位上的工作人员能承担技能操作和维护、后勤保障、服务等职责,是从事简单体力工作或一般技术工种的岗位。这一岗位的设置要适应提高操作维护技能,提升服务水平的要求,满足单位业务工作的实际需要。例如,技术工人、水电工、司机、通信员、打字员等。

(二)结构比例

人事部规定主要承担技能操作维护、服务保障等职责的事业单位,应保证工勤技能岗位占主体,一般应占单位岗位总量的一半以上。

(三)等级划分

工勤技能岗位包括技术工岗位和普通工岗位,其中技术工岗位分为5个等级,即一至五级。普通工岗位不分等级。人事部公布的《事业单位岗位设置管理试行办法》(国人部发〔2006〕70号)的实施意见规定,事业单位中的高级技师、技师、高级工、中级工、初级工,依次分别对应一至五级工勤技能岗位。实施意见还规定,工勤技能岗位结构比例,一级、二级、三级岗位的总量占工勤技能岗位总量的比例全国总体控制目标为25%左右,一级、二级岗位的总量占工勤技能岗位总量的比例全国总体控制目标为5%左右。实施意见强调,工勤技能一级、二级岗位主要应在专业技术辅助岗位承担技能操作和维护职责等对技能水平要求较高的领域设置。各地区、各部门要制定政策措施严格控制工勤技能一级、二级岗位的总量。实施意见同时对工勤技能岗位基本任职条件做出规定:一级、二级工勤技能岗位,须在本工种下一级岗位工作满5年,并分别通过高级技师、技师技术等级考评;三级、四级工勤技能岗位,须在本工种下一级岗位工作满5年,并分别通过高级工、中级工技术等级考核;学徒(培训生)学习期满和工人见习、试用期满,通过初级工技术等级考核后,可确定为五级工勤技能岗位。

(四)岗位设置

(1)工勤技能一级。除从事电子、设备维修工种可设工勤技能一级外,其余工种不设置工勤技能一级岗位。

(2)工勤技能二级。除从事简单体力工作外的各工种均可设工勤技能二级岗位。

(3)工勤技能三级。除从事简单体力工作外的各工种均可设工勤技能三级岗位。

(4)工勤技能四级。除从事简单体力工作外的各工种均可设工勤技能四级岗位。

(5)工勤技能五级。各工种均可设工勤技能五级岗位。

(6)普通工。普通工仅限现有职工,以后不得新增岗位,应通过自然减员达到取消普通工岗位的目的。

(五)任职条件

(1)从事电子、设备维修工种并取得高级技师证书的可受聘为工勤技能一级岗位。

(2)取得技师证书的可受聘为工勤技能二级岗位。

(3)取得高级工证书的可受聘为工勤技能三级岗位。

(4)取得中级工证书的可受聘为工勤技能四级岗位。

(5)取得初级工证书的可受聘为工勤技能五级岗位。

(6)未取得证书的工人只能受聘为普通工。

二、工勤技能岗位职责

(一)一级岗位(高级技师岗位)职责

(1)负责所属工种的技术革新和高难度的生产加工工艺等方面的工作,解决本工种(岗位)高难度的技术问题和工作难题。

(2)负责大型或高精尖设备的安装、调试、操作、维修和保养方面的工作。

(3)指导、带领技术工和技师进行技术攻关和技术革新。

(4)参与所在部门的管理工作并提出合理的改进意见。

(5)传授技艺或绝招,培养和指导技术工和技师。

(6)负责纠正和制止生产过程中违反技术操作规程和有损工程(产品)质量和安全的操作行为,消除事故隐患。

(7)负责所属工种技术问题的收集、整理和上报,及时发现问题,研究问题。

(8)服从组织工作安排,热爱本职工作,刻苦钻研业务,完成与本职工作有关的其他任务。

(9)完成本岗位的各项工作任务。

(二)二级岗位(技师岗位)职责

(1)解决本工种(岗位)关键性的技术问题和工作难题。

(2)组织完成较大型项目和技术操作的现场实施。

(3)组织并参与所属工种的技术革新和高难度的生产加工工艺等方面的工作,改革生产(工作)工艺、操作方法。

(4)协助指导高新技术设备的调试、维修与使用。

(5)及时纠正和制止生产过程中违反技术操作规程和有损工程(产品)质量和安全的操作行为。

(6)协同开展技术讲座及相关咨询活动,传授技艺和经验,培养技术工人。

(7)负责本岗位技术问题的收集、整理和上报。

(8)服从组织工作安排,热爱本职工作,刻苦钻研业务,完成与本职工作有关的其他任务。

(9)完成本岗位的各项工作任务。

(三)三级岗位(高级工岗位)职责

(1)解决本工种(岗位)重要的技术问题。

(2)熟悉本工种(岗位)有关设备的操作程序,并能熟练地进行操作。

(3)参加改革生产(工作)工艺和操作方法,积极参加技术革新。

(4)参与新技术、新工艺、新材料或新的质量标准体系的应用。

(5)负责落实部门试验作业指导书、质量标准、服务标准及其他相关管理制度。

(6)运用所掌握的知识与技能,妥善处理本岗位的各类工作事务。

(7)服从组织工作安排,热爱本职工作,刻苦钻研业务,完成与本职工作有关的其他任务。

(8)承担初级工、中级工的技术培训工作,积极指导和帮助初级工、中级工提高业务能力。

(9)完成本岗位的各项工作任务。

(四)四级岗位(中级工岗位)职责

(1)熟悉本工种(岗位)有关设备的操作程序,并能熟练操作。

(2)积极参加改革生产(工作)工艺和操作方法。

(3)协助落实部门试验作业指导书及其他相关管理制度。

(4)运用所掌握的知识与技能,妥善处理本岗位的各类工作事务。

(5)服从组织安排工作,热爱本职工作,刻苦钻研业务,不断提高业务素质。

(6)完成本岗位的各项工作任务。

(五)普通工、五级岗位(初级工)的岗位职责

(1)自觉遵守操作规范或服务准则,妥善处理本岗位的各类工作事务。

(2)热爱本职工作,刻苦钻研业务,服从组织调配,不断提高业务素质。

(3)服从组织安排工作,完成与本岗位工作有关的其他任务。

(4)完成本岗位的各项工作任务。

三、河南省工勤技能岗位五级至二级合格人员的确定规则

(一)确定合格人员的基本原则

确定合格人员的原则是以省辖市、省直管县(市)为单位,对各科考核成绩均达到单科最低分数线的同考点、同工种、同等级参考人员,根据考核合格率并按照考核总成绩从

高分到低分依次确定合格人员。

(二)确定合格人员的具体规则

(1)根据全省机关事业单位工勤技能岗位设置管理需要和当年考核成绩整体情况，确定各等级合格率和单科最低分数线。

(2)单科成绩均达到相应单科最低分数线且考核总成绩高于或等于合格分数线的参考人员，为考核合格。单科成绩低于相应单科最低分数线的参考人员、单科成绩均达到相应单科最低分数线但考核总成绩低于合格分数线的参考人员，为考核不合格。

(3)根据省人力资源和社会保障厅规定的考核合格率，以参考人员数为基数，确定同考点、同工种、同等级的拟合格人数(M)。确定拟合格人数时出现非整数的，四舍五入后取整数。

(4)确定同考点、同工种、同等级各科成绩均达到单科最低分数线的人数(N)。

(5)对同考点、同工种、同等级的拟合格人数(M)与各科成绩均达到相应单科最低分数线的人数(N)进行比较，确定相应合格分数线和合格人员。①各科成绩均达到相应单科最低分数线的人数为零，则所有人员全部不合格。②各科成绩均达到相应单科最低分数线的人数小于或等于拟合格人数($N \leqslant M$)，则所有各科成绩均达到相应单科最低分数线的人员确定为合格。③各科成绩均达到相应单科最低分数线的人数大于拟合格人数($N>M$)，则按照考核总成绩由高分到低分依次确定合格人员。总成绩排序在前 M 名之前(含 M)的人员，确定为合格，第 M 名合格人员的考核总成绩即为所在考点、工种和等级的合格分数线；排序在第 $M+1$ 名及其以后的人员，确定为不合格。

(6)因单科最低分数线、确定合格人数时四舍五入等非人为因素，导致实际考核合格率与省规定合格率不一致的，以实际考核合格率为准。

第二节　土建施工人员岗位相关规定

2019 年，根据河南省机关事业单位工勤技能岗位变化的实际情况，为进一步做好河南省机关事业单位工勤技能岗位等级培训、考核工作，河南省工考中心分别举行了工勤技能岗位卫生类、机电类、建设类和质检类工种归并专家论证会，其他类别工种征求了省直有关行业主管部门专家学者和相关工勤技能岗位人员代表的意见，并征求了各市、县工考管理部门的意见，此次河南省机关事业单位工勤技能岗位工种修订共计归并取消 74 个工种、修订后全省机关事业单位工勤技能岗位工种设置由原 20 类 178 个工种调整为 20 类 104 个工种。

此次河南省机关事业单位工勤技能岗位工种修订后，原有建设类工勤技能岗位工种中的建筑工程试验工、木工、钢筋工、混凝土工、架子工、砌筑工、油漆工，统一归并为土建施工人员，见表 1-1。

一、土建施工人员基本职业道德规范

职业是劳动分工的产物，是指劳动者能足以稳定从事的并赖以生活的工作。在现代社会中，几乎每一个正常的成年人都以一定的职业而过着社会生活，个人的职业劳动体现了该职业的特点和要求。作为建筑业一个合格的从业人员，固然需要掌握一定的专业理

论知识,具有高超的操作技能,但理想、道德等精神因素起着更为重要的作用。职业劳动者必须具有职业道德,才能保持高昂的劳动热情,提高劳动生产率。职业道德的基本原则是用来指导和约束人们的职业行为的,需要通过具体、明确的规范来体现。所谓规范,一般说是标准和准则的意思。它告诉人们在职业活动中应该怎样做,不应该怎样做。职业道德规范,一方面是职业劳动者处理职业活动中各种关系、矛盾的行为准则;另一方面是评价职业劳动者的职业活动和职业行为好坏的标准。

表 1-1 建设类工勤技能岗位工种设置

	原工种名称	归并后工种名称
建设类	建筑工程试验工	土建施工人员
	木工	
	钢筋工	
	混凝土工	
	架子工	
	砌筑工	
	油漆工	

(一)忠于职守,热爱本职

(1)参加建筑行业是高尚而光荣的。建筑行业在国民经济中占有极为重要的地位,建筑行业与农业、工业、交通运输业是我国国民经济的四大支柱。建筑行业所提供的建筑产品是各种类型的固定资产,是形成生产能力和发挥经济效益的手段,它为整个社会创造生产和生活环境。我们加入了建筑行业这个队伍,应该感到无限的高尚与光荣。

(2)忠实履行岗位职责,认真做好本职工作。岗位职责是指劳动岗位的职能与上岗职工所担负的责任。岗位责任一般包括:岗位的职能范围与工作内容;在规定的时间内完成的工作数量和质量;本岗位与其他岗位之间的关系。它是我们做好本职工作的基本要求,也是评价或考核职工工作成绩的依据。忠实履行岗位职责是国家对每个从业人员的基本要求,也是职工对国家、对企业必须履行的义务。每个人选择职业时可以公平竞争,定岗后就要履行岗位职责。

怎样履行岗位职责?简单来说,就是要明确自己的岗位应做哪些工作,其工作应干到什么程度。各行各业对每个岗位的工作人员都有明确的职责要求。每个从业人员,都要明确自己工作岗位的要求,在工作中认真执行。每个从业人员,只要在岗位上工作一天,就要认真履行岗位职责,即使与个人利益发生矛盾时,也应首先保证完成工作任务。

(二)遵纪守法,安全生产

1. 遵纪守法

遵纪守法指的是每个职业劳动者都要遵守劳动纪律和与职业活动相关的法律、法规。职业纪律是在特定的职业活动范围内从事某种职业的人们要共同遵守的行为准则,它包括劳动纪律、财经纪律、群众纪律等基本纪律要求以及各行业的特殊纪律要求。作为一个合格的从业人员应熟悉和了解与本人职业有关的法规,诸如《中华人民共和国劳动法》《中华人民共和国建筑法》《中华人民共和国合伙企业法》等,做到自觉遵纪守法,同时也使个人的权益得到保护。

2. 安全生产

安全生产就是在建筑施工的全过程中，每一个环节、每一个方面都要注意安全，把安全摆在头等重要的位置，认真贯彻"安全第一""预防为主"的方针，加强安全管理，做到安全生产。为什么要安全生产？这是因为建筑行业的施工生产具有四个特点：建筑产品的固定性和施工流动性；建筑产品式样多、不定型、体积庞大、材料数量巨大、生产周期长；建筑施工作业的露天性、高空性、地下性和手工性；建筑施工受自然客观条件的影响较为突出。

(1)进入施工现场的基本准则。①严禁赤脚或穿拖鞋进入施工现场。严禁酒后作业，严禁穿带钉易滑的鞋进行高处作业。②在防护设施不完善或无防护设施的高处作业，必须系好安全带。③严禁在施工现场吸烟。④新入场的工人必须经过三级安全教育，考核合格后，方可上岗作业；特种作业人员如电工、焊工、起重工、架子工、信号工、机械驾驶员等必须经过专门的培训，考核合格取得操作证后方准独立上岗。⑤工作时，要思想集中，坚守岗位，遵守劳动纪律。严禁现场随意乱窜，严禁随地大小便。

(2)在施工现场行走或上下时要坚持做到"十不准"。①不准从正在起吊、运吊中的物件下通过，以防物体突然脱钩，砸伤下方人员。②不准从高处往下跳。③不准在没有防护的外墙和外壁板等建筑物上行走。④不准站在小推车等不稳定的物体上操作。⑤不得攀登起重臂、绳索、脚手架、井字架、龙门架和随同运料的吊盘或吊篮及吊装物上下。⑥不准进入挂有"禁止出入"或设有危险警示标志的区域（或有高空作业的下方）等。⑦不准在重要的运输通道或上下行走通道上逗留。⑧不准未经允许私自进入非本单位作业区域或管理区域，尤其是存有易燃易爆物品的场所。⑨严禁夜间在无任何照明施工的工地现场区域内行走。⑩不准无关人员进入施工现场。

(3)施工生产环节中的注意事项。作为一名新工人进入施工现场，在施工生产各环节中应注意以下事项：①首先通过认真阅读施工现场入口处的料具码放等基本情况，以便熟知施工现场的危险区域和各项安全规定，增强自身安全防护意识。②熟悉掌握"三宝"的正确使用方法，达到辅助预防的效果。"三宝"是指现场施工作业中必备的安全帽、安全带和安全网。③当某一个分项工程或某一个工序开工之前，首先要有工长或施工员对该项工程或工序做详细、有针对性和实效性的安全技术交底，操作人员明确交底内容并在交底书上签字后，方可开始施工。脚手架、安全网等，以及机械设备、临电设施在接到验收合格的通知后才能使用。未经工长、施工队长批准不得随意挪动和拆除施工现场的各种防护装置、防护设施和安全标志。④施工的"四口"是指楼梯口、电梯口、预留洞口、通道口；"五临边"一般指沟、坑、槽、深基础周边，楼层周边，梯段侧边，平台或阳台边，屋面周边。"四口"和"五临边"是在施工过程中容易发生事故的部位，也是现场防护的重点，必须有可靠的安全防护设施。

（三）文明施工、勤俭节约

(1)文明施工。文明施工就是坚持合理的施工程序，按既定的施工组织设计，科学地组织施工，严格地执行现场管理制度，做到经常性的监督检查，保证现场整洁，工完场清，材料堆放整齐，施工程序良好。

施工现场在开工前要做到"三通一平"，即运输道路通、临时用电线路通、上下水管道通、施工现场地平整。施工现场应符合安全、卫生和防火要求，并做到安全生产、文明施工。

(2)勤俭节约。所谓勤俭节约,勤俭就是勤劳简朴,节约就是把不必使用的节省下来。换句话说,一方面要多劳动、多学习、多开拓、多创造社会财富;另一方面又要简朴办企业,合理使用人力、物力、财力,精打细算,节省开支、减少消耗,降低成本、提高劳动生产率,提高资金利用率,严格规章制度,避免无谓的浪费和损失。

要坚持"以勤俭节约为荣,浪费贪污为耻"的作风。

二、土建施工人员岗位素养及岗位职责

(一)土建施工人员岗位素养

(1)具有社会责任感和良好的职业操守,诚实守信,严谨务实,爱岗敬业,团结协作。

(2)遵守相关法律法规、标准和管理规定。

(3)树立安全至上、质量第一的理念,坚持安全生产、文明施工。

(4)具有节约资源、保护环境的意识。

(5)具有终生学习理念,不断学习新知识、新技能。

(二)土建施工人员岗位职责

(1)负责施工现场的总体部署、总平面布置。

(2)协调劳务层的施工进度、质量、安全,执行总的施工方案。

(3)对劳务层进行考核、评价。

(4)监督劳务层按规范施工,确保安全生产、文明施工。全面合理、有效的实施方案,保持施工现场安全有效。

(5)提出保证施工安全、质量的措施并组织实施。

(6)督促施工材料、设备按时进场,并处于合格状态,确保工程顺利进行。

(7)参加工程竣工交验,负责工程完好保护。

(8)按时准确记录施工日志。

(9)合理调配生产要素,严密组织施工,确保工程进度和质量。

(10)组织工程验收,参加分部分项工程的质量评定。

(11)参加图纸会审和工程进度计划的编制。

【习题】

一、判断题(下列判断正确的打"√",错误的打"×")

(　　)1. 工勤技能岗位,又称工勤岗位。在这种岗位上的工作人员为工人编制。

(　　)2. 新入场的工人如果曾经经过三级安全教育,可以不经过考核合格,直接上岗作业。

(　　)3. "三宝"是指现场施工作业中必备的安全帽、安全带和安全绳。

二、单项选择题(下列选项中,只有一个是正确的,请将其代号填在括号内)

1. 人事部规定主要承担技能操作维护、服务保障等职责的事业单位,应保证工勤技能岗位占主体,一般应占单位岗位总量的(　　)以上。

A. 10%　　B. 25%　　C. 50%　　D. 75%

2. 工勤技能岗位包括技术工岗位和普通工岗位,其中技术工岗位分为(　　)个

等级。

A. 3　　B. 4　　C. 5　　D. 6

3. 一级、二级工勤技能岗位,须在本工种下一级岗位工作满(　　)年,并分别通过高级技师、技师技术等级考评。

A. 3　　B. 4　　C. 5　　D. 6

三、多项选择题(下列选项中,至少有两个是正确的,请将其代号填在括号内)

1. 国家人事部规定,事业单位岗位分为(　　)三种类别。

A. 管理岗位　　B. 专业技术岗位　　C. 普通岗位　　D. 工勤技能岗位

2. 施工的"四口"是指(　　)。

A. 楼梯口　　B. 楼门口　　C. 电梯口　　D. 预留洞口

E. 通道口

【参考答案】

一、判断题

1. √　　2. ×　　3. ×

二、单项选择题

1. C　　2. C　　3. C

三、多项选择题

1. ABD　　2. ACDE

第二章　试验工相关岗位技能

第一节　试验工基础知识

工程材料在建筑结构中起着各种不同的作用，要确保其满足设计和施工要求，必须对材料的质量指标进行试验检测。试验人员不仅要熟练掌握具体材料的试验方法，也必须充分懂得材料的性质、特点以及其他和试验有关的最基础的知识。

一、工程材料的基本性质

(一)材料的基本物理性质

1. 密度和表观密度

(1)密度。密度是材料在绝对密实状态下单位体积的质量(重量)，又称比重，即与水的密度之比。材料在绝对密实状态下的体积是指不包括材料内部孔隙在内的体积，在建筑工程材料中，除钢材、玻璃等少数材料外，大多数材料内部均存在孔隙。为测定有孔材料的绝对密实体积，应把材料磨成细粉，干燥后用比重瓶测定其体积。材料磨得越细，测得的数值越接近于材料的真实体积。密度是材料物质结构的反映，凡单成分材料往往具有确定的密度值。

密度是材料的基本物理性质之一，与材料的其他性质存在着密切的相关关系。规则形状材料的体积可用量具测量、计算而得。不规则形状材料体积可按阿基米德原理或直接用体积仪测得。

(2)表观密度。材料的表观密度一般指材料在干燥状态下单位体积的质量，称为干表观密度。当材料含水时，所得表观密度，称为湿表观密度。不同含水状态(包括气干状态)的表观密度数值差别较大，必须精确测定。

砂、石子等散粒材料的体积按自然堆积体积计算，称为堆积密度。若以振实体积计算，则称为紧密堆积密度。散粒材料的颗粒内部或多或少存在着孔隙，颗粒与颗粒之间又存在空隙，所以对散粒材料而言，有密度、(颗粒)表观密度和堆积密度三个物理量，应加以区别。在建筑工程中，凡计算材料用量和构件自重，进行配料计算，确定堆放空间及组织运输时，必须掌握材料的密度、表观密度及堆积密度等数据。表观密度与材料的其他性质(如强度、吸水性、导热性等)也存在着密切的关系。

2. 密实度和孔隙率

(1)密实度。密实度是材料体积内固体物质所充实的程度。

(2)孔隙率。孔隙率是材料体积内孔隙体积与材料总体积(自然状态体积)的比率。所以，密实度和孔隙率不必相提并论，通常以孔隙率表征材料的密实程度。

对于砂、石子等散粒材料，γ_0 为散粒材料的堆积密度，γ 为颗粒体的表观密度。由此算得的空隙率是指材料颗粒之间空隙体积与散粒材料本身颗粒的孔隙率，则是颗粒内部的孔隙体积与颗粒外形所包含的体积之比。

(二)材料的力学性质

1. 强度

材料的强度是材料在应力作用下抵抗破坏的能力。通常，材料内部的应力多由外力(或荷载)作用而引起。随着外力的增加，应力也随之增大，直至应力超过材料内部质点所能抵抗的极限，即强度极限，材料发生破坏。根据外力作用方式，材料强度有抗拉、抗压、抗剪、抗弯(抗折)强度等。在工程上，通常采用破坏试验法对材料的强度进行实测。将事先制作的试件安放在材料试验机上，施加外力(荷载)，直至破坏，根据试件尺寸和破坏时的荷载值，计算材料的强度。

在生产和使用材料时，为确保产品质量，必须对材料性能进行测试，作为出厂或验收的依据。材料的强度试验条件对测试所得数据影响很大，如试样采取方法、试件的形状和尺寸、试件的表面状况、试验机的类型、试验时加荷速度、环境的温度和湿度，以及试验数据的取舍等，均在不同程度上影响所得数据的代表性和精确性。所以，对于各种建筑材料必须严格遵照有关标准规定的试验方法进行试验。

2. 弹性和塑性

材料在外力作用下产生变形，当取消外力后，能完全恢复原来形状的性质，称为弹性。这种能完全恢复的变形，称为弹性变形。弹性变形的形变量与对应的应力大小成正比，其比例系数用弹性模量 E 来表示。在材料弹性范围内，弹性模量是一个不变的常数。弹性模量是衡量材料抵抗变形能力的一个指标，弹性模量愈大，材料愈不易变形，亦即刚度愈好，反映了材料抵抗变形的能力，是结构设计中的主要参数之一。材料在外力作用下产生变形，当取消外力后，仍保持变形后的形状和尺寸并且不产生裂缝的性质，称为塑性。这种不能恢复的永久变形，称为塑性变形。

在建筑材料中，没有单纯的弹性材料。有的材料在受力不大的情况下，表现为弹性变形，当外力超过一定限度后，则表现为塑性变形，如低碳钢。有的材料在受力后，弹性变形和塑性变形同时产生，取消外力后，弹性变形恢复，而塑性变形不能恢复。这种材料称为弹塑性材料，如混凝土。

(三)材料的热工性质

1. 热容量和比热

材料在受热时吸收热量,冷却时放出热量的性质称为材料的热容量。单位质量材料温度升高或降低 1 K 所吸收或放出的热量称为热容量系数或比热。比热与材料质量的乘积,称为材料的热容量值,它表示材料温度升高或降低 1 K 所吸收或放出的热量。材料的热容量值对保持建筑物内部温度稳定有很大意义,热容量值较大的材料或部件,能在热流变动或采暖、空调工作不均衡时,缓和室内的温度波动。

2. 热阻和传热系数

热阻是材料层(墙体或其他围护结构)抵抗热流通过的能力。为提高围护结构的保温效能,改善建筑物的热工性能,应选用导热系数较小的材料,以增加热阻,而不宜加大材料层厚度。加大厚度,意味着材料用量增加,随之带来一系列不良的后果。热阻的倒数 $1/R$ 称为材料层(墙体或其他围护结构)的传热系数。传热系数是指材料两面温度差为 1 K 时,在单位时间内通过单位面积的热量。

二、数字修约及数值统计

(一)数字修约规则

在实际工作中,各种测量计算的数值需要修约时,应按下列规则进行:

(1)在拟舍弃的数字中,若左边第一个数字小于 5(不包括 5),则舍去,即所拟保留的末位数字不变。

(2)在拟舍弃的数字中,若左边的第一个数字大于 5(不包括 5)则进 1,即拟保留的末位数字加 1。

(3)在拟舍弃的数字中,若左边第一个数字等于 5,右边的数字并非全部为 0,则进 1,所拟保留末位数字加 1。

(4)在拟舍弃的数字中,若左边的第一个数字等于 5,其右边的数字皆为 0,所拟保留的末位数字若为奇数则进 1,若为偶数(包括 0)则不进。

(5)在拟舍弃的数字中,若为两位以上数字时,不得连续多次修约,应根据所拟舍弃数字中左边第一位数字的大小,按上述规则一次修约出结果。

为了便于记忆数字修约法,其口诀是:

四舍六入五考虑,五后非零则进一。五后皆零视奇偶,五前为偶应舍去,五前为奇则进一(0 视为偶数)。

(二)数值统计

单一的测量结果由于材质的不均匀性或测量误差的存在,很多时候不能最佳地反映材料的实际情况。这时就必须通过增加受检对象的数量或增加测量的次数来保证测量结果的可靠。有了充足的测量数据,就可以利用最基本的统计知识来分析、判断受检材料的状况。

1. 总体、个体与样本的概念

总体是指某一次统计分析工作中,所要研究对象的全体,而个体则为所要研究的全体对象中的一个单位。例如,要了解预制构件厂某天 C20 混凝土抗压强度情况,那么该厂这天生产的 C20 混凝土的所有抗压强度便构成所研究的全部对象,也就是构成要研究的

总体;而这天生产的每一组试件强度则为研究的一个个体。可是,如果要研究该厂某一个月中每天所生产混凝土的平均抗压强度逐日变化情况,那么该厂一个月即30 d中所生产混凝土的抗压强度便成为研究的全部对象,即构成研究的总体,而某天所生产混凝土的平均抗压强度则为研究的一个个体。

从上述例子可以看出,什么是总体,什么是个体,并不是一成不变的,而是根据每一次研究的任务而定的。

总体的性质由该总体中所有个体的性质而定,所以要了解总体的性质,就必须测定各个个体的性质。很容易理解,要对一个总体的性质了解得很清楚,必须把总体之中每一个个体的性质都加以测定。但是,在工业技术上常遇到两种主要困难,第一,总体中个体数目繁多,甚至近似无限多,事实上不可能把总体中全部个体都加以测定,如机器零件制造厂每天加工的螺钉等;第二,总体中的个体数目并不很多,但对个体的某种性质的测定是具有破坏性的测定。例如一台轧钢机每天轧制的工字钢,为数并不多。但要了解每天轧制的工字钢的屈服强度时,却不能将每一根钢材都加以测定,因为一经测定,这根钢材就失去了使用价值。

鉴于上述原因,在工业统计研究中,常抽取总体中的一部分个体,通过对这部分个体的测定结果来推测总体的性质。被抽出来的个体的集合体,称为样本(子样)。样本中包含个体的数量,一般称为样本容量。而在实践中用样本的统计性质去推断总体的统计性质,这一过程称为推断。

2. 几个统计特征数

(1)平均值。在实际生产中,常常从要了解的混凝土总体中,抽出一部分混凝土制成试件(样本),得到一批强度数据:X_1、X_2、…、X_n。在处理这批数据时,常用其算术平均值来代表所要了解的混凝土总体的平均水平。在统计中称之为样本均值。

(2)标准差(标准离差、均方差)。一般来说,要了解工程混凝土情况,只知它的平均水平还是不够的。有时尽管平均水平符合要求,若混凝土强度数据波动太大,有可能混凝土强度不满足设计要求的数量相当多;要避免这个不足,就必须将平均水平提得比要求强度高得多;前者会带来不安全的因素,后者会带来不经济的因素,因此还必须要知道被考查混凝土强度的波动情况。衡量波动性(离散性)大小的指标,在统计中称为标准差(均方差),它是每个(组)试件强度与样本均值差的平方和的平均值。

(3)变异系数。上述的标准差是反映绝对波动量大小的指标,是有量纲的,测量较大的量值,绝对误差一般较大;测量较小的量值,绝对误差一般较小。因此,还应考虑相对波动的大小(用平均值的百分率来表示的标准差),这在统计上用变异系数来表达。

三、法定计量单位

《中华人民共和国计量法》(简称《计量法》)明确规定,国家实行法定计量单位制度。法定计量单位是政府以法令的形式,明确规定要在全国范围内采用的计量单位。国务院于1984年2月27日发布了《关于在我国统一实行法定计量单位的命令》,同时要求逐步废除国家非法定计量单位。这是统一我国单位制和量值的依据。

《计量法》规定:国家采用国际单位制。国际单位制计量单位和国家选定的其他计量单位，为国家法定计量单位。国际单位制是我国法定计量单位的主体，国际单位制如有变化，我国法定计量单位也将随之变化。

实行法定计量单位，对发展我国的国民经济和文化教育事业，推动科学技术的进步和扩大国际交流都有重要意义。

四、取样送样见证人制度

根据建设部文件，见证取样和送样（送检）是指在建设单位或工程监理单位人员的见证下，由施工单位的现场试验人员对工程中涉及结构安全的试块、试件和材料进行现场取样，并送至经过省级以上建设行政主管部门对其资质认可和质量技术监督部门对其计量认证的质量检测单位进行检测。

（一）见证取样送样的范围

（1）用于承重结构的混凝土试块。

（2）用于承重墙体的砌筑砂浆试块。

（3）用于承重结构的钢筋及连接接头试件。

（4）用于承重墙的砖和混凝土小型砌块。

（5）用于拌制混凝土和砌筑砂浆的水泥。

（6）用于承重结构的混凝土中使用的掺加剂。

（7）地下、屋面、厕浴间使用的防水材料。

（8）国家规定必须实行见证取样和送检的其他试块、试件和材料。

（二）见证取样的管理

（1）建设单位应向工程质量安全监督和工程检测中心递交“见证单位和见证人员授权书”，授权书应写明本工程现场委托的见证人姓名，以便于工程安全监督站检测单位检查核对。

（2）施工企业取样人员在现场进行原材料取样和试块制作时，见证人员应在旁见证。

（3）见证人员应对试样进行监护，并和施工企业取样人员将试样送到检测单位或采取有效封样措施送到检测单位。

（4）检测单位接受委托检测任务时，须送检单位填写委托单，见证人在委托单上签名。各检测机构对无见证人签名委托单及无见证人伴送的试件，一律拒收，凡无注明见证单位和见证人的报告，不得作为质量保证资料和竣工验收资料，并由质量安全监督站重新指定法定检测单位重新检测。

（三）见证人员的基本要求

见证人必须具备以下资格：

（1）见证人应是本工程建设单位监理人员。

（2）必须具备初级以上技术职称或具有建筑施工专业知识。

（3）经培训考核合格，取得“见证人员证书”。

（4）必须向质监站和检测单位递交见证人书面授权书。

（5）见证人员的基本情况由检测部门备案，每隔五年换证一次。

(四)见证人员的职责

(1)取样时,见证人员必须在场进行见证。

(2)见证人员必须对试样进行监护。

(3)见证人员必须和施工人员一起将试样送至检测单位。

(4)见证人员必须在检验委托单上签字,并出示"见证人员证书"。

(5)见证人员必须对试样的代表性和真实性负责。

第二节　原材料试验

一、细骨料(砂)

细骨料又称细集料,是指粒径为0.15~4.75 mm的岩石颗粒,按产源分为天然砂、机制砂两类。天然砂是指自然生成的,经人工开采和筛分的粒径小于4.75 mm的岩石颗粒,包括河砂、湖砂、山砂、淡化海砂,但不包括软质、风化的岩石颗粒。机制砂是指经除土处理,由机械破碎、筛分制成的,粒径小于4.75 mm的岩石、矿山尾矿或工业废渣颗粒,但不包括软质、风化的颗粒,俗称人工砂。砂按细度模数分为粗、中、细三种规格。砂按技术要求分为Ⅰ类、Ⅱ类和Ⅲ类。

(一)细骨料的技术性能

《建设用砂》(GB/T 14684—2011)对细骨料的技术要求有粗细程度和颗粒级配、含泥量、石粉含量和泥块含量、有害物质含量、坚固性、碱骨料反应、表观密度、堆积密度和空隙率等几个方面。河南省内的检测机构对骨料性能检测时,一般使用《普通混凝土用砂、石质量及检验方法标准》(JGJ 52—2006)作为标准,其中各项性能要求基本相同,只是使用标准筛直径略有差异。

1.粗细程度和颗粒级配

砂的粗细程度是指不同粒径的砂粒混合在一起的平均粗细程度。在砂用量相同的条件下,若砂子过细,则砂的总表面积就较大,需要包裹砂粒表面的水泥浆的数量多,水泥用量就多;若砂子过粗,虽能少用水泥,但混凝土拌和物黏聚性较差,容易发生分层离析现象。所以,用于混凝土的砂粗细应适中。

砂的颗粒级配是指粒径不同的砂粒相互之间的搭配情况。在混凝土中,砂粒之间的空隙是由水泥浆所填充,为了节约水泥和提高混凝土强度,就应尽量减小砂粒之间的空隙。要减小砂粒间的空隙,就必须用粒径不同的颗粒搭配。

综上所述,混凝土用砂应同时考虑砂的粗细程度和颗粒级配。当砂的颗粒较粗且级配良好时,砂的空隙率和总表面积均较小,这样不仅节约水泥,还可以提高混凝土的强度和密实性。

砂的粗细程度和颗粒级配常用筛分析法进行评定。筛分析法是用一套公称直径分别为4.75 mm、2.36 mm、1.18 mm、0.600 mm、0.300 mm、0.150 mm的标准方孔筛各一只,并附有筛底和筛盖;将500 g干砂试样倒入按筛孔尺寸大小从上到下组合的套筛上进行筛分,分别称取各号筛上筛余量,并计算出各筛上的分计筛余百分率(各筛上的筛余量除以试样总量的百分率)及累计筛余百分率(该筛的分计筛余与筛孔大于该筛的各筛的分计筛余之和)。根据累计筛余百分率可计算出砂的细度模数和划分砂的级配区,以评定砂子的粗细程度和颗粒级配。

细度模数越大,表示砂越粗。混凝土用砂的细度模数范围:3.7~3.1为粗砂,3.0~2.3为中砂,2.2~1.6为细砂。

2.含泥量及泥块含量

含泥量是指砂中粒径小于0.08 mm颗粒的黏土、淤泥与岩屑的总含量;泥块是指经水洗、手捏后变成粒径小于0.63 mm的块状黏土。

黏土、淤泥等黏附在砂粒表面,阻碍砂与水泥的黏结,除降低混凝土的强度及耐久性外,还使干缩增大。当黏土以团块存在时,危害性则更大。在《普通混凝土用砂质量标准及检验方法》(JGJ 52—1992)中,对泥和泥块含量都有限定。

3.有害杂质含量

砂中有害杂质包括云母、轻物质、硫化物和硫酸盐及有机物质等。云母会降低混凝土的强度及耐久性。轻物质是指砂中表观密度小于2 000 kg/m的物质,如煤渣、草根、树叶等。它们会使混凝土强度降低。硫化物和硫酸盐能与某些水泥水化产物发生反应,会延迟混凝土的硬化,影响强度增长。所以,混凝土用砂中的各种有害杂质含量应严格控制在规定范围内。

(二)砂子取样方法及取样数量

(1)检验批的确定:同一产地、同一规格、同一进厂(场)时间,每400 m^2 或600 t为一检验批;不足400 m^2 或600 t也为一检验批。

每一检验批取样一组,天然砂每组22 kg,人工砂每组52 kg。

(2)取样方法:在料堆上取样时,取样部位应均匀分布。取样前,先将取样部位表层铲除,然后从不同部位抽取大致相等的砂8份(天然砂每份11 kg以上,人工砂每份26 kg以上),搅拌均匀后用四分法缩分至22 kg或52 kg,组成一组试样;从皮带运输机上取样时,应用接料器在皮带运输机机尾的出料处定时抽取大致相等的砂4份(天然砂每份22 kg以上,人工砂每份52 kg以上),搅拌均匀后用四分法缩分至22 kg或52 kg,组成一组试样;从火车、汽车、轮船上取样时,从不同部位和深度抽取大致等量的砂8份,组成一组试样。

(3)取样数量:取样时,对每一单项检测的最少取样数量应符合规定。

(4)试样缩分:人工四分法缩分是将所取样品置于平板上,在潮湿状态下拌和均匀,并堆成厚度约20 mm的圆饼,然后沿互相垂直两条直径把圆饼分成大致相等的4份,取其中对角线的两份重新拌匀,再堆成圆饼。重复上述过程,直到把样品缩分到检测所需量。

(5)砂的必检项目:①天然砂:筛分析、含泥量、泥块含量。②人工砂:筛分析、石粉含量(含亚甲蓝试验)、泥块含量、压碎指标。

若检验不合格,应重新取样。对不合格项,进行加倍复检。若仍不能满足标准要求,应按不合格品处理。

二、石子

石子是由自然风化、水流搬运和分选、堆积而形成的。粒径大于4.75 mm的岩石颗粒，称为卵石；由天然岩石、卵石或矿山废石经机械破碎、筛分制成的，粒径大于 4.75 mm 的岩石颗粒，称为碎石。卵石、碎石按技术要求分为Ⅰ类、Ⅱ类和Ⅲ类。

卵石多为圆形，表面光滑，与水泥的黏结较差；碎石则多棱角，表面粗糙，与水泥黏结较好。当采用相同混凝土配合比时，用卵石拌制的混凝土拌和物流动性较好，但硬化后强度较低；而用碎石拌制的混凝土拌和物流动性较差，但硬化后强度较高。配制混凝土选用碎石还是卵石，要根据工程性质、当地材料的供应情况、成本等因素综合考虑。

（一）粗骨料的技术性能

《建设用卵石、碎石》（GB/T 14685—2011）对粗骨料的技术要求主要有以下几个方面：最大粒径和颗粒级配、含泥量、泥块含量和有害物质含量、针片状颗粒含量、强度和坚固性、碱骨料反应、表观密度、连续级配松散堆积空隙率和吸水率。

1. 最大粒径和颗粒直径

（1）最大粒径。公称粒级的上限称为该粒级的最大粒径。最大粒径是用来表示粗骨料粗细程度的。粗骨料最大粒径增大时，粗骨料总表面积减小，包裹粗骨料所需的水泥浆量就少，有利于节约水泥。对中低强度的混凝土，尽量选择最大粒径较大的粗骨料，但一般不宜超过 40 mm；配制高强混凝土时最大粒径不宜大于 20 mm，因为减少用水量获得的强度提高，被大粒径骨料造成的黏结面减少和内部结构不均匀所抵消。同时，选用粒径过大的石子，会给混凝土搅拌、运输、振捣等带来困难，所以需要综合考虑各种因素来确定石子的最大粒径。

《混凝土质量控制标准》（GB 50164—2011）从结构和施工的角度，对粗骨料最大粒径做了以下规定：混凝土用粗骨料的最大粒径不得超过结构截面最小尺寸的 1/4，且不得超过钢筋最小净距的 3/4；对混凝土实心板，粗骨料最大粒径不宜超过板厚的 1/3，且不得超过 40 mm。对于泵送混凝土，粗骨料最大粒径与输送管内径之比应满足《混凝土泵送施工技术规程》（JGJ/T 10—2011）的相关要求。

（2）颗粒级配。粗骨料的级配原理与细骨料基本相同，也要求有良好的颗粒级配，以减小空隙率，节约水泥，提高混凝土的密实度和强度。粗骨料的颗粒级配也是通过筛分析法来评定，碎石、卵石的颗粒级配应符合规定。

粗骨料的颗粒级配按供应情况可分为连续粒级和单粒级。连续粒级是指颗粒由小到大连续分级，每一级粗骨料都占有一定的比例，且相邻两级粒径相差较小（比值<2）。连续粒级的级配、大小颗粒搭配合理，配制的混凝土拌和物和易性好，不易发生分层、离析现象，且水泥用量小，混凝土用石应采用连续粒级。单粒级是 1/2 最大粒径至最大粒径，粒径大小差别小，单粒级宜用于组合成满足要求的连续粒级，也可与连续粒级混合使用，以改善其级配或配成较大粒度的连续粒级。

2. 含泥量和泥块含量、有害物质含量及针片状颗料含量

石子中的有害杂质大致与砂相同，另外石子中还可能含有针状颗粒（颗粒长度大于该颗粒相应粒级的平均粒径 2.4 倍）和片状颗粒（厚度小于平均粒径的 0.4 倍），针片状颗粒易折断，其含量多时，会降低混凝土拌和物的流动性和硬化后混凝土的强度。石子中含泥量和泥块含量、有害物质及针、片状颗粒含量应符合相关规定。

3. 强度和坚固性

(1)强度。石子的强度可以用岩石的抗压强度和压碎指标两种方法表示。

岩石抗压强度是指用母岩制成 50 mm×50 mm×50 mm 的立方体(或直径与高度均为 50 mm 的圆柱体),在浸水饱和状态下(48 h),测其极限抗压强度。6 个试件为一组,取 6 个试件检测结果的算术平均值,精确至 1 MPa。其抗压强度:火成岩应不小于 80 MPa,变质岩应不小于 60 MPa,水成岩应不小于 30 MPa。

压碎指标是将一定质量气干状态下粒径为 9.50~19.0 mm 的石子装入一定规格的圆桶内,在压力机上按 1 kN/s 均匀加荷至 200 kN,并稳荷 5 s,然后卸荷后称取试样质量(G_1),再用孔径为 2.36 mm 的方孔筛筛除被压碎的细粒,称出留在筛上的试样质量(G_2)。压碎指标值越小,说明石子的强度越高。

卵石的强度可用压碎值指标表示。碎石的强度,可用压碎值指标和岩石立方体强度两种方法表示。岩石的抗压强度应比所配制的混凝土强度至少高 20%。当混凝土强度等级大于或等于 C60 时,应进行岩石抗压强度检验。岩石强度首先应由生产单位提供,工程中可用压碎值指标进行质量控制。对不同强度等级的混凝土,所用石子的压碎指标应满足规范。

(2)坚固性。卵石、碎石在自然风化和其他物理化学因素作用下抵抗破碎的能力称为坚固性。坚固性试验是用硫酸钠溶液浸泡法检验,试样经 5 次干湿循环后,其质量损失:Ⅰ类应小于或等于 5%,Ⅱ类应小于或等于 8%,Ⅲ类应小于或等于 12%。

(二)石子取样方法及取样数量

(1)每验收批的取样应按下列规定进行:①在料堆上取样时,取样部位应均匀分布。取样前,先将取样部位表面铲除,然后由各部位抽取大致相等的石子 15 份(在料堆的顶部、中部和底部各由均匀分布的五个不同部位取得)组成一组样品。②从皮带运输机上取样时,应在皮带运输机机尾的出料处用接料器定时抽取 8 份石子,组成一组样品。③从火车、汽车、货船上取样时,应从不同部位和深度取大致相同的石子 16 份,组成一组样品。

注意:如经观察,认为各节车皮间(车辆间、船只间)材料质量相差甚为悬殊时,应对质量有怀疑的每节车皮(车辆、船只)分别取样和验收

(2)若检验不合格,应重新取样,对不合格项进行加倍复验,若仍有一个试样不能满足标准要求,应按不合格品处理。

(3)每组样品的取样数量,对每单项试验,应不小于规定的最少取样量。需作几项试验时,如确能保证样品经一项试验后不致影响另一项试验的结果,也可用同一组样品进行几项不同的试验。

三、水泥

水泥作为胶凝材料,可用来制作混凝土、钢筋混凝土和预应力混凝土构件,也可配制各类砂浆用于建筑物的砌筑、抹面、装饰等,大量应用于工业和民用建筑。水泥是一种水硬性胶凝材料,胶凝材料是指在一定条件下,经过自身一系列物理、化学作用后,能将散粒或块状材料黏结成整体,并使其具有一定强度的材料。水泥在混凝土中起胶结作用,是影响混凝土强度、耐久性及经济性的重要因素,在配制混凝土的过程中应正确、合理地选择

水泥的品种和强度等级。水泥的品种应当根据工程性质与特点、工程所处环境及施工条件,结合各种水泥的特性合理选择。

(一)水泥的技术指标

1. 标准稠度用水量

水泥净浆标准稠度用水量是指水泥净浆达到标准规定的稠度时所需的加水量,常以水和水泥质量之比的百分数表示。标准法是以试杆沉入净浆并距底板(6±1)mm 时的水泥净浆为标准稠度净浆。各种水泥的矿物成分、细度不同,拌和成标准稠度时的用水量也各不相同,水泥的标准稠度用水量一般为 24%~33%。拌和水泥浆时的用水量对水泥凝结时间和体积安定有影响,因此测定水泥凝结时间和体积安定时必须采用标准稠度的水泥浆。

2. 凝结时间

水泥的凝结时间分为初凝时间和终凝时间。初凝时间是指从水泥加水到标准净浆开始失去可塑性的时间;终凝时间是指从水泥加水到水泥浆标准净浆完全失去可塑性的时间。

水泥的凝结时间在工程施工中有重要作用。为有足够的时间对混凝土进行搅拌、运输、浇筑和振捣,初凝时间不宜过短。为使混凝土尽快硬化并具有一定强度,以利于下道工序的进行,故终凝时间不宜过长。

国家标准规定,通用水泥初凝不小于 45 min;硅酸盐水泥终凝时间不迟于 390 min,其余五种通用水泥终凝不大于 600 min。

3. 安定性

水泥安定性是指水泥在凝结硬化过程中体积变化的均匀性。当水泥浆体在硬化过程中体积发生不均匀变化时,会导致水泥混凝土膨胀、翘曲、产生裂缝等,即所谓安定性不良。安定性不良的水泥会降低建筑物质量,甚至引起严重事故。

水泥体积安定性不良的原因是由于水泥熟料中游离氧化钙、游离氧化镁过多或石膏掺量过多。游离氧化钙和游离氧化镁是在高温烧制水泥熟料时生成,处于过烧状态,水化极慢,它们在水泥硬化后开始或继续进行水化反应,其水化产物体积膨胀使水泥石开裂。此外,若水泥中所掺石膏过多,在水泥硬化后,过量石膏还会与水化铝酸钙作用,生成钙矾石,体积膨胀,使已硬化的水泥石开裂。

国家标准规定,由游离氧化钙过多引起的水泥体安定性不良可采用沸煮法检验,沸煮法包括试饼法和雷氏法两种。有争议时,以雷氏法为准。

4. 强度

水泥的强度是评定其质量的重要指标。国家规定按水泥胶砂强度检验方法(ISO 法)来测定其强度,按规定龄期的抗压强度和抗折强度来划分水泥的强度等级,并按照 3 d 强度的大小分为普通型和早强型(用 R 表示)。各强度等级通用硅酸盐水泥的各龄期强度不得低于规范值。

5. 细度(选择性指标)

水泥的细度是指水泥颗粒的粗细程度。水泥的许多性质(凝结时间、收缩性、强度等)都与水泥的细度有关。一般认为,当水泥颗粒小于 40 μm 时才具有较高的活性。水泥的颗粒越细,水泥水化速度越快,强度也越高。但水泥太细,其硬化收缩较大,磨制水泥的成本也较高。因此，细度应适宜。国家标准规定：硅酸盐水泥和普通水泥的细度用比表面积表示，不小于300 m^2/kg；其他四种通用硅酸盐水泥的细度以筛余表示，80 μm方孔筛筛余不大于10%或45 μm方孔筛筛余不大于30%。

（二）取样方法与数量

1. 检验批的确定

依据《混凝土结构工程施工质量验收规范》（GB 50204—2015）规定，水泥进场时按同一生产厂家、同一强度等级、同一品种、同一批号且连续进场的水泥，袋装水泥不超过200 t为一检验批；散装水泥不超过500 t为一检验批，每批抽样不少于一次。

2. 取样

按《水泥取样方法》（GB 12573—2008）规定进行。对于建筑工程原材料进场检验，取样应有代表性。袋装水泥取样时，应在袋装水泥料场进行取样，随机不少于20个水泥袋中取等量样品，将所取样品充分混合均匀后，至少称取12 kg作为送检样品；散袋水泥取样时，随机从不少于3个车罐中，取等量水泥并混合均匀后，至少称取12 kg作为送检样品。

3. 水泥复试

用于承重结构和用于使用部位有强度等级要求的混凝土用水泥、水泥出厂超过3个月（快硬硅酸盐水泥为1个月）和进口水泥在使用前必须进行复试，并提供检测报告。通常水泥复试项目只做安定性、凝结时间和胶砂强度三个项目。

4. 水泥检测环境

要求检测室温度为（20±2）℃，相对湿度≥50%；湿气养护箱的温度为（20±1）℃，相对湿度≥90%；试体养护池水温度应在（20±1）℃。

四、建筑钢材

在理论上，凡含碳量在2.06%以下，含有害杂质较少的铁碳合金称为钢材（碳钢）建筑钢材是指在用于钢结构的各种型钢（圆钢、角钢、槽钢、工字钢等）、钢板和用于钢筋混凝土中的各种钢筋、钢丝、钢绞线等。建筑钢材的优点是材质均匀、性能可靠、强度高、塑性和韧性好，能承受冲击和振动荷载，可以焊接、铆接、螺栓连接，便于装配，是建筑工程中重要的结构材料之一，但缺点是易锈蚀，维护费用高，耐火性差，施工中应对钢材进行防锈和防火处理。

（一）建筑钢材的技术性能

钢材的性能主要包括力学性能、工艺性能和化学性能等，它们既是设计和施工人员选用钢材的主要依据，也是钢材生产企业质量控制的重要参数。

1. 力学性能

钢材的力学性能是指钢材在受力过程中所表现出来的性能，主要包括拉伸性能、冲击韧性和疲劳强度等。

（1）拉伸性能。是建筑钢材的主要受力方式，也是钢材最重要的性能，是选用钢材的重要技术指标。低碳钢受力拉伸至拉断，全过程共分为弹性阶段（OA）、屈服阶段（AB）、强化阶段（BC）、颈缩阶段（CD）。

试件受力达到最高点后，其抵抗变形的能力明显降低，变形迅速增加，应力逐渐下降，试件被拉长,薄弱处的截面面积急剧缩小,产生"颈缩",直至断裂。将拉断后的试件拼合起来,测定出标距范围内的长度(L),与试件原始标距(L_0)之差为塑性变形值,该值与 L_0 之比称为伸长率。伸长率是衡量钢材塑性的重要指标,伸长率越大,则钢材塑性越好,钢材用于结构的安全性越大。

(2)冲击韧性。是指钢材抵抗冲击荷载而不被破坏的能力。它是通过标准试件的弯曲冲击韧性试验来确定的。试验时,将试件放置在固定支座上,将摆锤举起一定高度,然后使摆锤自由落下,冲击带V形缺口试件的背面,使试件承受冲击弯曲而断裂。将试件冲断时缺口处单位面积上所消耗的功作为冲击韧性,用 α_k(J/cm)表示。α_k 值越大,钢材的冲击韧性越好。

钢材的冲击韧性受化学成分、组织状态、加工工艺及环境温度等的影响。对于直接承受荷载,可能在负温下工作的重要结构,必须按照规范要求,进行钢材的冲击韧性检验。

(3)疲劳强度。钢材在交变荷载反复多次作用下,可在最大应力远低于抗拉强度的情况下突然破坏,这种破坏称为疲劳破坏,用疲劳强度(或疲劳极限)表示。一般钢材的抗拉强度高,其疲劳强度也高。

钢材的疲劳强度与其内部组织和表面质量有关。对于承受交变荷载的结构,如工业厂房的吊车梁等,在设计时必须考虑疲劳强度。

2. 工艺性能

(1)冷弯性能。是指钢材在常温下承受弯曲变形的能力。一般钢材的塑性好,其冷弯性能也好。冷弯性能是评定钢材塑性和保证焊接接头质量的重要指标之一。

冷弯性能通过冷弯试验得到。试验时,将钢材按规定的弯曲角度(α)和弯心直径(d)弯曲,若弯曲后试件除弯曲外无裂纹、起层及断裂,即认为冷弯性能合格。

(2)焊接性能。焊接是把两块金属局部加热,并使其接缝部分迅速呈熔融或半熔融状态,而牢固地连接起来。它是各种型钢、钢板、钢筋的重要连接方式。焊接的质量取决于焊接工艺、焊接材料及钢材的焊接性能。钢材的焊接性能(又称可焊性)是指钢材在一定焊接工艺下获得良好焊接接头的性能,即焊接后不易产生裂纹、气孔、夹渣等缺陷,焊接接头牢固可靠,焊缝及附近受热影响区的力学性能与母材相近,特别是强度不低于母材,脆硬倾向小。

(二)取样方法和取样数量

1. 检验批的确定

钢筋应按批进行检查与验收,每批由同一牌号、同一炉罐号、同一规格的钢筋组成。每批的质量通常不大于60 t。超过60 t的部分,每增加40 t(或不足40 t的余数),增加一个拉伸试验试样和一个弯曲试验试样。

允许由同一牌号、同一冶炼方法、同一浇筑方法的不同炉罐号组成混合批,但各炉罐号含碳量之差不大于0.02%,含锰量之差不大于0.15%。混合批的质量不大于60 t。

2. 检验项目

检验项目有质量偏差、拉伸及冷弯性能。一般先进行质量偏差检验,合格后可用其中的试件进行拉伸和冷弯性能检验。

3. 方法和数量

每个项目的试件应从不同钢筋上截取,试件不得进行车削加工,将每根钢筋端部的 500 mm 截去后,质量偏差试件取 5 根,拉伸试件、冷弯试件各取 2 根。

4. 合格判定

质量偏差、拉伸及冷弯性能检测全部合格,则该批钢筋合格。若拉伸检测中,有一根试件的屈服强度、抗拉强度和伸长率中有一个不符合标准要求,或冷弯检测中有一根试件不符合标准要求,或质量偏差检测不符合标准要求,则在同一批钢筋中再抽取双倍试件进行该不合格项目的复检,复检结果中只要有一个指标不合格,则该检测项目判定不合格,整批钢筋不予验收。

5. 质量偏差检测

(1)试验目的。为判定钢筋质量提供依据。

(2)仪器设备。钢直尺(精确到 1 mm)、天平。

(3)环境条件。应在温度 10~35 ℃下进行,对温度要求严格的检测,检测温度应为(23+5)℃。

(4)检测步骤。①从不同根钢筋上截取 5 支试样,每支长度≥500 mm。逐支测量长度精确到 1 mm。②测量试样总质量,应精确到不大于总质量的 1%。③按规范查出钢筋的理论质量。

(5)结果计算与评定。钢筋质量偏差按下式计算,精确到 1%。

$$\text{质量偏差}=\frac{[\text{试样实际总质量}-(\text{试样总长度}\times\text{理论质量})]}{\text{试样总长度}\times\text{理论质量}}\times 10\%$$

钢筋实际质量与理论质量的允许偏差符合标准要求为合格,否则为不合格。

五、建筑砂浆试验

砂浆是由胶凝材料、细骨料、掺加料和水按适当比例配合、拌制并经硬化而成的建筑材料。砂浆在建筑工程中起黏结、传递应力的作用,主要用于砌筑、抹面、修补和装饰工程。按所用胶凝材料不同分为水泥砂浆、石灰砂浆、水泥石灰混合砂浆及聚合物水泥砂浆等;建筑砂浆按用途不同,可分为砌筑砂浆、抹面砂浆、装饰砂浆和特种砂浆等;按生产方式不同,可分为现场拌制砂浆和预拌砂浆。

(一)砂浆的主要性能

1. 砌筑砂浆的性能

新拌砂浆的和易性是指新拌砂浆能在基面上铺成均匀的薄层,并与基面紧密黏结的性能,和易性良好的砂浆便于施工操作,灰缝填筑饱满密实,与砖石黏结牢固,砌体的强度和整体性较好,既能提高劳动生产率,又能保证工程质量。新拌砂浆的和易性包括流动性和保水性两个方面。

(1)流动性。是指砂浆在自重或外力作用下流动的性质,也称稠度。用砂浆稠度测定仪测定其稠度,以沉入度值(mm)来表示。以标准圆锥体在砂浆内自由沉入 10 s 的沉入深度即为砂浆的稠度值。沉入度大,砂浆的流动性好;但流动性过大,砂浆容易分层。若流动性过小,则不便于施工操作,灰缝不易填充密实,砌体的强度将会降低。

(2)保水性。是指新拌砂浆保持内部水分的能力。保水性好的砂浆,在存放、运输和使用过程中,能很好保持其中的水分不致很快流失,在砌筑和抹面时容易铺成均匀密实的砂浆薄层,保证砂浆与基面材料有良好的黏结力和较高的强度。砂浆的保水性用滤纸法测定,以保水率表示。

2. 硬面砂浆的性能

(1)砂浆的强度。砂浆以抗压强度作为强度指标。砂浆的强度等级是以六块边长为70.7 mm的立方体试块,在标准养护条件下养护28 d龄期的抗压强度平均值来确定。标准养护条件:温度变化在(20±3)℃;相对湿度对水泥砂浆为90%以上,对水泥混合砂浆为60%~80%。

(2)黏结力。通过砌筑砂浆的黏结,将砖、石等块状材料黏结成为一个坚固整体。因此,为保证整体砌体的强度、耐久性及抗震性等,要求砂浆与基层材料之间应有足够的黏结力。一般情况下,砂浆抗压强度越高,它与基层的黏结力也越高。此外,基面的粗糙、洁净、湿润及在良好的施工养护条件下,砂浆黏结力则较强。

(3)变形。砌筑砂浆作为砌体的组成部分,相对块体材料来说,弹性模量较低。砂浆在承受荷载、温度变化或湿度变化时,均会产生变形。如果变形过大或不均匀,则会降低砌体的质量,引起沉陷或裂缝。砂浆的骨料密度不同,也会影响变形大小,如轻骨料配制的砂浆,其收缩变形要比普通砂浆大。

(二)砂浆的性能检测

1. 取样及试样制备

1)现场取样

(1)建筑砂浆试验用料应从同一盘砂浆或同一车砂浆中取样。取样量应不少于试验所需量的4倍。

(2)施工中取样进行砂浆试验时,其取样方法和原则按相应的施工验收规范执行,一般在使用地点的砂浆槽、砂浆运送车或搅拌机出料口,至少从三个不同部位取样。现场取来的试样,试验前应人工搅拌均匀。

(3)从取样完毕到开始进行各项性能试验不宜超过15 min。

2)试样制备

(1)试验室拌制砂浆进行试验时,所用材料要求提前24 h运入室内,拌和时试验室的温度应保持在(20+5)℃。

(2)试验用原材料应与现场使用材料一致,砂应通过公称粒径5 mm筛。

(3)拌制砂浆时,所用材料应称重计量。称量精度:水泥、外加剂、掺合料等为0.5%;砂为±1%。

(4)在试验室搅拌砂浆时,应采用机械搅拌,搅拌的用量宜为搅拌机容量的30%~70%,搅拌时间不应少于120 s。掺有掺和料和外加剂的砂浆,其搅拌时间不应少于180 s。

2. 砂浆强度测试

1)试件制作

当砂浆稠度大于50 mm时,宜采用人工插捣成型;当砂浆稠度不大于50 mm时,宜采用振动台振实成型。应采用黄油等密封材料涂抹试模的外接缝,试模内壁涂一薄层机油或脱模剂。

(1)人工振动。将拌好的砂浆一次装满试模,并用捣棒均匀由外向内按螺旋方向插捣25次,如砂浆低于试模口随时添加,并用手将试模一端抬高5~10 mm,各振动5次。砂浆应高出模口6~8 mm。

(2)机械振动。砂浆一次装入试模中,放置振动台上,振动5~10 s或持续到表面泛浆。待试模表面砂浆水分稍干后,将高出试模部分的砂浆沿试模顶刮去抹平。

试件制作后应在(20±5)℃环境下静置(24±2) h,气温较低时或凝结时间大于24 h的砂浆,可适当延长时间,但不得超过两昼夜。然后进行编号拆模,并在标准养护条件下[(20±2)℃,相对湿度90%以上],继续养护至规定龄期。养护期间,试件彼此之间相隔不小于10 mm,混合砂浆和湿拌砂浆表面应覆盖。

2)砂浆立方体抗压试验

试件从养护室中取出,表面擦干,及时进行试验。

砂浆试件放于压力机上下承压板之间,成型面放于侧面,试件中心与下承压板中心对中。开动压力机,调整球形支座,均匀加荷,加荷速度为0.25~1.5 kN/s,砂浆强度不大于2.5 MPa时,宜取下限。试件接近破坏,停止调整压力机油门,直至试件破坏,记录破坏荷载。

3)检测结果

砂浆立方体抗压强度按规范计算,精确至0.1 MPa:

以三个试件测试值的算术平均值的1.35倍作为测试结果(精确至0.1 MPa),如果三个测定值中的最小值或最大值中有一个与中间值的差异超过中间值的15%,则把最大值及最小值一并舍弃,取中间值作为该组试件的抗压强度值。如最大值和最小值与中间值相差均超过15%,则此组试验结果无效。

六、混凝土试验

混凝土是现代工程结构的主要材料,我国每年混凝土用量规模之大,耗资之巨居世界前列。从广义上讲,混凝土是指由胶凝材料、骨料和水按适当的比例配合、拌制成的混合物,经一定时间后硬化而成的人造石材。目前使用最多的是以水泥为胶凝材料的混凝土,称为普通(水泥)混凝土。混凝土和易性是指混凝土拌和物易于施工操作(搅拌、运输、浇筑、捣实),并能获得质量均匀、成型密实的混凝土性能。和易性是一项综合的技术指标,包括流动性、黏聚性和保水性三方面的含义。

(一)混凝土的特性

流动性是指混凝土拌和物在自重或机械振捣作用下能产生流动,并均匀密实地填满模板的性能。流动性反映混凝土拌和物的稀稠程度。若拌和物太干稠、流动性差,施工困难。若拌和物过稀、流动性大,但容易出现分层离析,混凝土强度低,耐久性差。

黏聚性是指混凝土各组成材料间具有一定的黏聚力,不致产生分层和离析的现象,使混凝土保持整体均匀的性能。若混凝土拌和物黏聚性差,骨料与水泥浆容易分离,造成混凝土不均匀,振捣密实后会出现蜂窝、麻面等现象。

保水性是指混凝土拌和物在施工中具有一定的保水能力,不产生严重的泌水现象。

保水性差的混凝土拌和物,在施工过程中,一部分水易从内部析出至表面,在混凝土内部形成泌水通道,使混凝土的密实性变差,降低混凝土的强度和耐久性。

混凝土拌和物的流动性、黏聚性、保水性,三者之间互相关联又互相矛盾。当流动性增大时,黏聚性和保水性变差;反之黏聚性、保水性变大,则流动性变差。不同的工程对混凝土拌和物和易性的要求也不同,应根据实际情况既要有所侧重,又要全面考虑。

(二)混凝土和易性的测定

根据《普通混凝土拌和物性能试验方法》(GB/T 50080—2016)规定,用坍落度和维勃稠度来测定混凝土拌和物的流动性,并辅以直观经验来评定黏聚性和保水性。

1. 坍落度试验

本方法适用于坍落度≥10 mm,骨料最大粒径<40 mm 的混凝土拌和物稠度测定。

(1)润湿坍落度筒及其他用具,在筒顶部加上漏斗,放在拌板上,双脚踩住脚踏板,使坍落度筒在装料时保持固定。

(2)把混凝土试样用小铲分三层均匀地装入筒内,使捣实后每层高度为筒高的 1/3 左右。每层插捣 25 次,插捣应沿螺旋方向由外向中心进行,均匀分布。插捣筒边混凝土时,捣棒可以稍稍倾斜。插捣底层时,捣棒应贯穿整个深度,插捣第二层和顶层时,捣椿应插透本层至下一层的表面;浇灌顶层时,混凝土应灌到高出筒口。插捣过程中,如混凝土沉落到低于筒口,则应随时添加。顶层插捣完后,刮去多余的混凝土,并用抹刀抹平。

(3)清除筒边底板上的混凝土后,平稳地提起坍落度筒。坍落度筒的提离过程应在 3~7 s 内完成;从开始装料到提坍落度筒的整个过程应不间断地进行,并应在 150 s 内完成。

(4)结果评定。第一步,测量筒高与坍落后混凝土试体最高点之间的高度差,即为该混凝土拌和物的坍落度值;坍落度筒提离后,如混凝土发生崩坍或一边剪坏现象,则应重新取样另行测定;如第二次检测仍出现上述现象,则表示该混凝土和易性不好,应予记录备查。第二步,观察坍落后混凝土试体的黏聚性及保水性。黏聚性的检查方法是用捣棒在已坍落的混凝土锥体侧面轻轻敲打,如果锥体逐渐下沉,则表示黏聚性良好,如果锥体倒塌、部分励裂或出现离析现象,则表示黏聚性不好。保水性的检查方法是坍落度筒提起后,如有较多的稀浆从底部析出,锥体部分的混凝土也因失浆而骨料外露,则表示保水性不好;如无稀浆或仅有少量稀浆自底部析出,则表示保水性良好。如果发现粗骨料在中央集堆或边缘有水泥浆析出,表示此混凝土拌和物抗离析性不好,应予以记录。第三步,混凝土拌和物坍落度测量应精确至 1 mm,结果应修约至 5 mm。

2. 坍落扩展度检测

本方法适用于坍落度≥160 mm、骨料最大粒径≤40 mm 的混凝土拌和物稠度测定。

(1)检测混凝土拌和物的坍落度值。

(2)当混凝土拌和物不再扩散或扩散持续时间已达到 50 s,用钢尺测量混凝土扩展后最终的最大直径和最小直径,在两直径之差小于 50 mm 的条件下,用其算术平均值作为坍落扩展度值;否则,此次检测无效,需另行取样检测。

(3)扩展度试验从开始装料到测得混凝土扩展度值的整个过程应连续进行,并应在 4 min 完成。

(4)结果评定。第一步,发现粗骨料在中间堆积或边缘有浆体析出时,应记录说明。第二步,混凝土拌和物坍落度和坍落扩展度以 mm 为单位,测量精确至 1 mm,结果表达修约至 5 mm。

3. 坍落度和坍落扩展度经时损失检测

(1)检测混凝土拌和物的初始坍落度值 H_0 和坍落扩展度值 L_a。

(2)将混凝土拌和物全部放入塑料桶或不被水泥腐蚀的金属桶中,并用桶盖或塑料布进行封闭静置。

(3)自加水拌和开始计时,混凝土拌和物静置 60 min 后,将拌和物全部加入搅拌机中搅拌 20 s 进行坍落度和坍落扩展度检测,得出 60 min 坍落度值 H_{60} 和 L_{60}。

(4)结果评定。计算初始坍落度和 60 min 坍落度的差值或初始坍落扩展度和 60 min 坍落扩展度的差值,可得出 60 min 混凝土坍落度或坍落扩展度经时损失检测结果。泵送混凝土的坍落度经时损失控制在 30 mm/h 较好。

(三)混凝土抗压强度检测

1. 试验目的

测定混凝土立方体抗压强度,作为评定混凝土质量的主要依据。

2. 仪器设备

压力试验机、振动台、搅拌机、试模、捣棒、抹刀等。

3. 检测步骤

1)基本要求

混凝土立方体抗压试件以三个为一组,每组试件所用的拌和物应在同一盘混凝土或同一车混凝土中取样。试件的尺寸按粗骨料的最大粒径来确定。

2)试件的制作

成型前,应检查试模,并在其内表面涂一薄层矿物油或脱模剂。

坍落度≤70 mm 的混凝土宜用振动台振实;坍落度>70 mm 的宜用捣棒人工捣实;检验现浇混凝土或预制构件的混凝土,试件成型方法宜与实际采用的方法相同。

取样或拌制好的混凝土拌和物应至少用铁锹再来回拌和 3 次。

(1)振动台振实:将混凝土拌和物一次装入试模,装料时应用抹刀沿各试模壁插捣,并使混凝土拌和物高出试模,然后将试模放到振动台上并固定,开动振动台,至混凝土表面出浆。振动时,试模不得有任何跳动,不得过振。最后沿试模边缘刮去多余的混凝土并抹平。

(2)人工捣实:将混凝土拌和物分两层装入试模,每层的装料厚度大致相等,插捣应按螺旋方向从边缘向中心均匀进行。在插捣底层混凝土时,捣棒应达到试模底部;插捣上层时,捣棒应贯穿上层后插入下层 20~30 mm;插时捣棒应保持垂直,不得倾斜。然后用抹刀沿试模内壁插拔数次,每层插捣次数按在 10 000 mm 截面面积内不得少于 12 次,插捣后应用橡皮锤轻轻敲击试模四周,直至插捣棒留下的空洞消失。最后刮去多余的混凝土并抹平。

3)试件的养护

试件的养护方法有标准养护和同条件养护两种方法。

(1)标准养护:试件成型后应立即用不透水的薄膜覆盖表面,在温度为(20±5)℃的环境中静止1~2昼夜,然后编号拆模。拆模后立即放入温度为(20±2)℃、相对湿度为95%以上的标准养护室中养护,试件应放在支架上,间隔10~20 mm,表面应保持潮湿,不得被水直接冲淋,至试验龄期28 d。试件也可在温度为(20±2)℃的不流动的$Ca(OH)_2$饱和溶液中养护。

(2)同条件养护:试件拆模时间可与实际构件的拆模时间相同,拆模后,试件仍需保持同条件养护。

4)抗压强度检测

试件从养护地点取出后,应及时进行检测,并将试件表面与上下承压板面擦干净。

将试件安放在试验机的下压板或垫板上,试件的承压面应与成型时的顶面垂直。试件的中心应与试验机下压板中心对准,开动试验机,当上压板与试件或钢垫板接近时,调整球座,使接触均衡。

在检测过程中,应连续均匀地加荷,混凝土强度等级<C30时,加荷速度取0.3~0.5 MPa/s;混凝土强度等级≥C30且<C60时,取0.5~0.8 MPa/s;混凝土强度等级≥C60时,取0.8~1.0 MPa/s。

当试件接近破坏开始急剧变形时,应停止调整试验机油门,直至破坏,记录破坏荷载。

5)结果计算与评定

(1)以三个试件测值的算术平均值作为该组试件的强度值,精确至0.1 MPa。

(2)当三个测定值的最大值或最小值中有一个与中间值的差值超过中间值的15%时,则把最大值及最小值一并舍去,取中间值作为该组试件的抗压强度值。

(3)当两个测值与中间值的差值超过中间值的5%时,该组检测结果应为无效。

(四)混凝土强度无损检测

在正常情况下,混凝土强度的验收和评定应按现行有关国家标准执行。当对结构中的混凝土有强度检测要求时,可采用现场无损检测法,如超声-回弹综合测强法用推定结构混凝土的强度,作为混凝土结构处理的一个依据。此法不适用于检测因冻害、化学侵蚀、火灾、高温等已造成表面疏松、剥落的混凝土。

1.主要仪器

(1)回弹仪:数字式和指针直读式回弹仪应符合《回弹仪检定规程》(JJG 817—2011)的要求。回弹仪使用时,环境温度应为-4~40 ℃。水平弹击时,在弹击锤脱钩的瞬间,回弹仪弹击锤的冲击能量应为2.207 J;弹击锤与弹击杆碰撞的瞬间,弹击拉簧应处于自由状态,且弹击锤起跳点应位于指针指示刻度上的"0"位;在洛氏硬度HRC为(60±2)的钢砧上,回弹仪的率定值应为(80±2)。数字式回弹仪应带有指针直读示值系统,数字显示的回弹值与指针直读示值相差不超过1。

(2)混凝土超声波检测仪:有模拟式和数字式,应符合现行行业标准《混凝土超声波检测仪》(JG/T 5004—1992)的要求,超声波检测仪器使用的环境温度应为0~40 ℃。具有波形清晰、显示稳定的示波装置;声时最小分度值为0.1 μs;具有最小分度值为1 dB的信号幅度调整系统;接收放大器频响范围为10~500 kHz,总增益不小于80 dB,接收灵敏度(信噪比3:1时)不大于50 μV;电源电压波动范围在标称值±10%情况下能正常工作;

连续正常工作时间不少于 4 h。

(3)换能器:换能器的工作频率宜在 50~100 kHz,换能器的实测主频与标称频率相差不应超过±10%。

2. 检测步骤

结构或构件上的测区应编号,并记录测区位置和外观质量情况。对结构或构件的每一测区,应先进行回弹测试,后进行超声测试。

1)检测数量

(1)按单个构件检测时,应在构件上均匀布置测区,每个构件上测区数量不应少于 10 个。

(2)同批构件按批抽样检测时,构件抽样数不应少于同批构件的 30%,且不应少于 10 件;对一般施工质量的检测和结构性能的检测,可按照《建筑结构检测技术标准》(GB/T 50344—2019)的规定抽样。

(3)对某一方向尺寸不大于 4.5 m 且另一方向尺寸不大于 0.3 m 的构件,其测区数量可适当减少,但不应少于 5 个。

2)构件的测区布置

(1)测区宜优先布置在构件混凝土浇筑方向的侧面。

(2)测区可在构件的两个对应面、相邻面或同一面上布置。

(3)测区宜均匀布置,相邻两测区的间距不宜大于 2 m。

(4)测区应避开钢筋密集区和预埋件。

(5)测区尺寸宜为 200 mm×200 mm,采用平测时宜为 400 mm×400 mm。

(6)测试面应清洁、平整、干燥,不应有接缝、施工缝、饰面层、浮浆和油垢,并应避开蜂窝、麻面部位。必要时,可用砂轮片清除杂物和磨平不平整处,并擦净残留粉尘。

3)回弹值测试

(1)回弹测试时,应始终保持回弹仪的轴线垂直于混凝土测试面。宜首先选择混凝土浇筑方向的侧面进行水平方向测试。如不具备浇筑方向侧面水平测试的条件,可采用非水平状态测试或测试混凝土浇筑的顶面或底面。

(2)测量回弹值应在构件测区内超声波的发射和接收面各弹击 8 点;超声波单面平测时,可在超声波的发射和接收测点之间弹击 16 点。每一测点的回弹值,测读精确度至 1。

(3)测点在测区范围内宜均匀布置,但不得布置在气孔或外露石子上。相邻两测点的间距不宜小于 30 mm;测点距构件边缘或外露钢筋、铁件的距离不应小于 50 mm,同一测点只允许弹击一次。

4)超声波声时测试

(1)超声测点应布置在回弹测试的同一测区内,每一测区布置 3 个测点。超声测试宜优先采用对测或角测,当被测构件不具备对测或角测条件时,可采用单面平测。

(2)超声测试时,换能器辐射面应通过耦合剂与混凝土测试面良好耦合。

(3)声时测量应精确至 0.1 μs,超声测距测量应精确至 1.0 mm,且测量误差不应超过±1%。声速计算应精确至 0.01 km/s。

【习题】

一、判断题(下列判断正确的打"√",错误的打"×")

(　　)1. 混凝土的抗拉强度很低,只有其抗拉强度的1/10~1/20,且这个比值随着混凝土强度等级的提高而降低。

(　　)2. 坍落度法适用于骨料最大粒径不大于40 mm、坍落度不小于20 mm的混凝土拌和物稠度测定。

(　　)3. 当水泥细度试验筛的标定修正系数C在0.80~1.20范围时,试验筛可以继续使用,否则应予以淘汰。

(　　)4. 标准法检测水泥安定性,当两个试件的$(C-A)$值超过4.0 mm时,应用同一样品立即重做一次试验,如果结果仍然如此,则认为该水泥安定性不合格。

(　　)5. 水泥是最重要的建筑材料之一,不仅可用于干燥环境中的工程,而且也可用于潮湿环境及水中的工程。

二、单项选择题(下列选项中,只有一个是正确的,请将其代号填在括号内)

1. 水泥强度试条的养护池水温应控制在(　　)。

A. (20±2)℃　　B. (25±2)℃　　C. (20±1)℃　　D. (25±1)℃

2. 在混凝土用砂量不变的条件下,砂的级配良好,说明(　　)。

A. 砂的空隙率大　B. 砂的空隙率小　C. 砂的总表面积大　D. 砂的总表面积小

3. 下列有关坍落度的叙述不正确的一项是(　　)。

A. 坍落度是表示塑性混凝土拌和物流动性的指标

B. 干硬性混凝土拌和物的坍落度小于10 mm且须用维勃稠度表示其稠度

C. 泵送混凝土拌和物的坍落度不低于100 mm

D. 在浇筑板、梁和大型及中型截面的柱子时,混凝土拌和物的坍落度宜选用70~90 mm

4. 钢筋的(　　)通过试验来测定,钢筋这一性能的质量标准有屈服点、抗拉强度、伸长率、冷弯性能等指标。

A. 化学性能　　B. 机械性能　　C. 抗拉性能　　D. 抗拔性能

5. 职业道德是所有从业人员在职业活动中应该遵循的(　　)。

A. 行为准则　　B. 思想准则　　C. 行为表现　　D. 思想表现

三、多项选择题(下列选项中,至少有两个是正确的,请将其代号填在括号内)

1. 水泥抗压强度测定结果判断中以下说法错误的是(　　)。

A. 抗压强度:当六个测试值中有一个超过六个平均值的±15%时,应剔除这个结果再取剩下的五个平均值作为结果

B. 抗压强度:当六个测试值中有一个超过六个平均值的±10%时,应剔除这个结果再取剩下的五个平均值作为结果

C. 抗压强度:当六个测试值中有一个超过六个平均值的±10%时,应剔除这个结果再取剩下的五个平均值作为结果;若五个测定值中再有超过它们平均值的±10%时,该组结果作废。

D. 抗压强度:当六个测试值中有一个超过六个平均值的±10%时,应剔除这个结果

再取剩下的五个平均值作为结果；若五个测定值中再有超过它们平均值的±15%时，该组结果作废。

E. 抗压强度：当六个测试值中有一个超过六个平均值的±15%时，应剔除这个结果再取剩下的五个平均值作为结果；若五个测定值中再有超过它们平均值的±15%时，该组结果作废。

2. 用坍落度或维勃稠度来测定混凝土的(　　)。

A. 黏聚性　　B. 保水性　　C. 泌水性　　D. 流动性

3. 建筑工程中一般多采用(　　)作细骨料。

A. 河砂　　B. 湖砂　　C. 山砂　　D. 海砂

4. 混凝土强度中(　　)最大。

A. 抗压强度　　B. 抗拉强度　　C. 抗弯强度　　D. 抗剪强度

5. 钢筋种类很多，通常按(　　)等进行分类。

A. 物理性能　　B. 化学成分　　C. 机械性能　　D. 生产工艺

E. 生产流程

【参考答案】

一、判断题

1. √　2. ×　3. √　4. √　5. √

二、单项选择题

1. C　2. B　3. A　4. B　5. A

三、多项选择题

1. ADE　2. D　3. A　4. A　5. BCD

第三章　木工相关岗位技能

第一节　木工基础知识

一、投影的基本知识

(一)投影的形成

假定光线可以穿透物体(物体的面是透明的,而物体的轮廓线是不透明的),并规定在影子当中,光线直接照射而形成的轮廓线画成实线,光线间接照射形成的轮廓线画成虚线,则经过抽象后的“影子”称为投影。

形成投影的三要素:投影线、形体和投影面,原理见图 3-1。

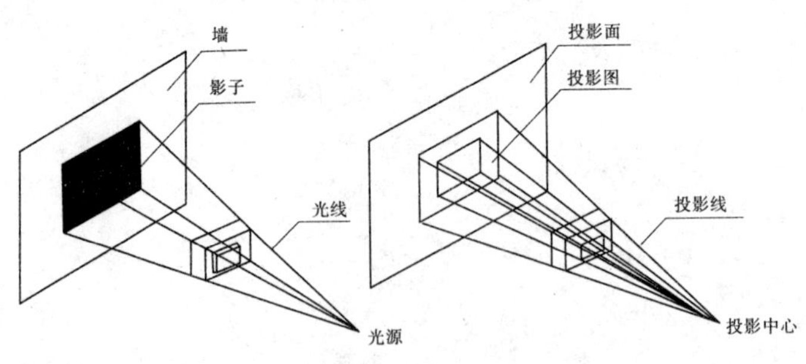

图 3-1　投影原理图

(二)投影的分类

根据投影中心与投影面之间距离的远近不同,投影法分为中心投影和平行投影两大类。

1. 中心投影法

光线由光源点发出,投射线成束线状(见图 3-2)。

2. 平行投影法

光线在无限远处,投射线相互平行,投射大小与形体到光源的距离无关(见图 3-3)。

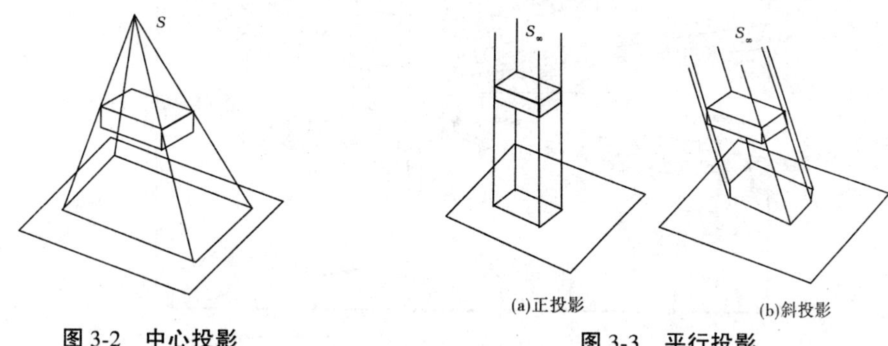

图 3-2　中心投影　　图 3-3　平行投影

(三)建筑工程中常用的投影图

工程中常用的投影图有正投影图、轴测图、透视图、标高投影图。

1. 正投影图

用正投影法得到的正投影图,如图 3-4 所示。其特点是能反映形体的真实形状和大小,度量性好,作图简便,为工程制图中经常采用的一种。

2. 轴测图

轴测图是物体在一个投影面上的平行投影,如图 3-5 所示。其特点是具有一定的立体感和直观性,常作为工程上的辅助性图。

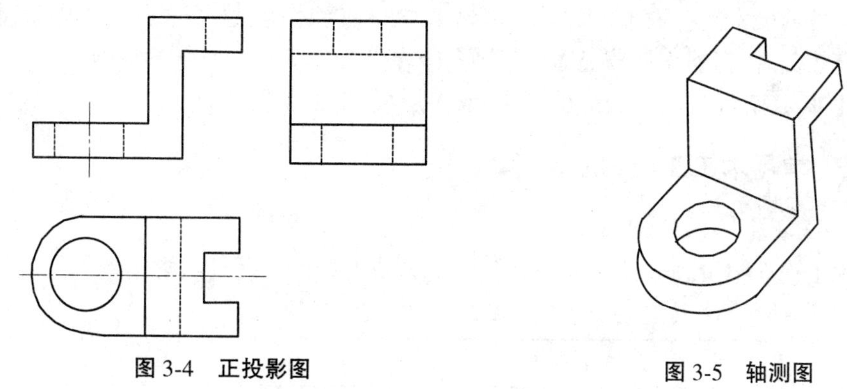

图 3-4　正投影图　　图 3-5　轴测图

3. 透视图

透视图是物体在一个投影面上的中心投影,如图 3-6 所示。其特点是图形逼真,具有良好的立体感,常作为设计方案和展览用的直观图。

4. 标高投影图

标高投影图是用正投影法得到的一种带有数字标记的单面投影图,如图 3-7 所示,常用来绘制地形图和道路、水利工程等方面的平面布置图样。

二、木料的种类

常用木料可以分为软木类、硬木类和人工合成类木料。

图 3-6　透视图

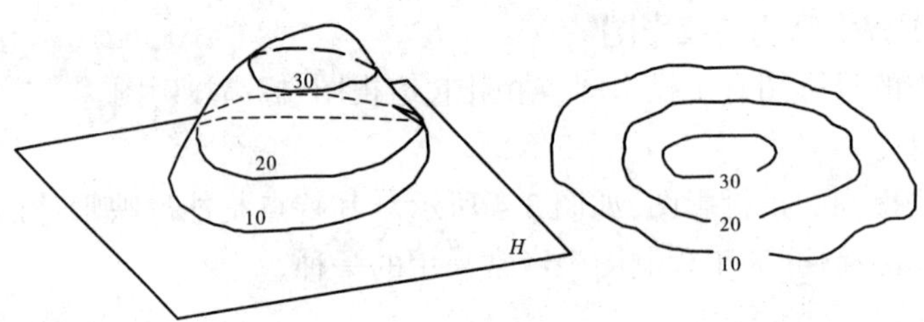

图 3-7　标高投影图

常见的软木类有红松、白松、杨木等,这类木材木质疏松纹理顺直、不易膨缩、变形较小。常见的硬木类有榆木、水曲柳、白蜡木、桦木、枣木等,这类木材材质硬且重,强度大,纹理自然美观,膨缩翘裂较显著,易变形。

此外,还有经过人工合成的三层板、多层板、中密度板、刨花板等人工合成板材。

三、常用木工工具、机械

(一)量具

木工作业中量画部件尺寸、角度、弧度等的工具称为量具。常用量具见表 3-1。

表 3-1　木工常用量具

名称	作用
角尺	90°正角,靠紧一方画出横向定位到反面
墨斗	在任何工作中弹出所需要的线条
钢卷尺	量出所需尺寸大小
平水管	利用连通水流的原理,确定房间内的水平高度
平水尺	局部平水、空气点在正中为平

(二)刨类工具

刨的作用是把木材刨削成平直、圆、曲线等不同形状,经刨削后的木材表面会变得平整光滑,具有一定的精度。刨削时的手势如图 3-8 所示。

（三）钻孔工具

在钻孔时，钻杆要与木料面垂直，钻头尖部对准孔的圆心点，使用手摇钻和麻花钻钻孔时，钻至孔深度一半以上时，应将木料翻转，从反面再钻，以免将木料表面拉裂。

图 3-8　刨削时的手势

（四）其他手工工具

其他手工工具有斧子、凿子、锤、钳子、活络扳手、旋具、木锉。

（五）木工带锯机

带锯机是一种锯割木材的机床，用于木材的纵向切割。根据用途不同分为跑车带锯机、再剖带锯机和细木工带锯机，下面重点讲述细木工带锯机。

细木工带锯机结构较简单，主要用来锯割细小木料和各种曲面工件，广泛用于门窗、家具和模型料锯割（见图 3-9）。

细木工带锯机一般为手工操作，较大工件应由 2 人配合操作。进行直线锯割时，上手将工件把稳，贴紧锯比子水平向前推进，进料速度应根据材料性质和工件大小灵活掌握，禁止猛推猛拉和碰撞锯条。在工件锯过锯背 200 mm 时，下手方可接拉。工件尾端距锯条 200 mm 时，上手即应放开木料，由下手将工件锯完。

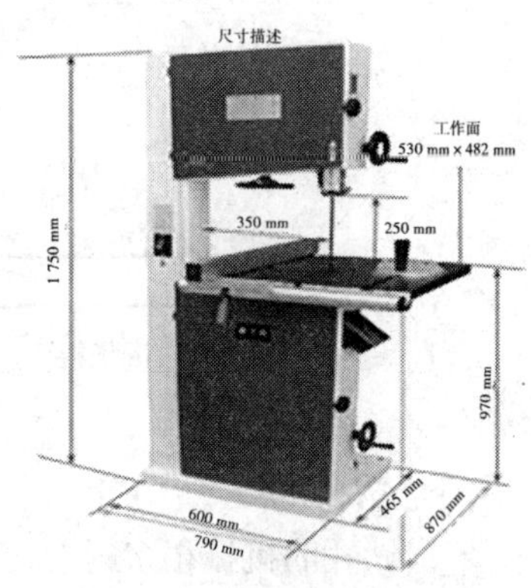

图 3-9　细木工带锯机

细木工带锯机使用时的注意事项如下：

（1）车后锯轮未达到其额定转速，不许送进工件锯割，以免突然增加电机自荷。

（2）工作过程中出现夹锯时，应由下手将工件向两边分开后慢慢推进，且勿向后拉料，以免拉落锯条。如出现跑锯、窜条等情况，应立即停机，对锯条、锯料（锯齿拨料）、锯卡和锯轮进行检查，找出原因，及时纠正，待锯条运行正常后，再进行锯割。当工作台面锯条通道内夹有碎木等杂物阻塞时，应用木棍拨出，切勿用手清理。为防止锯条、锯轮轮面上黏结树脂和木屑，增加锯条与锯轮间的摩擦和切削阻力，工作中可用煤油经常擦拭。

（六）木工压刨床和平刨床

1. 木工压刨床的构造

木工压刨床构造如图 3-10 所示。木工压刨床用于刨削板材和方材，以获得精确的厚度。

图 3-10　单面木工压刨床

2. 木工平刨床的构造及操作

木工平刨床用来刨削工件的一个基准面或两个直交的平面。电动机经胶带驱动刨刀轴高速旋转，手按工件沿导板紧贴前工作台向刨刀轴送进。前工作台低于后工作台，高度可调，其高度差即为刨削层厚度。调整导板可改变工件的加工宽度和角度。拼缝刨床的结构与平刨床相似,但加工精度较高。平刨主要用于板材拼合面的加工。

平刨床的构造如图3-11所示。平刨床的操作如图3-12所示。当刨削较短、较薄的木材时,应用推棍、推板推送,如图3-13所示。

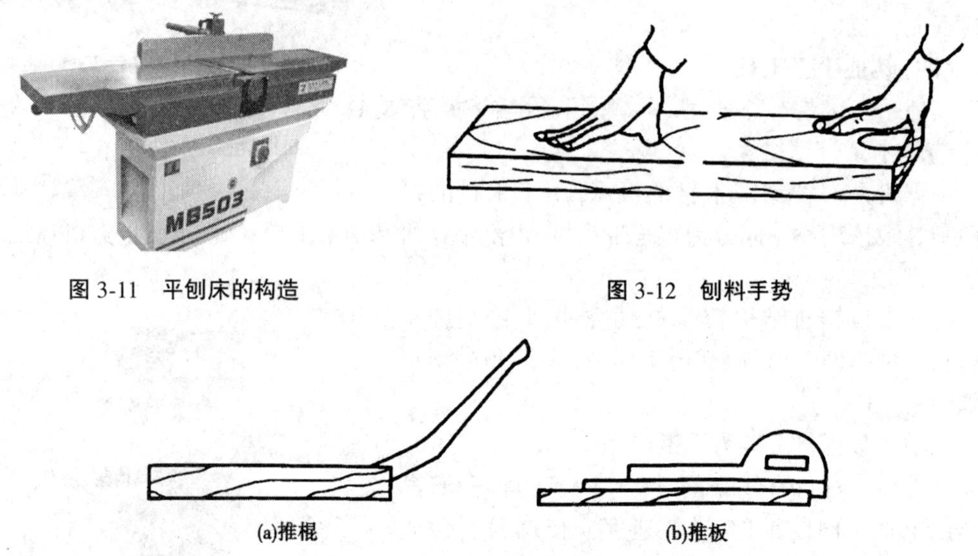

图3-11 平刨床的构造

图3-12 刨料手势

图3-13 推棍与推板

(七)钻孔机械

木工钻孔的机械很多,按加工榫眼形状可分为木工钻床和榫槽机。木工钻床加工圆眼,榫槽机加工长方形孔。

(八)轻便式机械

常用的轻便式机械有如下几种:①手提式电动圆锯。可用来横截和纵截木料。②手提式电动刨。多用于木装修,专门刨削木料表面。③钻。开孔、钻孔、固定的工具。④电动起子机。用于紧固木螺丝和螺母。⑤电动砂光机。将工作表面磨光。

(九)测量放线的仪器、工具

(1)水准仪。主要用于测量两点间的高差,它不能直接测量待定点的高程,但可由控制点的已知高程推算测点的高程。利用视距测量原理,它还可以测量两点间的水平距离,但精度不高。

(2)经纬仪。是对水平角和竖直角进行测量的一种仪器。

(3)全站仪。即全站型电子测距仪,是一种集光、机、电为一体的高技术测量仪器,是集水平角、垂直角距离(斜距、平距)、高差测量功能于一体的测绘仪器系统,应用于控制测量、地形测量、施工放样、工业测量和海洋定位等方面。

(4)激光铅锤仪。是指借助仪器中安置的高灵敏度水准管或水银盘反射系统,将激光束导至铅垂方向用于竖向准直的一种工程测量仪器。

(5)激光投线仪。常用于施工现场放线,以及对平整度和垂直度的控制和测量等。

(6)测距仪。激光测距仪是工程中应用比较广泛的一种测距仪,是利用激光对目标的距离进行准确测定的仪器。手持式测距仪可以完成距离、面积、体积的测量工作。

第二节　木工安全生产知识

一、木工施工安全操作规程

(一)基本要求

(1)木工施工作业过程中严禁在施工场所吸烟,以免发生火灾,吸烟要到指定的地点。

(2)木工进入施工现场时,应穿防护鞋,防止铁钉扎脚,施工完成后应及时清理现场模板,所拆模板应将钉子尖头打出以免扎脚伤人(见图3-14)。

(3)施工中使用的钉子、锤子等工具应放在工具包内不准随处乱丢(见图3-15)。

图3-14　施工完成清理现场模板

图3-15　工具包内工具不准随处乱丢

(4)施工现场严禁焚烧各种垃圾、废料。

(5)木工作业场所的刨花、木屑、碎木必须“三清”:自产自清,日产日清,活完场清。

(二)模板安装

(1)支模时,应按作业程序进行,模板未固定前不得离开或进行其他工作。模板支撑的顶撑要垂直,底端要平整、坚实,并加垫木。

(2)到车站中板、顶板等高处作业时,必须走安全稳固的通道,严禁随意在支架上下攀爬,严禁在没有固定的梁、板、柱上行走或是在手拿东西的情况下攀爬。

(3)在高处作业时,必须有可靠的立足点或站在稳定牢固的作业平台上,并做好临边防护或进行系安全带等防护措施(见图3-16);严禁站在不稳固的支撑上或没有固定的木方上施工(见图3-17)。

(4)两名作业人员正进行基梁安装时,要设置安全母绳,系挂安全带,事先确认支撑横梁的承重性,不踩在横梁两侧行走,在搭建作业的场所采取无关人员禁止入内的措施(见图3-18)。

(5)正在进行模板铺设作业时,应注意以下几点:①事先加固侧梁下方两名作业人员进行支撑件后,再搭设中间钢梁;②将侧梁下方支撑件的安全制动阀全部开启;③应从侧梁部位开始铺设面板,以确保形成足够的作业平台(见图3-19)。

图 3-16　高处作业必须有可靠立足点

图 3-17　高处作业时应站在稳定牢固的作业平台上

图 3-18　两名作业人员进行基梁安装

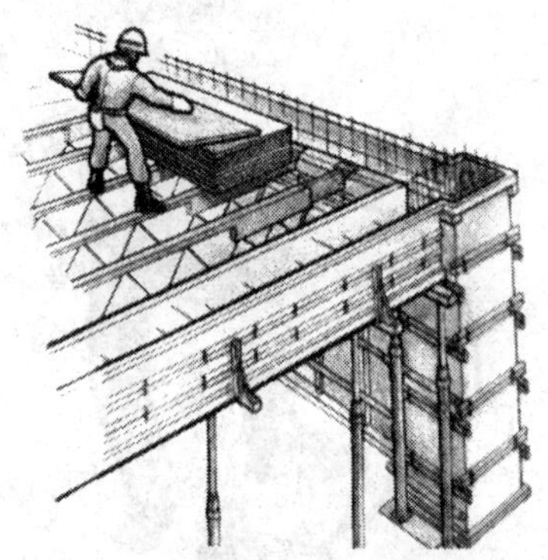

图 3-19　模板铺设作业

(6)支模板要按工序进行,模板没有固定前,不得进行下道工序。支模要严格按尺寸安装,严禁出现探头板现象(见图 3-20)。

(7)高处安装模板时,不踩在金属零件上作业(见图 3-21)。

(8)在进行高处立模时,应注意正下方情况,禁止下方有人作业或行走,防止高处落物伤人。

(9)严禁从上往下投掷任何物料。

(10)吊装模板时,模板完全落在作业平台前不得搬取材料, 模板堆放不能过于集中,不得距临边过近。

(三)模板拆除

(1)拆除模板应在混凝土强度达到要求后,经项目技术负责人同意方可拆除(拆除令); 操作时,应按顺序分段进行。

(2)拆除模板时,不准采用猛撬、硬砸或大面积撬落和拉倒的方法,防止伤人和损坏物料(见图 3-22)。

(3)拆模时,不能留有悬空模板,防止突然落下伤人。拆下来的模板应及时运送到指定地点堆放,防止钉子扎脚。

(4)拆模现场要有专人负责监护,禁止无关人员进入拆模现场。

图 3-20　支模严禁出现探头板现象

图 3-21　高处安装模板时不踩在金属零件上作业

(5)站在人字梯上进行拆模作业时,必须要拉开人字梯上的安全锁,整理作业面,保证人字梯架设平稳,人字梯作业高度不宜超过 1.8 m(见图 3-23)。

图 3-22　拆除模板时不准采用大面积撬落的方法

图 3-23　保证人字梯架设平稳

(四)模板存放

大模板堆放应设堆放区,模板不能堆放过高,必须立放的模板必须要放置稳固,防止碰撞或大风刮倒,不得将模板堆靠在围挡、护栏和基础不牢的地方。

二、施工机械安全操作知识

(一)木工锯使用

(1)电锯、电刨等木工机具要由专人负责,使用圆盘锯前,必须对锯片进行检查,锯片不得有裂纹,不得连续缺齿,螺丝应上紧(图 3-24)。

(2)使用带锯、铣床等具有旋转工作原理并带有尖锐挂钩的机器时,严禁戴手套操作。木工在操作电锯时,一般不能穿宽大的衣服,不能留长发,以防将衣服、头发卷进电锯造成事故,工作中更加不准用手或戴着手套清理操作平台木屑。

图 3-24　使用圆盘锯前检查锯片完好情况

(3)操作时,要戴防护眼镜,站在锯片一侧,禁止与锯片站在同一直线上，手臂不得跨越锯片（见图3-25）。

（4）圆锯的锯盘及传动部位应安装防护罩，并设分料器和挡板，加工旧木料前必须将铁钉、灰垢清除干净。防止模板内的钉子或异物被电锯击飞伤人（见图3-26）。

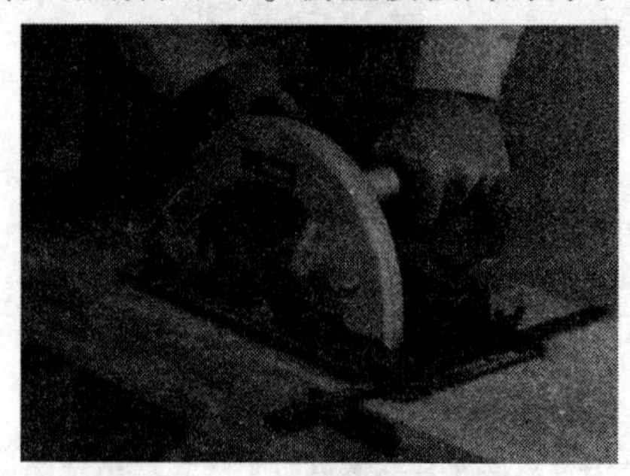

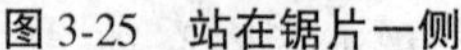
图3-25　站在锯片一侧

图3-26　加工旧木料前必须将铁钉、灰垢清理干净

（5）电锯、电刨等要做到一机一闸一漏一箱，不得使用倒顺开关，必须使用按钮式开关，大雨天禁止露天操作。

（6）木工加工棚内禁止抽烟和动火作业，配置的灭火器材禁止随意移动和使用，每日施工完成后木料必须及时清理。

（7）使用手锯时，防止伤手和伤腿，并要有防摔落措施。

（8）锯料时，必须站在安全可靠处，将圆盘电锯放到架台上，用正确的作业姿势进行切割，整理脚边作业环境。

（9）操作手持圆盘锯进行切割板材时，要单块切割，如要重叠切割，须将板材四点打钉固定后再作业，以保证作业中不会发生歪斜伤人。因为重叠多块模板切割时，容易发生材料歪斜、电锯卡住的情况，当用力拔出电锯时，电锯弹起易导致作业人员脚部受伤。

（10）每日施工完成后木料须及时清理，木工机具必须断电并将锯盘防护罩安防到位。

（二）木工压刨机的安全操作

（1）压刨机送料和接料不准戴手套，并应站在机床的一侧。

（2）进料必须平直，发现材料走横或卡位，应停机降低台面调正，遇硬节时要减慢送料速度，送料手指必须离开滚筒20 cm外，接料必须待料走出台面。

（3）刨短料长度不得短于前后压滚距离，厚度小于1 cm的木料，必须垫托板。

（三）木工平刨机的安全操作

（1）平刨机必须有安全防护装置。刨料时，应保持身体稳定，双手操作，禁止手在料后推送。刨削量每次一般不得超过1.5 mm，进料速度要保持均匀，经过刨口时用力要轻，禁止在刨刀上面回料。

（2）刨厚度大于1.5 cm、长度小于30 cm的木料时，必须用压板或推棍，禁止用手推进。过节疤时，要减慢推料速度，禁止用手按在节疤上推料；刨旧料时，必须将铁钉、泥沙等清除干净；换刀片时，应拉闸断电。

三、消防安全知识

建筑工程从施工准备到工程竣工都要使用大量的木材。由于木材的燃点较低，一般在250~300 ℃，有时用明火点燃时着火点只有159 ℃，尤其在木材加工过程中，会产生大量锯末花、木屑、木粉等，这些物质比木料更容易燃烧。因此，木工作业的火灾危险性较大，施工时要特别注意消防安全。

(一)基本要求

(1)建筑工地的木工作业场要严禁动用明火，工人吸烟要到休息室。工作场地和个人工具箱内要严禁存放油料和易燃易爆物。

(2)要经常对工作间内的电气设备进行检查，发现短路、打火和线路绝缘老化破损等情况要及时找电工维修。电锯、电刨等木工设备在作业时，注意勿使刨花、锯末等物将电机盖上。

(3)木工作业要严格执行《建筑工地管理条例》的规定。完工后，必须做到现场清理干净，剩下的木料堆放整齐，锯末、刨花要堆放在指定的地点，并且不能在现场存放时间过长，防止自燃起火。

(二)木工操作间的消防安全制度

(1)操作间建筑应采用阻燃材料搭建。

(2)操作间应设消防水箱和消防水桶，储存消防用水。

(3)操作间，冬季宜采用暖气(水暖)供暖，如用火炉取暖，必须在四周采取挡火措施；不应用燃烧劈柴、刨花代煤取暖。每个火炉都要由专人负责，下班时要将余火彻底熄灭。

(4)电气设备的安装要符合要求。抛光、电锯等部位的电气设备应采用密封式或防爆式。刨花、锯末较多部位的电动机应安装防尘罩。电机应使用封闭式的，敞开式的应设防火护罩；电闸要安装闸箱，并经常消除灰尘；电机附近不准堆放可燃物；喷漆工工作间的电器设备必须防爆。

(5)定期检查机械设备，及时注油，防止摩擦生热。

(6)经常检查电气线路，若有老化、绝缘不良等问题，要及时更换。

(7)砂轮要安装在无锯末、刨花和其他易燃物品的地方。

(8)操作间内严禁吸烟和用明火作业。工作场地如需明火作业，必须向消防部门申报办理动火证，并采取防火措施。

(9)木工操作间和工作地点的刨花、锯末、碎料及可燃物要每日清理一次，并堆放在指定的安全地点。油工用过的棉丝、抹布、手套、衣物及器皿、工具要妥善保管，不得乱扔乱放。酒精、油漆、稀料等易燃物品要专柜专放，专人管理。操作间只能存放当班的用料，成品及半成品要及时运走。

(10)配电盘、刀闸下方不能堆放成品、半成品及废料。

室内材料应放置整齐，留有安全通道；露天木料应堆放成垛，垛间距离不得小于3 m，并留有足够的消防通道。设置的消防器材、设备不得挪用、圈占和压埋。对各部位设置的消防器材，工作人员应熟悉其放置地点及使用方法。

第三节　木工操作技能

一、木门窗

(一)木门的种类和构造

1. 木门的种类

木门的种类见表 3-2。

表 3-2　木门种类

名称	组成	用途
镶板门	门扇由骨架和门芯板组成	一般用于民用建筑的外门、内门、厕所门、浴池门
夹板门	中间为轻型骨架双面贴薄板的门	一般用于卧室、办公室、教室、厕所等内门
玻璃门	门扇由骨架和门芯板(门芯板为玻璃)组成	一般用于有间接采光的内门、公用建筑外门
拼板门	门扇采用拼板结构的木门,一般采用的是全木结构	一般用于民用建筑的外门、内门
平开木门	由门框、门扇、亮窗等组成	一般用于工业仓库、车库、工业厂房的外门
弹簧门	装有弹簧合页的门	一般用于食堂、影剧院、礼堂、公用建筑正门

2. 木门的构造

木门的基本构造是由门框和门扇两部分组成。当门的高度超过 2. 1 m 时,增加透气窗(亮子)。木框的构造基本一样,但门扇不一样。门扇分为实门和木玻璃门两类,实门又可分为蒙板门(胶合板门)和镶板门,木玻璃门分为落地玻璃门和部分玻璃门。木门的构造如图 3-27 所示。

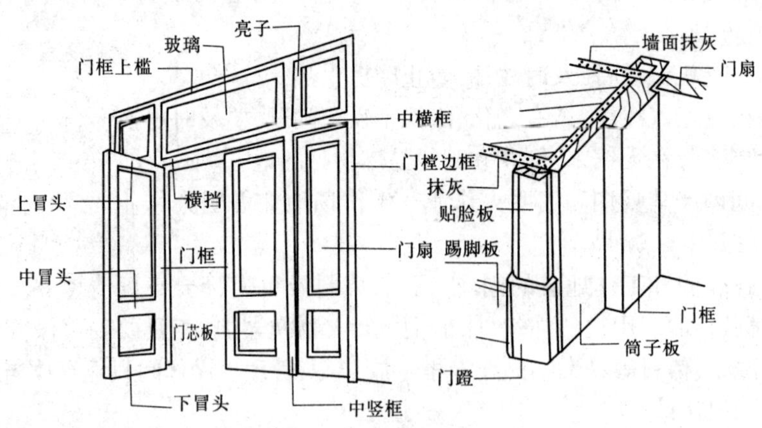

图 3-27　木门的构造

(二)木窗的种类和构造

1. 木窗的种类

木窗的种类见表 3-3。

表 3-3 木窗的种类

名称	图示	用途	名称	图示	用途
平开窗		用于工业与民用建筑	推拉窗		节约空间
中悬、立转窗		用于通风排气	提拉窗		节约空间
百叶窗		用于卫生间	门连窗		用于阳台与房间之间

2. 木窗的构造

木窗的基本构造主要由窗框与窗扇两部分组成。窗框由框梃、上冒头和下冒头组成，有上亮时须设中贯横档；窗扇由上冒头、下冒头、扇梃、窗棂等部分组成。窗扇玻璃装于冒头、扇梃和窗棂之间(见图 3-28)。

(三)木门窗的安装

1. 木门窗安装的作业条件

(1)结构工程已完成并验收合格。

(2)室内已弹好+50 cm 水平线。

(3)门窗框、扇在安装前应检查窜角、翘扭、弯曲、劈裂、崩缺、榫槽间结合处无松离，如有问题，应进行修理。

(4)门窗框进场后，应将靠墙的一面涂刷防腐涂料，刷后分类码放平整。

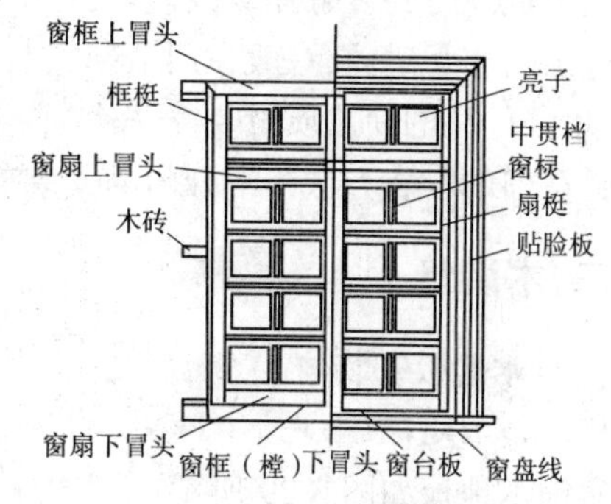

图 3-28 木窗的构造

(5)准备安装木门窗的砖墙洞口已按要求预埋防腐木砖，木砖中心距不大于 1.2 m，并应满足每边不少于 2 块木砖的要求；单砖或轻质砌体应砌入带木砖的预制混凝土块。

(6)砖墙洞口安装带贴脸的木门窗，为使门窗框与抹灰面平齐，应在安框前做出抹灰标筋。

(7)门窗框安装在砌墙前或室内外抹灰前进行,门窗扇安装应在饰面完成后进行。

2. 木门的安装

1)木门框与墙体的固定

门框与墙体的固定方式分为先立口和后塞口。先立口是先立好门框,再砌两侧的墙体。这里主要说明后塞口的安装方法。

后塞口的安装方法是在砌墙时留出门窗洞口,然后把门框装进去。门框洞口尺寸应按设计图纸预留,并按安装要求高度每隔 500~700 mm 每边预埋防腐木砖两块,门框在洞内应立正、正直,同一层的门框应拉线控制进出及水平,上、下门框也应在同一垂直线上。门框按线支立完后,依靠木楔临时固定,再用钉子钉在预埋木砖上,门框的上、下槛也应用木楔相对楔紧。由于门扇的重力和碰撞力均比窗扇大,所以门框四周抹灰时一定要嵌入门框的裁口内,以防抹灰开裂甚至被振落。

2)门扇的安装

门扇安装前,应检查其型号、规格、数量是否符合要求,发现问题应及时处理。安装前,先量好门框的裁口尺寸,然后在门扇上画线修边,以控制门扇四周的留缝宽度。安装双开门扇时,应先划出裁口线,然后用粗刨刨去线外部分,再用细刨刨至光滑平直,直到符合要求。将门扇放入框中试修边完毕后,按门扇高度的 1/8~1/10,在框上按合页大小画线,并剔出合页槽,槽深要与合页的厚度相适应,槽底要平,然后将门扇安上。门扇应开关灵活,不能过紧或过松。

平开门的五金零件有合页、拉手、插销等,但规格稍大,并在门上装有暗锁。安装合页、插销等小铁件时,先用小锤将木螺丝打入长度的 1/3。然后用螺丝刀将木螺丝拧紧、拧平,不得歪扭、倾斜。L 铁和 T 铁应加以隐蔽,在门窗扇上做凹槽,安装完后压低于表面 1 mm 左右。门销应高出地面 90~95 cm,并应错开中冒头,以免伤榫。

公共建筑过厅、走廊及人流较多的房间,常安装弹簧门。弹簧门也由门框、门扇和门用五金组成。另外装有弹簧铰链,可使门自行开闭,一般都采用双面弹簧双扇门。为避免人流进出时相互碰撞,一般在门上部安装玻璃。门扇须用水曲柳、柞木、黄菠萝等硬木制作,以增强门扇的使用质量。

弹簧门的安装方法与平开门的安装方法类似。

二、木装修

(一)木地板安装

1. 实铺木地板

实铺木地板如图 3-29 所示。

1)地面基层处理

首先检查地面平整度。如果原地面的平整度误差较大,应做水泥砂浆或细石混凝土找平层,使木搁栅下的基层基本平整,并在已干燥的地面基层上刷涂两道防水涂料。

2)木搁栅固定

木搁栅与地面的固定,按设计要求采用预埋件进行连接。目前采用较多的是在地面

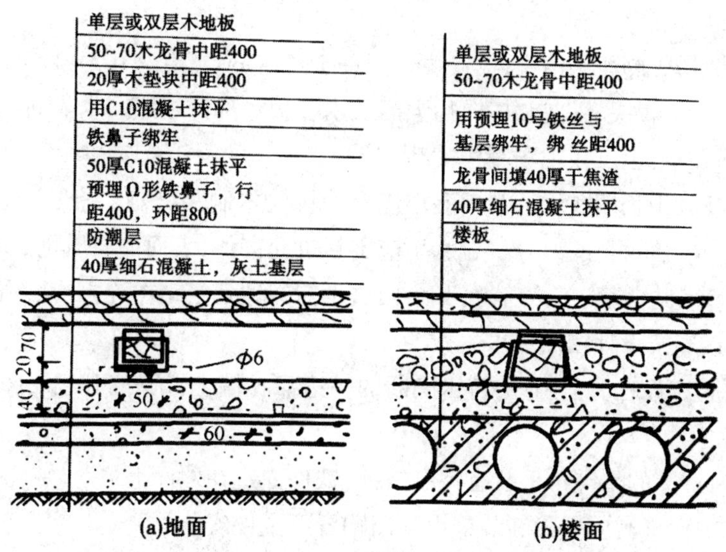

(a)地面　(b)楼面

图 3-29　实铺木地板　(单位:mm)

基层中埋入木楔或塑料胀锚管的方法,即用冲击电钻在基层上钻洞(深 50 mm 左右)打入木楔或塑料胀锚管,然后用长钉或专用膨胀螺栓将木搁栅与基层中的预埋件连接。

3) 面板铺钉

实木地板的面板,多为企口(两边或四边)板块,与木搁栅呈垂直排放,并顺进门方向用圆钉或专用地板钉(螺旋钉)钉接。

2. 粘贴式实铺木地板

粘贴式实铺木地板即按设计要求的拼花形式,如图 3-30 所示进行排列,以胶粘剂(环氧树脂或专用地板胶)将板块直接粘贴于地面基层上的做法。一般铺贴前应按设计的图案弹线,并宜从中央向四周铺贴。铺贴时,做到接缝对齐,胶合紧密,表面平整。

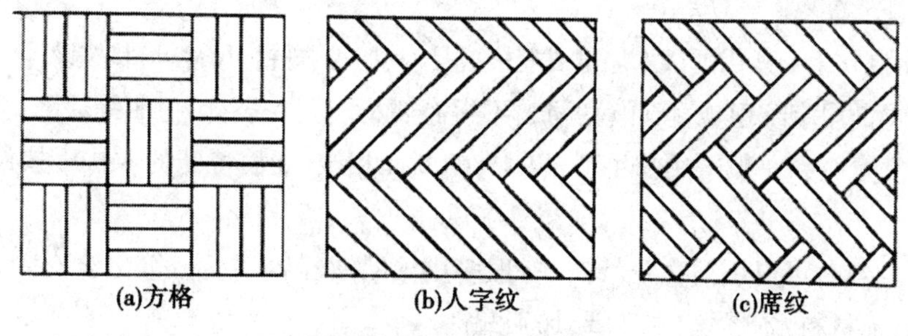
(a)方格　(b)人字纹　(c)席纹

图 3-30　木地板拼花形式

(二)隔断

1. 玻璃木隔断的施工程序

弹线放样→制作龙骨架→安装龙骨架→裙板制作与安装→钉踢脚线→安装上部玻璃。其操作要点如下:①先在地面和墙上弹出隔断位置线。②按照弹出的位置丈量尺寸,按此尺寸作为制作龙骨架的依据。按固定龙骨的通常做法固定,直至钉好踢脚板。③安装上部玻璃。

2. 厕浴木隔断

厕浴木隔断用于厕所和浴室内,高度一般在1~1.4 m,宽度为0.6~1.4 m。厕浴木隔断由两根立梃、上下冒头、纵向和横向加强筋及木装板等部件组成。木隔断一般在工厂做好,拿到工地上安装,也可在现场制作安装。

厕浴木隔断属于长期在水淋和潮湿环境中使用的木制品,因此一般应选用优质的红松和杉木制作,并且木材经过干燥,含水率应不超过允许值,表面油漆质量要求较高。

厕浴木隔断一边靠墙,一边着地,其余两边不与其他建筑结构连接。厕浴木隔断与墙体和地面的连接应按设计图的要求去做。

(1)安装前,应先在墙上画线,将木隔断的一边靠在墙上,调好高度后,将其与墙体固定在一起。

(2)木隔断下部的悬空角上装有特制铁件,铁件固定在地面上。

(3)隔断如有小门,应按隔断装饰设计图购置五金件安装。

(4)木隔断装好后,应立即油漆以防吸湿变形。油漆时,所有外露面须刷底油漆一道,罩面漆两道。铁件应刷防锈漆两道。

(三)木楼梯扶手

木楼梯从形状上可分为直形、L形、U形、弧形。按照平台的结构及步数可分为直角平台、三步转台、两步转台、一步大平台(U形),平台的步数需要根据梯形进行确定。从楼梯的部件来看,楼梯主要包含以下部分:梯段(设有踏步)、楼梯平台、栏杆扶手等,如图3-31所示。

图3-31　木楼梯

1. 材料准备

(1)木制扶手一般用硬杂木加工成规格成品,其树种、规格、尺寸、形状按设计要求确定。

木材质量均应纹理顺直、颜色一致,不得有腐朽、节疤、裂缝、扭曲等缺陷;含水率不得大于12%。弯头料一般采用扶手料,以45°角断面相接,断面特殊的木扶手按设计要求备弯头料。

(2)黏结料:可以用动物胶(鳔),一般多用聚醋酸乙烯(乳胶)等化学胶粘剂。

(3)其他材料:木螺丝、木砂纸、加工配件。

2. 操作工艺

工艺流程:找位与画线→弯头配制→连接预装→固定→整修。

1)找位与画线

(1)安装扶手的固定件:位置、标高、坡度找位校正后,弹出扶手纵向中心线。

(2)按设计扶手构造,根据折弯位置、角度,画出折弯或割角线。

(3)楼梯栏板和栏杆顶面,画出扶手直线段与弯头、折弯段的起点和终点的位置。

2)弯头配制

(1)按栏板或栏杆顶面的斜度,配好起步弯头,一般木扶手,可用扶手料割配弯头,采用割角对缝黏结,在断块割配区段内最少要考虑三个螺钉与支承固定件连接固定。大于70 mm 断面的扶手接头配制时,除黏接外,还应在下面用暗榫或用铁件铆固。

(2)整体弯头制作:先做足尺寸大样的样板,并与现场画线核对后,在弯头料上按样板画线,制成雏形毛料(毛料尺寸一般大于设计尺寸约 10 mm)。按画线位置预装,与纵向直线扶手端头黏结,制作的弯头下面刻槽,与栏杆扁钢或固定件紧贴结合。

3)连接预装

预制木扶手须经预装,预装木扶手由下往上进行,先预装起步弯头及连接第一跑扶手的折弯弯头,再配上下折弯之间的直线扶手料,进行分段预装黏结,黏结时操作环境温度不得低于 5 ℃。

4)固定

分段预装检查无误,进行扶手与栏杆(栏板)上固定件,用木螺丝拧紧固定,固定间距控制在 400 mm 以内,操作时应在固定点处,先将扶手料钻孔,再将木螺丝拧入,不得用锤子直接打入,螺帽要达到平正。

5)整修

扶手折弯处如有不平顺,应用细木锉锉平,找顺磨光,使其折角线清晰,坡角合适,弯曲自然,断面一致,最后用木砂纸打光。

三、木模板

木模板和支架一般先加工成基本元件(拼板),然后在现场进行拼装。

模板及其支撑结构安装,除保证混凝土结构构件各部位形状和尺寸的准确性外,应有足够的稳定性、刚度和强度,应能可靠地承受浇筑混凝土的重量和侧压力,以及浇筑时产生的荷载。

(一)基础模板的安装

1. 阶梯形独立基础模板的安装

阶梯形独立基础模板安装工艺流程为:计算放样→钉分阶模板框→弹基础线→下阶模板拼装、支撑→安放下阶模钢筋→校正、检查→上阶模安放、支撑固定→校正、检查→模板上弹设计标高线(见图 3-32)。

2. 杯形独立基础模板的安装

杯形独立基础模板安装工艺流程为:计算放样→钉各阶模板方框→钉杯芯模(或钉成整体式或钉成装配式)→钉轿杠→弹基础中线→下阶模板拼装、支撑→安放杯芯模→校正、检查、固定→模板上弹设计标高线(见图 3-33)。

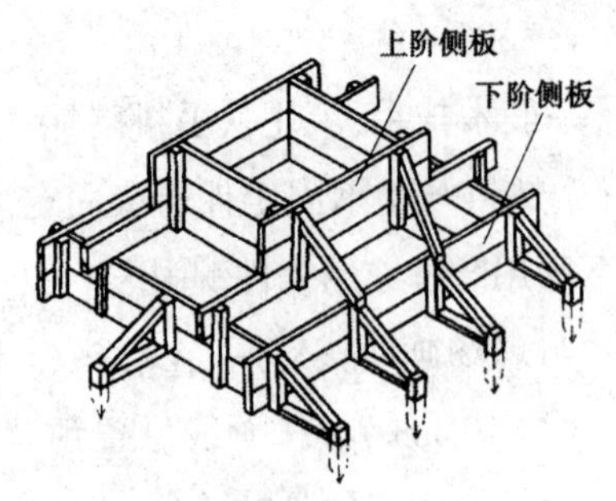

图 3-32 阶梯形独立基础模板

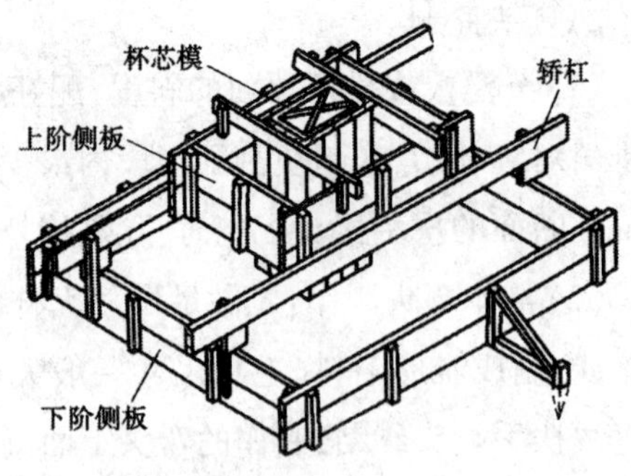

图 3-33 杯形独立基础模板

3. 条形基础模板的安装

主要模板部件是侧模和支撑系统的横杠、斜撑(见图 3-34)。立楞(立档)的截面和间距与侧模板的厚度有关,立楞是用来钉牢侧模和加强其刚度的。

条形基础模板支法与独立基础模板相似,只需增加杯口芯模即可。其安装工艺流程为:计算放样→弹基础线→立侧模→校水平、垂直→钉斜撑、平撑固定→弹标高线。

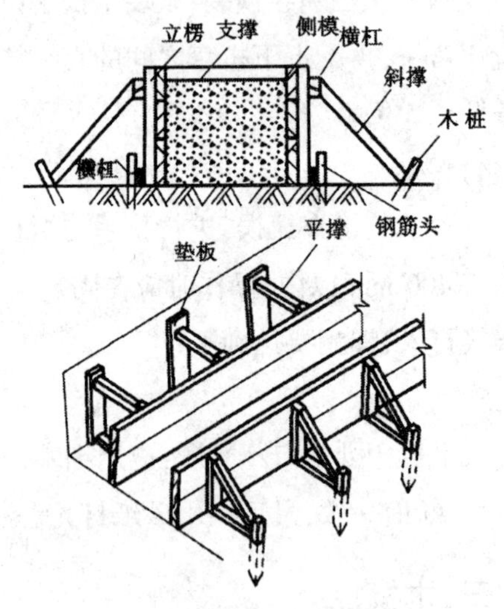

图 3-34 条形基础

(二)柱模板的安装

柱子的断面尺寸不大但比较高。因此,柱模板的安装主要考虑保证垂直度及抵抗新浇混凝土的侧压力。与此同时,也要便于浇混凝土、清理垃圾与绑扎钢筋等。图 3-35 为矩形柱模板,柱模板顶部开有与梁模板相连接的缺口,底部开有清理孔,高度超过 3 m 时,应沿高度方向每隔 2 m 左右开设混凝土浇筑孔,以防混凝土在大高差时下落,分层离析。安装时,应校正其相邻两个侧面的垂直度,检查无误后,即用斜撑、拉绳支牢固定。

其安装工艺流程为:计算放样→钉竖向侧模→钉底部方盘→弹柱的中线和边线→立竖向侧模→校竖模垂直→钉斜撑、水平撑、剪刀撑固定→钉横向侧模→加柱模箍→校正检查。

(三)墙模板的安装

钢筋混凝土墙的模板是由相对的两片侧模和它的支撑系统组成的。由于墙侧模较高,应设立楞和横杠来抵抗墙体混凝土的侧压力,两片侧模之间设撑木、螺杆、钢丝,以保证模板的几何尺寸如图 3-36 所示。

钢筋混凝土墙模板的安装工艺流程为:计算放样→基础上弹墙中线和边线→立一面侧板→校正水平、垂直→钉横杠、斜撑、平撑→校正垂直→安放或绑扎钢筋→立另一面侧板→校水平、垂直→钉横杠、斜撑、平撑→必要时,钉搭头木或用螺栓拉结侧板→校正垂直。

(四)梁模板的安装

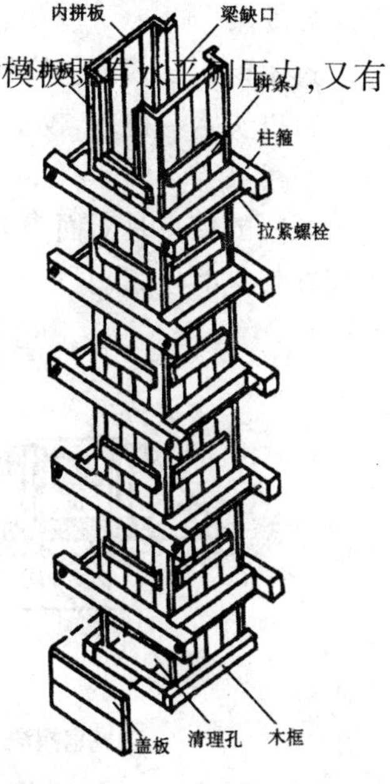

模板示意图

梁的特点是跨度大而截面较小,梁下面是悬空的,因此梁对模板既有水平侧压力,又有竖向压力。梁模板由梁底模和梁侧模以及支撑系统组成(见图3-37)。

梁底模和支柱承担全部垂直荷载,底模和支柱应具有足够的强度和刚度。

梁模板安装后要拉中线检查,复核各梁模板中心线位置是否正确,待模板安装完后,检查并调整标高。当梁的跨度在4 m及4 m以上时,应使梁模底部略微起拱,如设计无规定时,起拱高度宜为跨度的0.1%~0.3%。

梁模板安装工艺流程为:计算放样→配制梁底板、侧板→在柱子上弹梁轴线及水平线→铺垫板、立顶撑→安装梁底板→梁底起拱→安放、绑扎钢筋→安装梁侧模→钉斜撑、夹木和对拉螺栓→拉线检查梁模尺寸、校标高→与相临模板连接、固定。

图3-36　墙模板示意图　　图3-37　梁模板示意图

(五)现浇楼板模板(梁、板模板)的安装

楼板的特点是面积大而厚度一般不大。梁与楼板的模板同时支搭并且连为一体。模板的构造比较复杂(见图3-38)。

楼板模板的安装工艺流程是:计算放样→配制搁栅、楼板模板→梁模板外侧弹水平线→搭设支架→放搁栅→调楼板下皮标高及起拱→铺钉平板模→检查、校正板面标高和水平。

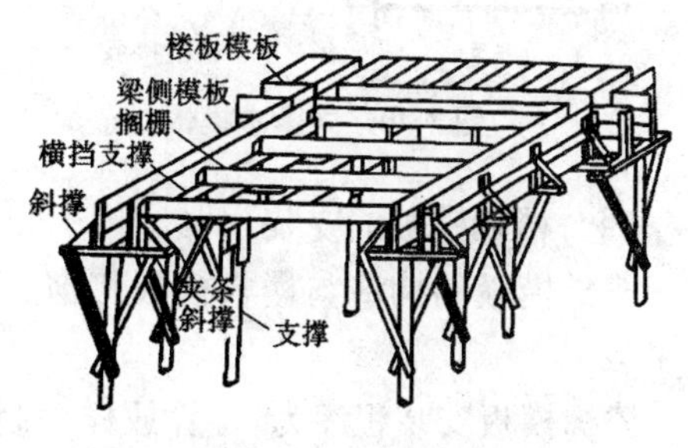

图3-38　有梁楼板模板

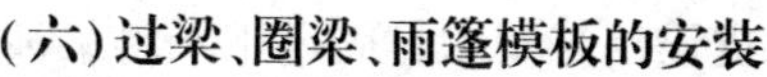

(六)过梁、圈梁、雨篷模板的安装

1. 过梁

过梁模板安装工艺流程为:做梁底板、侧板→立顶撑铺梁底板→钉侧板→钉夹木、斜撑→钉搭头木→检查、校正尺寸和标高。

2. 圈梁

圈梁的特点是断面小但很长,故圈梁模板主要由侧模板和固定模板用的楞木组成;底模仅在架空时使用(见图 3-39)。

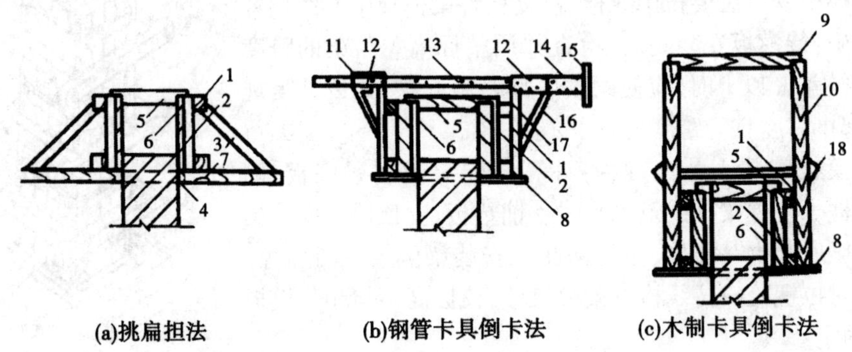

(a)挑扁担法　　(b)钢管卡具倒卡法　　(c)木制卡具倒卡法

1—横档;2—拼条;3—斜撑;4—墙洞 60 mm×120 mm;5—临时撑头;6—侧模;7—扁担木;8—Φ 10 钢筋;
9—卡具横档;10—卡具立档;11—Φ 8 销钉;12—Φ 25 钢管;13—Φ 22 钢筋;14—立牙丝杆及套管;
15—扳套管钢筋;16—Φ 10 钢筋;17—∠25×3;18—Φ 10~12 螺栓

图 3-39　圈梁模板

圈梁模板安装工艺流程为:做侧板楞木斜撑→墙洞中支设楞木→铺立侧板→钉夹木、斜撑→钉搭头木→检查、校正尺寸和标高。

3. 雨篷

雨篷木模板如图 3-40 所示。

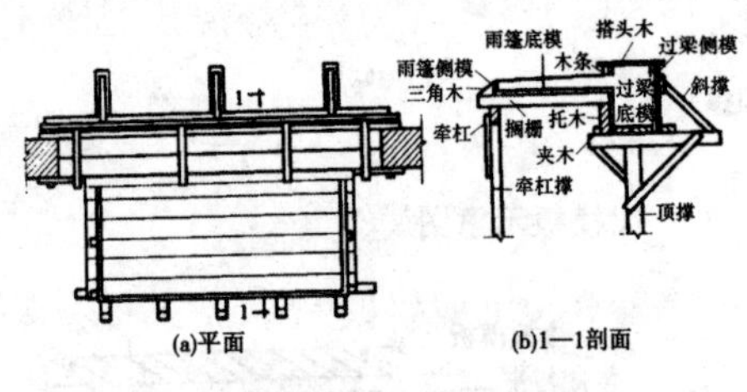

(a)平面　　(b)1—1剖面

图 3-40　雨篷木模板

雨篷包括过梁和雨篷板两部分,安装工艺流程为:做梁底模、侧模、搁栅、牵杠撑等→铺垫板、支顶撑→铺梁底模→钉梁侧模→钉夹板、斜撑→钉梁侧模托木→立雨篷牵杠撑→钉牵杠→放搁栅→钉雨篷底板→弹雨篷外沿尺寸线→按线立侧板→钉三角撑→钉搭头木→检查、校正尺寸和标高。

(七)楼梯模板的安装

楼梯模板的构造与楼板模板相似,不同点是倾斜和做成踏步(见图 3-41),实物图见图 3-42。

楼梯模板安装程序为:计算放样→制作侧板、外帮板、搁栅、顶撑、斜撑、夹木、三角木块等→立平台梁和平台板顶撑和牵杠撑→支设平台梁模板→支设平台板模板→立梯基侧板→钉托木、铺设搁栅→铺垫板、支设搁栅牵杠、牵杠撑→搁栅上铺钉楼梯底板→在楼梯底板面画梯段宽线→沿线立外帮板→固定外帮板→支设反三角木且固定于平台梁和梯基侧板上→支设牵杠撑,用拉杆与顶撑相连接→在反三角木与外帮板间钉踏步侧板→检查、

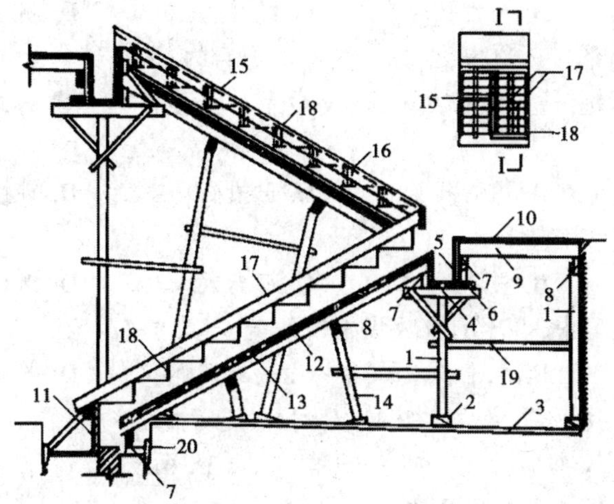

1—支柱(顶撑);2—木楔;3—垫板;4—平台梁底板;5—侧板;6—夹板;7—托木;8—杠木;9—木楞;10—平台底板;11—梯基侧板;12—斜木楞;13—楼梯底板;14—斜向顶撑;15—外帮板;16—横档木;17—反三角板;18—踏步侧板;19—拉杆;20—木桩

图 3-41　楼梯模板

调整各部位尺寸和标高。

图 3-42　楼梯模板实物

【习题】

一、判断题(下列判断正确的打“√”,错误的打“×”)

(　　)1. 形成投影的三要素:投影中心、形体、投影面。

(　　)2. 平行投影法是指光线由光源点发出,投射线成束线状。

(　　)3. 跑车带锯机广泛用于门窗、家具和模型料锯割。

(　　)4. 榫槽机是铣削木制品构件各种榫头的木工机床。

(　　)5. 经纬仪主要用来测量两点间的高差。

二、单项选择题(下列选项中,只有一个是正确的,请将其代号填在括号内)

1. (　　)是专门用于木料表面加工的机械,是木材加工必不可少的基本设备。

A. 木工带锯机　　B. 压刨机　　C. 开榫机　　D. 平刨床

2. 锯加工机具是用来纵向或横向锯割原木和方木的加工机械,以下(　　)属于锯加工机具。

A. 铣床　　B. 压刨床　　C. 开榫机　　D. 木工带锯机

3. 主要用来锯割细小木料和各种曲面工件的木工机械是(　　)。

A. 跑车带锯机　　B. 再剖带锯　　C. 细木工带锯机　　D. 压刨床

4. 下列不属于木工钻孔机械的是(　　)。

A. 木工钻床　　B. 榫槽机　　C. 开榫机　　D. 木工排钻机

5. 下列测量仪器中,不能够测量高程的是(　　)。

A. 水准仪　　B. 全站仪　　C. 经纬仪　　D. 测距仪

三、多项选择题(下列选项中,至少有两个是正确的,请将其代号填在括号内)

1. 光源在无限远处,投射线相互平行,投影大小与形体到光源的距离无关,属于这种投影法的是(　　)。

A. 平行投影　　B. 中心投影　　C. 正投影　　D. 斜投影　　E. 衍射投影

2. 下列属于木工常用量具的有(　　)。

A. 角尺　　B. 墨斗　　C. 钢卷尺　　D. 刨　　E. 钻

3. 下列工具或仪器中,属于测量放线常用的是(　　)。

A. 经纬仪　　B. 水准仪　　C. 激光测距仪　　D. 电动刨　　E. 钻孔机

4. 平刨床当刨削较短、较薄的木材时,应用(　　)推送。

A. 推棍　　B. 推板　　C. 一只手　　D. 两只手　　E. 带手套的手

5. 常用的轻便式机械有如下几种(　　)。

A. 手提式电动圆锯　B. 手提式电动刨　C. 钻　D. 电动起子机　E. 测距仪

6. 以下关于木工操作间的消防安全制度说法正确的是(　　)。

A. 操作间建筑可以采用阻燃材料搭建

B. 操作间应设消防水箱和消防水桶,储存消防用水

C. 操作间可以燃烧劈柴、刨花代煤取暖

D. 定期检查机械设备,及时注油,防止摩擦生热

E. 配电盘、刀闸下方不能堆放成品、半成品及废料

【参考答案】

一、判断题

1. ×　　2. ×　　3. ×　　4. ×　　5. ×

二、单项选择题

1. D　　2. D　　3. C　　4. C　　5. D

三、多项选择题

1. ACD　　2. ABC　　3. ABC　　4. AB　　5. ABCD　　6. ABDE

第四章　钢筋工相关岗位技能

第一节　钢筋的种类

钢筋混凝土结构中的钢筋，按生产工艺不同，可分为热轧钢筋、冷轧带肋钢筋、冷拉钢筋、冷拔钢丝、热处理钢筋、精轧螺纹钢筋、碳素钢丝、刻痕钢丝及钢绞线。

按化学成分不同，钢筋可分为碳素钢筋和普通低合金钢钢筋。

按钢筋直径大小，钢筋可分为钢丝（Φ 3～Φ 5）、细钢筋（Φ 6～Φ 10）、中粗钢筋（Φ 12～Φ 18）、粗钢筋（>Φ 18）。

热轧钢筋是建筑工程中用量最大的钢材品种之一，主要用于钢筋混凝土结构和预应力混凝土结构的配筋。

按照《混凝土结构设计规范》（2015 年版）（GB 50010—2010）的规定，混凝土结构的钢筋应按下列规定选用：纵向受力普通钢筋宜采用 HRB400、HRB500、HRBF400、HRBF500 钢筋，也可采用 HPB300、HRB335、HRBF335、RRB400 钢筋；梁、柱纵向受力普通钢筋应采用 HRB400、HRB500、HRBF400、HRBF500 钢筋；箍筋宜采用 HRB400、HRBF400、HPB300、HRB500、HRBF500 钢筋，也可采用 HRB335、HRBF335 钢筋；预应力筋宜采用预应力钢丝、钢铰线和预应力螺纹钢筋。

第二节　钢筋进场验收

钢筋对混凝土结构的承载能力至关重要，对其质量应从严要求。

钢筋进场时，应检查产品合格证和出厂检验报告，并按有关标准的规定进行抽样检验。由于工程量、运输条件和各种钢筋的用量等的差异，很难对钢筋进场的批量大小做出统一规定。实际验收时，若有关标准中对进场检验做了具体规定，应遵照执行；若有关标准中只有对产品出厂检验的规定，则在进场检验时，批量应按下列情况确定：

(1)对同一厂家、同一牌号、同一规格的钢筋，当一次进场的数量大于该产品的出厂检验批量时，应划分为若干个出厂检验批，并按出厂检验的抽样方案执行。

(2)对同一厂家、同一牌号、同一规格的钢筋，当一次进场的数量小于或等于该产品的出厂检验批量时，应作为一个检验批，并按出厂检验的抽样方案执行。

(3)对不同时间进场的同批钢筋，当确有可靠依据时，可按一次进场的钢筋处理。

按国家现行相关标准的规定抽取试件做屈服强度、抗拉强度、伸长率、弯曲性能和重量偏差检验，检验结果应符合相应标准的规定：

(1)钢筋单位长度质量偏差应符合表4-1的规定。

表4-1　钢筋单位长度质量偏差要求

公称直径(mm)	实际质量与理论质量的偏差(%)
≤12	±7
14~20	±5
≥22	±4

(2)钢筋的规格和性能应符合国家现行有关标准的规定。常用钢筋的主要性能指标应符合《混凝土结构工程施工规范》(GB 50666—2011)附录B“常用钢筋的规格和力学性能”的规定，公称直径、公称截面面积、计算截面面积及理论质量应符合《混凝土结构工程施工规范》(GB 506666—2011)附录C的规定。

(3)对有抗震设防要求的结构，其纵向受力钢筋的性能应满足设计要求；当设计无具体要求时，对按Ⅰ、Ⅱ、Ⅲ级抗震等级设计的框架和斜撑构件(含梯段)中的纵向受力钢筋，应采用HRB335E、HRB400E、HRB500E、HRBF335E、HRBF400E或HRBF500E钢筋，其强度和最大力下总伸长率的实测值应符合下列规定：①钢筋的抗拉强度实测值与屈服强度实测值的比值不应小于1.25；②钢筋的屈服强度实测值与屈服强度标准值的比值不应大于1.30；③钢筋的最大力下总伸长率不应小于9%。

经产品认证符合要求的钢筋，其检验批量可扩大1倍。在同一工程项目中，同一厂家、同一牌号、同一规格的钢筋连续3次进场检验均合格时，其后的检验批量可扩大1倍。

钢筋的表面质量应符合国家现行有关标准的规定；钢筋应平直、无损伤，表面不得有裂纹、油污、颗粒状或片状老锈。

成型钢筋进场时，应检查成型钢筋的质量证明书及成型钢筋所用材料的检验合格报告，并应抽样检验成型钢筋的屈服强度、抗拉强度、伸长率。检验批量可由合同约定，且同一工程、同一原材料来源、同一组生产设备生产的成型钢筋，检验批量不应大于100 t。

盘卷供货的钢筋调直后应抽样检验力学性能和单位长度质量偏差，其强度应符合国家现行有关产品标准的规定，断后伸长率、单位长度质量偏差应符合《混凝土结构工程施工质量验收规范》(GB 50204—2015)的有关规定。

当发现钢筋脆断、焊接性能不良或力学性能显著不正常等现象时，应停止使用该批钢筋，并对该批钢筋进行化学成分检验或其他专项检验。

第三节　钢筋加工

钢筋加工前,应清理表面的油渍、漆污和铁锈。清除钢筋表面油漆、漆污、铁锈可采用除锈机、风砂枪等机械方法;当钢筋数量较少时,也可采用人工除锈。除锈后的钢筋要尽快使用,长时间未使用的钢筋在使用前进行清理。有颗粒状、片状老锈或有损伤的钢筋性能无法保证,不应在工程中使用。对于锈蚀程度较轻的钢筋,也可根据实际情况直接使用。

钢筋加工宜在常温状态下进行,加工过程中不应对钢筋进行加热。钢筋弯折可采用专用设备一次弯折到位。对于弯折过度的钢筋,不得回弯。

机械调直有利于保证钢筋质量,控制钢筋强度,是推荐采用的钢筋调直方式。无延伸功能指调直机械设备的牵引力不大于钢筋的屈服力。如采用冷拉调直,应控制调直冷拉率,HPB300 光圆钢筋的冷拉率不宜大于 4%;HRB335、HRB400、HRB500、HRBF335、HRBF400、HRBF500 及 RRB400 带肋钢筋的冷拉率不宜大于 1%,以免影响钢筋的力学性能。带肋钢筋进行机械调直时,应注意保护钢筋横肋,以避免横肋损伤造成钢筋锚固性能降低。钢筋无局部弯折,一般指钢筋中心线同直线的偏差不应超过全长的 1%。

各种钢筋弯折时的弯弧内直径应符合下列规定:

(1)光圆钢筋,不应小于钢筋直径的 2.5 倍。

(2)335 MPa 级、400 MPa 级带肋钢筋,不应小于钢筋直径的 4 倍。

(3)500 MPa 级带肋钢筋,当直径为 28 mm 以下时不应小于钢筋直径的 6 倍,当直径为 28 mm 及以上时不应小于钢筋直径的 7 倍。

(4)位于框架结构顶层端节点处的梁上部纵向钢筋和柱外侧纵向钢筋,在节点角部弯折处,当钢筋直径为 28 mm 以下时不宜小于钢筋直径的 12 倍,当钢筋直径为 28 mm 及以上时不宜小于钢筋直径的 16 倍。

(5)箍筋弯折处尚不应小于纵向受力钢筋直径;箍筋弯折处纵向受力钢筋为搭接钢筋或并筋时,应按钢筋实际排布情况确定箍筋弯弧内直径。

拉筋弯折处,弯弧内直径除应符合箍筋的规定外,尚应考虑拉筋实际勾住钢筋的具体情况。

纵向受力钢筋弯折后平直段长度包括受拉光面钢筋 180°弯钩、带肋钢筋在节点内弯折锚固、带肋钢筋弯钩锚固、分批截断钢筋延伸锚固等情况,光圆钢筋末端做 180°弯钩时,弯钩的弯折后平直段长度不应小于钢筋直径的 3 倍,其他构造应符合设计要求及《混凝土结构设计规范》(GB 50010—2010)的有关规定。

箍筋、拉筋的末端应按设计要求作弯钩,并应符合下列规定:

(1)对一般结构构件,箍筋弯钩的弯折角度不应小于 90°,弯折后平直段长度不应小于箍筋直径的 5 倍;对有抗震设防要求或设计有专门要求的结构构件,箍筋弯钩的弯折角度不应小于 135°,弯折后平直段长度不应小于箍筋直径的 10 倍和 75 mm 两者之中的较大值。

(2)圆形箍筋的搭接长度不应小于其受拉锚固长度,且两末端均应做不小于 135°的弯钩,弯折后平直段长度对一般结构构件不应小于箍筋直径的 5 倍,对有抗震设防要求的结构构件不应小于箍筋直径的 10 倍和 75 mm 的较大值。

(3)拉筋用作梁、柱复合箍筋中单肢箍筋或梁腰筋间拉结筋时,两端弯钩的弯折角度均不应小于135°,弯折后平直段长度应符合对箍筋的有关规定;拉筋用作剪力墙、楼板等构件中拉结筋时,两端弯钩可采用一端135°、另一端90°,弯折后平直段长度不应小于拉筋直径的5倍。

箍筋、拉筋末端的弯钩构造要求,适用于焊接封闭箍筋之外的所有箍筋、拉筋;其中拉筋包括梁、柱复合箍筋中单肢箍筋,梁腰筋间拉结筋,剪力墙、楼板钢筋网片拉结筋等。有抗震设防要求的结构构件,即设计图纸和相关标准规范中规定具有抗震等级的结构构件,箍筋弯钩可按不小于135°弯折。设计专门要求指构件受扭、弯剪扭等复合受力状态,也包括全部纵向受力钢筋配筋率大于3%的柱。拉筋用作单肢箍筋或梁腰筋间拉结筋时,弯钩的弯折后平直段长度按相关规定。加工两端135°弯钩拉筋时,可做成一端135°、另一端90°,现场安装后再将90°弯钩端弯成满足要求的135°弯钩。

焊接封闭箍筋宜采用闪光对焊,也可采用气压焊或单面搭接焊,并宜采用专用设备进行焊接。焊接封闭箍筋下料长度和端头加工应按焊接工艺确定。焊接封闭箍筋的焊点设置,应符合下列规定:

(1)每个箍筋的焊点数量应为1个,焊点宜位于多边形箍筋中的某边中部,且距箍筋弯折处的位置不宜小于100 mm。

(2)矩形柱箍筋焊点宜设在柱短边,等边多边形柱箍筋焊点可设在任一边;不等边多边形柱箍筋焊点应位于不同边上。

(3)梁箍筋焊点应设置在顶边或底边。

焊接封闭箍筋宜以闪光对焊为主;采用气压焊或单面搭接焊时,应注意最小适用直径。批量加工的焊接封闭箍筋应在专业加工场地采用专用设备完成。对焊点部位的要求主要是考虑便于施焊、有利于结构安全等因素。

钢筋机械锚固包括贴焊钢筋、穿孔塞焊锚板及应用锚固板等形式,钢筋锚固端的加工应符合《混凝土结构设计规范》(GB 50010—2010)等国家现行相关标准的规定。当采用钢筋锚固板时,钢筋加工及安装等要求均应符合《钢筋锚固板应用技术规程》(JGJ 256—2011)的有关规定。

第四节 钢筋连接

钢筋连接的方式主要有绑扎、焊接和机械连接3种。

受力钢筋的连接接头宜设置在受力较小处。梁端、柱端箍筋加密区的范围内不宜设置钢筋接头,且不应进行钢筋搭接。同一纵向受力钢筋不宜设置两个或两个以上接头。接头末端至钢筋弯起点的距离,不应小于钢筋直径的10倍。如需在箍筋加密区内设置接头,应采用性能较好的机械连接和焊接接头。同一纵向受力钢筋在同一受力区段内不宜多次连接,以保证钢筋的承载性能、传力性能。“同一纵向受力钢筋”指同一结构层、结构跨及原材料供货长度范围内的一根纵向受力钢筋,对于跨度较大梁,接头数量的规定可适当放松。

钢筋机械连接施工应符合下列规定:

(1)加工钢筋接头的操作人员应经专业培训合格后上岗,钢筋接头的加工应经工艺检验合格后方可进行。

(2)机械连接接头的混凝土保护层厚度宜符合《混凝土结构设计规范》(GB 50010—2010)中受力钢筋的混凝土保护层最小厚度规定,且不得小于15 mm。接头之间的横向净间距不宜小于25 mm。

(3)螺纹接头安装后应使用专用扭力扳手校核拧紧扭力矩。挤压接头压痕直径的波动范围应控制在允许波动范围内,并使用专用量规进行检验。

(4)机械连接接头的适用范围、工艺要求、套筒材料及质量要求等应符合《钢筋机械连接技术规程》(JGJ 107—2016)的有关规定。

螺纹接头安装时,可根据安装需要采用管钳、扭力扳手等工具,但安装后应使用专用扭力扳手校核拧紧力矩,安装用扭力扳手和校核用扭力扳手应区分使用,二者的精度、校准要求均有所不同。

钢筋焊接施工应符合下列规定:

焊工是焊接施工质量的保证,所以从事钢筋焊接施工的焊工应持有钢筋焊工考试合格证,并应按照合格证规定的范围上岗操作。不同品种钢筋的焊接及电渣压力焊的适用条件是焊接施工中较为重要的问题。在钢筋工程焊接施工前,参与该项工程施焊的焊工应进行现场条件下的焊接工艺试验,经试验合格后,方可进行焊接。焊接过程中,如果钢筋牌号、直径发生变更,应再次进行焊接工艺试验。工艺试验使用的材料、设备、辅料及作业条件均应与实际施工一致。细晶粒热轧钢筋及直径大于28 mm的普通热轧钢筋,其焊接参数应经试验确定;余热处理钢筋不宜焊接。电渣压力焊只应使用于柱、墙等构件中竖向受力钢筋的连接。钢筋焊接接头的适用范围、工艺要求、焊条及焊剂选择、焊接操作及质量要求等应符合《钢筋焊接及验收规程》(JGJ 18—2012)的有关规定。焊接施工还应按相关标准、规定做好劳动保护和安全防护,防止发生火灾、烧伤、触电以及损坏设备等事故。

当纵向受力钢筋采用焊接接头或机械连接接头时,接头的设置应符合下列规定:

(1)同一构件内的接头宜分批错开。

(2)接头连接区段的长度为35d,且不应小于500 mm,凡接头中点位于该连接区段长度内的接头均应属于同一连接区段;其中d为相互连接两根钢筋中较小直径,当同一构件内不同连接钢筋计算的连接区段长度不同时,连接区段长度取大值。

(3)同一连接区段内,纵向受力钢筋接头面积百分率为该区段内有接头的纵向受力钢筋截面面积与全部纵向受力钢筋截面面积的比值;纵向受力钢筋的接头面积百分率应符合下列规定:①受拉接头,不宜大于50%;受压接头,可不受限。②板、墙、柱中受拉机械连接接头,可根据实际情况放宽;装配式混凝土结构为由预制构件拼装的整体结构,构件连接处无法做到分批连接,多采用同截面100%连接的形式,施工中应采取措施保证连接的质量,装配式混凝土结构构件连接处受拉接头,可根据实际情况放宽。③直接承受动力荷载的结构构件中,不宜采用焊接;当采用机械连接时,不应超过50%。

当纵向受力钢筋采用绑扎搭接接头时,同一构件内的接头宜分批错开。各接头的横向净间距l不应小于钢筋直径,且不应小于25 mm。接头连接区段的长度为1.3倍搭接

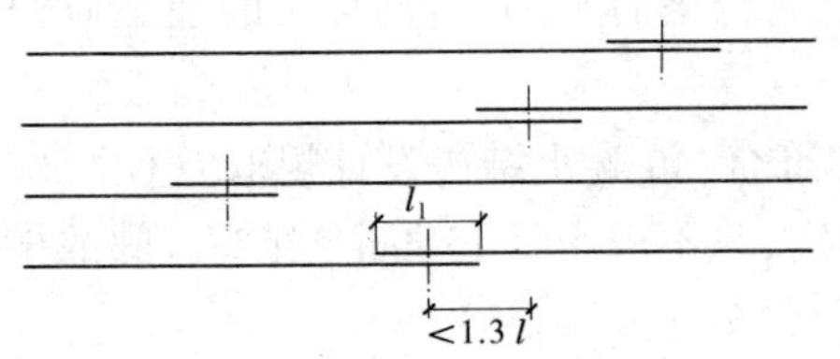

图 4-1 钢筋绑扎搭接接头连接区段及接头面积百分率

长度，凡接头中点位于该连接区段长度内的接头均应属于同一连接区段；搭接长度可取相互连接两根钢筋中较小直径计算。纵向受力钢筋的最小搭接长度应符合表 4-2 的规定。同一连接区段内，纵向受力钢筋接头面积百分率为该区段内有接头的纵向受力钢筋截面面积与全部纵向受力钢筋截面面积的比值（见图 4-1）；纵向受压钢筋的接头面积百分率可不受限值；纵向受拉钢筋的接头面积百分率应符合下列规定：①梁类、板类及墙类构件，不宜超过 25%；基础筏板，不宜超过 50%。②柱类构件，不宜超过 50%。③当工程中确有必要增大接头面积百分率时，对梁类构件，不应大于 50%；对其他构件，可根据实际情况适当放宽。

表 4-2 纵向受拉钢筋的最小搭接长度

钢筋类型		混凝土强度等级								
		C20	C25	C30	C35	C40	C45	C50	C55	≥C60
光面钢筋	300 级	48*d*	41*d*	37*d*	34*d*	31*d*	29*d*	28*d*	—	—
带肋钢筋	335 级	46*d*	40*d*	36*d*	33*d*	30*d*	29*d*	27*d*	26*d*	25*d*
	400 级	—	48*d*	43*d*	39*d*	36*d*	34*d*	33*d*	31*d*	30*d*
	500 级	—	58*d*	52*d*	47*d*	43*d*	41*d*	39*d*	38*d*	36*d*

注：*d* 为钢筋直径。

计算接头连接区段长度时，搭接长度可按相互连接两根钢筋中较小直径计算，并按该直径计算连接区段内的接头面积百分率；当同一构件内不同连接钢筋计算的连接区段长度不同时取大值。

由表 4-2 可知，当纵向受拉钢筋搭接接头面积百分率为 50%时，其最小搭接长度应按本表中的数值乘以系数 1. 15 取用；当接头面积百分率为 100%时，应按本表中的数值乘以系数 1. 35 取用；当接头面积百分率为 25%～100%的其他中间值时，修正系数可按内插取值。

纵向受拉钢筋的最小搭接长度可按下列规定进行修正。但在任何情况下，受拉钢筋的搭接长度不应小于 300 mm：

（1）当带肋钢筋的直径大于 25 mm 时，其最小搭接长度应按相应数值乘以系数 1. 1 取用。

（2）环氧树脂涂层的带肋钢筋，其最小搭接长度应按相应数值乘以系数 1. 25 取用。

（3）当施工过程中受力钢筋易受扰动时，其最小搭接长度应按相应数值乘以系数 1. 1 取用。

（4）末端采用弯钩或机械锚固措施的带肋钢筋，其最小搭接长度可按相应数值乘以系数 0. 6 取用。

（5）当带肋钢筋的混凝土保护层厚度为搭接钢筋直径的 3 倍，配有箍筋时，其最小搭接长度可按相应数值乘以系数0.8取用;当带肋钢筋的混凝土保护层厚度为搭接钢筋直径的5倍,配有箍筋时,其最小搭接长度可按相应数值乘以系数0.7取用;当带肋钢筋的混凝土保护层厚度大于搭接钢筋直径3倍且小于5倍,配有箍筋时,修正系数可按内插取值。

(6)有抗震要求的受力钢筋的最小搭接长度,一、二级抗震等级应按相应数值乘以系数1.15采用;三级抗震等级应按相应数值乘以系数1.05采用。

注意:情况(4)和(5)同时存在时,可仅选其中之一执行。

纵向受压钢筋绑扎搭接时,其最小搭接长度应确定相应数值后,乘以系数0.7取用。在任何情况下,受压钢筋的搭接长度不应小于200 mm。

搭接区域的箍筋对于约束搭接传力区域的混凝土、保证搭接钢筋传力至关重要。在梁、柱类构件的纵向受力钢筋搭接长度范围内应按设计要求配置箍筋,并应符合下列规定:①箍筋直径不应小于搭接钢筋较大直径的25%。②受拉搭接区段的箍筋间距不应大于搭接钢筋较小直径的5倍,且不应大于100 mm。③受压搭接区段的箍筋间距不应大于搭接钢筋较小直径的10倍,且不应大于200 mm。④当柱中纵向受力钢筋直径大于25 mm时,应在搭接接头两个端面外100 mm范围内各设置两个箍筋,其间距宜为50 mm。

一、钢筋的绑扎连接

钢筋绑扎应符合下列规定:

(1)钢筋的绑扎搭接接头应在接头中心和两端用铁丝扎牢。

(2)墙、柱、梁钢筋骨架中各竖向面钢筋网交叉点应全数绑扎(墙、柱、梁钢筋骨架中各竖向面钢筋网不包括梁顶、梁底的钢筋网);板上部钢筋网的交叉点应全数绑扎,底部钢筋网除边缘部分外可间隔交错绑扎。

(3)梁、柱的箍筋弯钩及焊接封闭箍筋的焊点应沿纵向受力钢筋方向错开设置,该布置要求是为了保证构件不存在明显薄弱的受力方向。

(4)构造柱纵向钢筋宜与承重结构同步绑扎,使构造柱与承重结构可靠连接、上下贯通,避免后植筋施工引起的质量及安全隐患;混凝土浇筑施工时可先浇框架梁、柱等主要受力结构,后浇构造柱混凝土。

(5)梁及柱中箍筋、墙中水平分布钢筋、板中钢筋距构件边缘的起始距离宜为50 mm。50 mm的规定是根据工程经验提出,具体适用范围为:梁端第一个箍筋的位置,柱底部第一个箍筋的位置,也包括暗柱及剪力墙边缘构件;楼板边第一根钢筋的位置;墙体底部第一个水平分布钢筋及暗柱箍筋的位置。

构件交接处钢筋的位置:

当设计无具体要求时,应保证主要受力构件和构件中主要受力方向的钢筋位置。框架节点处梁纵向受力钢筋宜放在柱纵向钢筋内侧;对于常规结构的主次梁底部标高相同时,次梁下部钢筋应放在主梁下部钢筋之上,对于承受方向向上的反向荷载,或某些有特殊要求的主次梁结构,也可按实际情况选择钢筋布置方式;剪力墙水平分布钢筋为主要受力钢筋,宜放在外侧,并宜在墙端弯折锚固,对于承受平面内弯矩较大的挡土墙等构件,水平分布钢筋也可放在内侧。

钢筋定位件(也称间隔件)用来固定施工中混凝土构件中的钢筋,并保证钢筋的位置偏差符合《混凝土结构工程施工质量验收规范》(GB 50204—2015)等的有关规定。确定定位件的数量、间距和固定方式需考虑钢筋在绑扎、混凝土浇筑等施工过程中可能承受的施工荷载。钢筋定位件主要有专用定位件、水泥砂浆或混凝土制成的垫块、金属马凳、梯子筋等。专用定位件多为塑料制成,有利于控制钢筋的混凝土保护层厚度、安装尺寸偏差和构件的外观质量。砂浆或混凝土垫块的强度是定位件承载力、刚度的基本保证。对细长的定位件,还应防止失稳。定位件将留在混凝土构件中,不应降低混凝土结构的耐久性,如砂浆或混凝土垫块的抗渗、抗冻、防腐等性能应与结构混凝土相同或相近。从耐久性角度出发,不应在框架梁、柱混凝土保护层内使用金属定位件。对于精度要求较高的预制构件,应减少砂浆或混凝土垫块的使用。当采用体量较大的定位件时,定位件不能影响结构的受力性能。

施工中随意进行的定位焊接可能损伤纵向钢筋、箍筋,对结构安全造成不利影响。如因施工操作原因需对钢筋进行焊接,需按《钢筋焊接及验收规程》(JGJ 18—2012)的有关规定进行施工,焊接质量应满足其要求。施工中不应对不可焊钢筋进行焊接。

由多个封闭箍筋或封闭箍筋、单肢箍筋共同组成的多肢箍即为复合箍筋。复合箍筋的外围应选用一个封闭箍筋。对于偶数肢的梁箍筋,复合箍筋均宜由封闭箍筋组成;对于奇数肢的梁箍筋,复合箍筋宜由若干封闭箍筋和一个拉筋组成;柱箍筋内部可根据施工需要选择使用封闭箍筋和拉筋。单肢箍筋在复合箍筋内部的交错布置,是为了利于构件均匀受力。

钢筋绑扎用的铁丝,可采用20~22 号铁丝(火烧丝)或镀锌铁丝(铅丝),其中22 号铁丝只用于绑扎直径12 mm 以下的钢筋。钢筋绑扎时,铁丝所用长度可参考表4-3。

表4-3 钢筋绑扎时铁丝所用长度参考 (单位:mm)

钢筋直径(mm)	6~8	10	14	18	22	25	28	32
6~8	150	170	190	220	250	270	290	320
10~12		190	220	250	270	290	310	340
14~16			250	270	290	310	330	360
18~20				290	310	330	350	380
22					300	350	370	400

注:表中第一行数字含义也为钢筋直径,横向6~8 与纵向6~8,表示直径6~8 mm 的钢筋捆绑时,所需绑扎铁丝长度为150 mm。

二、钢筋的焊接连接

钢筋采用焊接连接代替绑扎连接,不仅可以提高工作效率、降低工程成本,而且还可以改善结构受力性能、节省大量钢材。钢筋焊接常用的方法有闪光对焊、电弧焊、电渣压力焊、埋弧压力焊和气压焊等。

热轧钢筋的对接连接,应采用闪光对焊、电弧焊、电渣压力焊或气压焊等;钢筋骨架和钢筋网片的交叉焊接,宜采用电阻点焊;钢筋与钢板的T形连接,宜采用电弧焊或埋弧压力焊。电渣压力焊应用于柱、墙、烟囱等现浇混凝土结构中竖向受力钢筋的连接,不得用于梁、板等结构中水平钢筋的连接。

(一)闪光对焊

闪光对焊是利用对焊机使两段钢筋接触,通以低电压强电流，把电能转化为热能，使钢筋加热到接近熔点时施加轴向压力进行顶锻，使两根钢筋焊合在一起，形成对焊接头。钢筋闪光对焊的原理如图 4-2 所示。

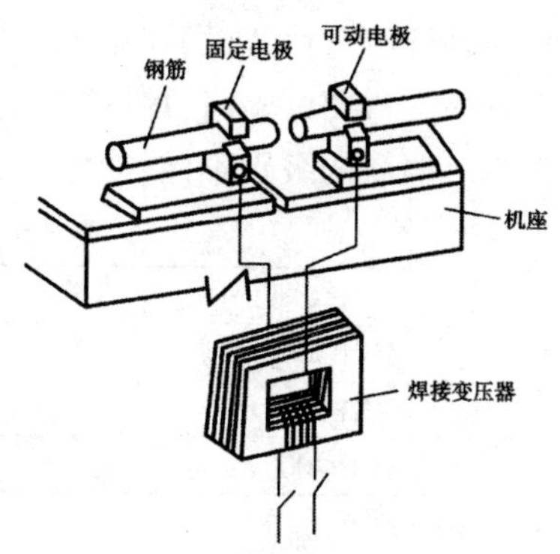

图 4-2　钢筋闪光对焊原理

（1）闪光对焊工艺按操作工艺不同，可分为连续闪光焊、预热闪光焊、闪光－预热－闪光焊。根据对接钢筋品种、直径和对焊机功率等进行选择。

（2）闪光对焊的工艺参数主要包括调伸长度、闪光留量、闪光速度、预热留量、预热频率、顶锻留量、顶锻速度及变压器级次等（见图 4-3）。

不同直径的钢筋焊接时，它们的截面比不宜超过

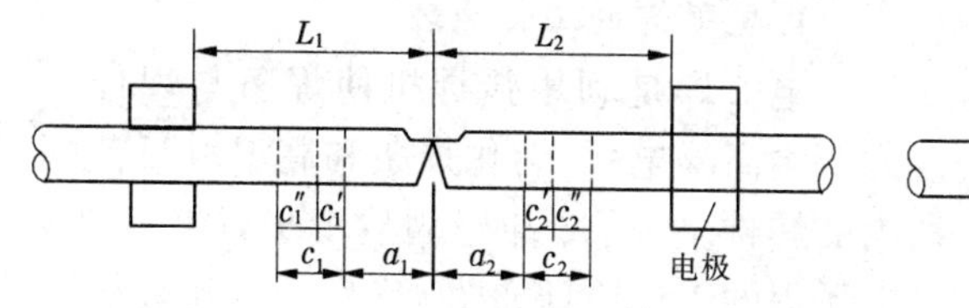

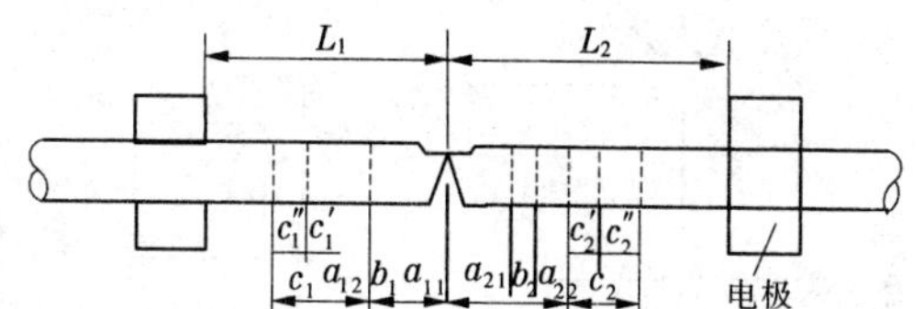

L_1，L_2—调伸长度；a_1+a_2—烧化留量；b_1+b_2—预热留量；c_1+c_2—顶锻留量；
$c'_1+c'_2$—有电顶锻留量；$c''_1+c''_2$—无电顶锻留量；$a_{11}+a_{12}$— 一次烧化留量；$a_{21}+a_{22}$—二次烧化留量

图 4-3　闪光对焊的各项留量示意

1.5 倍，焊接参数应按粗钢筋选择。焊接时，应先对粗钢筋预热，以使两者加热均匀。预热的方法是先用一段直径与粗钢筋相同的短钢筋，与另一段粗钢筋在对焊机上进行闪光预热，待达到预热要求时，取下短钢筋换上细钢筋进行对焊。钢筋对焊完毕后，应对全部接头进行外观检查，并按批切取部分接头进行力学性能检验。

（3）闪光对焊的质量检查主要包括外观检查和力学性能试验。其力学性能试验又包括抗拉强度和冷弯性能两个方面。①闪光对焊接头的外观检查。闪光对焊接头表面应无裂纹和明显烧伤，应有适当镦粗和均匀的毛刺；接头如有弯折，其角度不大于 4°，接头轴线的偏移不应大于 0.1d，亦不应大于 2 mm。外观检查不合格的接头，可将距接头左右各 15 mm 部分切除再重新焊接。②闪光对焊接头力学性能试验。应按同一类型分批进行，每批切取 65%，但不得少于 6 个试件，其中 3 个做抗拉强度试验，3 个做冷弯性能试验。3 个接头试件抗拉强度实测值，均不应小于钢筋母材的抗拉强度规定值；试样应呈塑性断裂且破坏点至少有 2 个试件断于焊接接头以外。

在进行冷弯性能试验时，由于钢筋接口靠近变压器一边（称下口），受变压器磁力线的影响较大，金属飞出较少，故毛刺也少；接口远离变压器的一边（称上口），受变压器磁力线影响较小，金属飞出较多，故毛刺也多。一般钢筋焊接后上口与下口的焊接质量不一致，故应做正弯和反弯试验，正弯试验即将上口毛刺多的一面作为冷弯圆弧的外侧。冷弯时，不应出现在焊缝处或热影响区断裂，否则不论其抗拉强度多高，均判为接头质量不合格，其冷弯后外侧横向裂缝宽度不得大于 0.15 mm，对于 HRB335、HRB400 级钢筋，冷弯则不允许有裂纹出现。

在进行冷弯性能试验时,也可将受压的金属毛刺和镦粗变形部分除去,与钢筋母材的外表齐平。弯曲试验时,焊缝应处于弯曲的中心,弯曲至90°时,至少有2个试件不得发生破断。钢筋的级别不同,冷弯时的弯心直径也不同(见表4-4)。

表4-4　钢筋对焊接头弯曲试验指标

钢筋级别	弯心直径(mm)	弯曲角度(°)
HPB300	2d	90
HRB335	3d	90
HRB400	4d	90

注:d为钢筋直径。

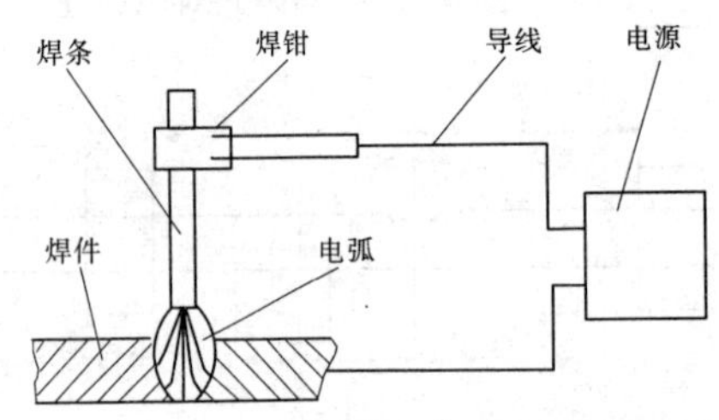

图4-4　电弧焊的工作原理

(二)电弧焊

1. 电弧焊的工作原理

电弧焊是利用弧焊机使焊条与焊件之间产生高温电弧,熔化焊条和高温电弧范围内的焊件金属,冷却凝固后形成焊接接头。电弧焊的工作原理如图4-4所示。弧焊机有直流和交流之分,常用的是交流弧焊机。焊条的种类较多,宜根据钢材级别和焊接接头形式选择焊条。焊条型号选用见表4-5;焊条直径和焊接电流选用见表4-6。

表4-5　焊条型号选用

焊接形式	HPB300级钢筋	HRB335级钢筋	HRB400级钢筋
搭接焊	E4303	E4303	E5003
帮条焊	E4303	E4303	E5003
坡口焊	E4303	E5003	E5003

表4-6　焊条直径和焊接电流选用

焊接位置	钢筋直径(mm)		焊接电流(A)	
			搭接焊、帮条焊	坡口焊
平焊	10~12	3.2	90~130	140~170
	14~22	4.0	130~180	170~190
	25~32	5.0	180~230	190~220
	36~40	5.0	190~240	200~230
立焊	10~12	3.2	80~110	120~150
	14~22	4.0	110~150	150~180
	25~32	4.0	120~170	180~200
	36~40	5.0	170~220	190~210

电弧焊应用比较广泛,包括整体式和装配式混凝土结构中钢筋的接长和连接,钢筋骨架焊接及钢筋与型钢、钢板间的焊接等。

2. 电弧焊的接头形式

电弧焊的接头形式(见图 4-5)主要有搭接接头、帮条接头、坡口接头、钢筋与预埋铁件接头 4 种。钢筋的搭接长度、帮条长条见表 4-7。

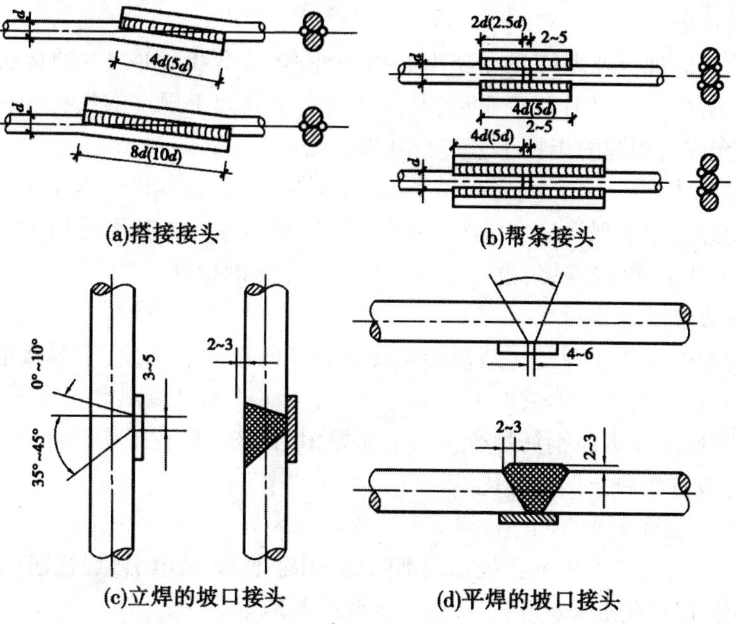

图 4-5　钢筋电弧焊的接头形式　(d 为钢筋直径,单位:mm)

表 4-7　钢筋的搭接长度、帮条长度

钢筋级别	焊接形式	搭接长度、帮条长度
HPB300	单面焊	≥8d
	双面焊	≥4d
HRB335、HRB400、HRBF335、HRBF400、HRB500、HRBF500、RRB400W	单面焊	≥10d
	双面焊	≥5d

注:d 为主筋直径(mm)。

钢筋与预埋铁件接头可分为对接接头和搭接接头两种,对接接头又分为角焊缝和穿孔塞焊,如图 4-6 所示。当钢筋直径为 6~25 mm 时,可采用角焊缝;当钢筋直径为 20~30 mm 时,宜采用穿孔塞焊。角焊缝焊脚尺寸的取值见图 4-6(a),对于 HPB300 级钢筋,应分别不小于钢筋直径的 0.5~0.6。

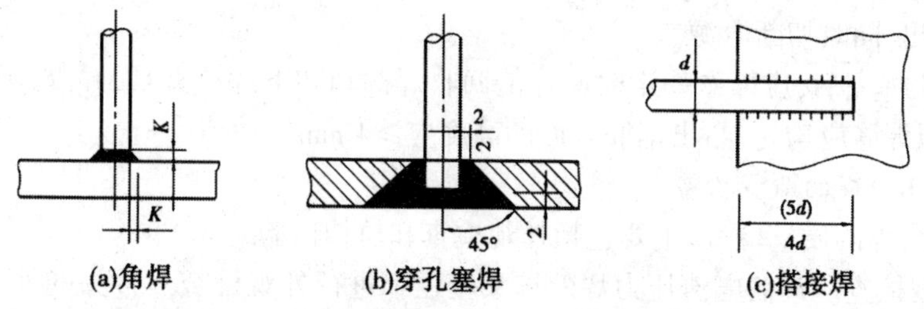

图 4-6　钢筋与预埋铁件接头形式　(d 为钢筋直径,单位:mm)

3. 电弧焊接头质量检查

电弧焊接头的外观检查包括焊缝平顺，不得有裂纹，没有明显的咬边、凹陷、焊瘤、夹渣和气孔。用小锤敲击焊缝应发出与其金属同样的清脆声；焊缝尺寸与缺陷的偏差应符合相关规范的规定。

坡口接头除应进行外观检查和超声波探伤外，还应分批切取 1% 的接头进行切片观察（指焊缝金属部分）。切片经磨平后，其内部没有裂缝大于规定的气孔和夹渣。经切片后的焊缝处，允许用相同的焊接工艺进行补焊。

（三）电渣压力焊

电渣压力焊多用于现浇钢筋混凝土结构竖向钢筋的接长，但不适用于水平钢筋或倾斜钢筋（斜度小于 4:1）的连接，也不适用于可焊性较差的钢筋连接。

1. 电渣压力焊的工作原理

电渣压力焊的工作原理是将两根钢筋安放成竖向对接形式，利用焊接电流通过两根钢筋端面间隙，在焊剂层下形成电弧和电渣过程，从而产生电弧热和电阻热，将两根钢筋端部熔化，然后施加压力使钢筋焊合。与电弧焊相比，该法具有工作条件好、工效高、成本低、易于掌握、节省能源和钢筋等优点。

2. 电渣压力焊的施工工艺

电渣压力焊的施工工艺主要包括端部除锈、固定钢筋、通电引弧、快速顶压、焊后清理等工序，具体施工工艺过程如下：

（1）钢筋调直后，对两根钢筋端部 120 mm 范围内进行除锈和清理杂质工作，以便于很好地焊接，确保焊接质量。

（2）在钢筋电渣压焊机机头的上、下夹头，分别夹紧要焊接的上、下钢筋，钢筋应保持在同一条轴线上，一经夹紧不得出现晃动。

（3）电渣引弧过程，即在焊接夹具夹紧上、下钢筋，钢筋端面处安放引弧铁丝球，将焊剂灌入焊剂盒，接通电源，引燃电弧。

（4）造渣过程，由于电弧的高温作用，将钢筋端面周围的焊剂充分熔化，从而形成渣池。

（5）电渣过程，钢筋端面处形成一定深度的渣池后，将上钢筋缓慢插入渣池中，此时电弧熄灭，渣池电流加大，由于渣池的电阻较大，温度迅速升至 2 000 ℃以上，将钢筋端头熔化。

（6）挤压过程，待钢筋端头熔化达一定程度后，施加一定挤压力，将熔化金属和熔渣从接合部挤出，同时切断电源。

（7）接头焊完后，应停歇一定时间才能回收焊剂和卸下焊接夹具，并敲掉粘在钢筋上的渣壳，四周焊缝应均匀，凸出钢筋表面的高度应≥4 mm。

3. 电渣压力焊的质量检查

电渣压力焊的质量检查，主要包括外观检查和拉伸试验。

（1）外观检查。钢筋电渣压力焊的接头应逐个进行外观检查。接头的外观检查结果应符合下列要求：四周焊包凸出钢筋表面的高度，应不得小于 4 mm；钢筋与电极的接触处，应无烧伤缺陷；接头处的弯折角不得大于 4°；接头处的轴线偏移不得大于钢筋直径的

0.1，且不得大于 2 mm。

（2）拉伸试验。钢筋电渣压力焊的接头应进行力学性能试验。在一构筑物中，应以 300 个同级别钢筋接头作为一批；在现浇钢筋混凝土多层结构中，应以每一楼层或施工区段中 300 个同级别钢筋接头作为一批，不足 300 个接头的仍应作为一批。

从每批钢筋接头中随机切取 3 个试件做拉伸试验，其试验结果：3 个试件的抗拉强度均不得小于该级别钢筋规定的抗拉强度。当试验结果中有 1 个试件的抗拉强度低于规定值，应再切取 6 个试件进行复验；当复验中仍有 1 个试件的抗拉强度小于规定值，应确认该批接头为不合格品。

三、钢筋的机械连接

钢筋机械连接是通过机械手段将两根钢筋进行对接，其连接方法分类及适用范围见表 4-8。

表 4-8　钢筋机械连接方法分类及适用范围

<table>
<tr><th colspan="2" rowspan="2">机械连接的方法</th><th colspan="2">适用范围</th></tr>
<tr><th>钢筋级别</th><th>钢筋直径（mm）</th></tr>
<tr><td colspan="2">钢筋套筒挤压连接</td><td>HRB335、HRB400、RRB400</td><td>16~40</td></tr>
<tr><td colspan="2">钢筋锥螺纹套筒连接</td><td>HRB335、HRB400、RRB400</td><td>16~40</td></tr>
<tr><td colspan="2">钢筋全效粗直径直螺纹套筒连接</td><td>HRB400、RRB400</td><td>16~40</td></tr>
<tr><td rowspan="3">钢筋滚压
直螺纹套筒连接</td><td>直接滚压</td><td rowspan="3">HRB400、RRB400</td><td>16~40</td></tr>
<tr><td>挤肋滚压</td><td>16~40</td></tr>
<tr><td>剥肋滚压</td><td>16~50</td></tr>
</table>

钢筋机械连接是通过连接件的机械咬合作用或钢筋端面的承压作用，使两根钢筋能够传递力的连接方法。钢筋机械连接接头质量可靠、现场操作简单、施工速度较快、无明火作业、不受气候影响、适应性很强，而且可用于可焊性较差的钢筋。

（一）钢筋套筒挤压连接

钢筋套筒挤压连接是将两根待连接钢筋插入特制的钢质连接套筒内，再采用专用挤压机在常温下对连接套筒进行加压，使钢质连接套筒产生塑性变形后与待连接钢筋端部形成机械咬合，从而形成可靠的钢筋连接接头。钢筋套筒挤压连接又分为径向挤压和轴向挤压两种作业方式。

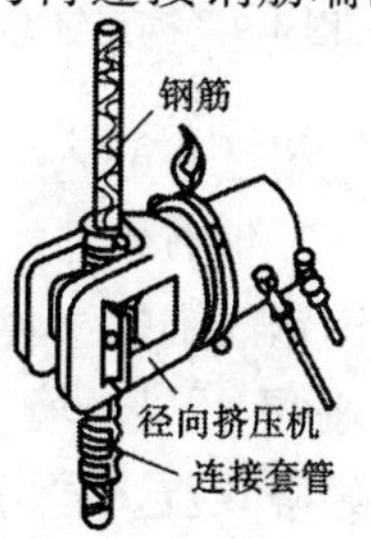

1. 钢筋套筒径向挤压连接

径向挤压连接是沿套筒直径方向，从套管中间依次向两端挤压套筒，使之冷塑变形后，把插在套管里的两根钢筋紧紧地咬合成一体（见图 4-7）。这种挤压连接的方法适用于带肋钢筋的连接，可以连接 HRB335 和 HRB400 级直径为 12~40 mm 的钢筋。

图 4-7　径向套筒挤压连接示意

2. 钢筋套筒轴向挤压连接

轴向挤压连接是沿钢筋轴线冷挤压金属套筒，从而把插入套管里的两根待连接的热轧带肋钢筋紧紧地连成一体(见图 4-8)。这种挤压连接方法适用于Ⅰ、Ⅱ级抗震设防的地震区和非地震区的钢筋混凝土结构工程的钢筋连接,可连接 HRB335 和 HRB400 级直径为 20~32 mm 竖向、斜向和水平的钢筋。

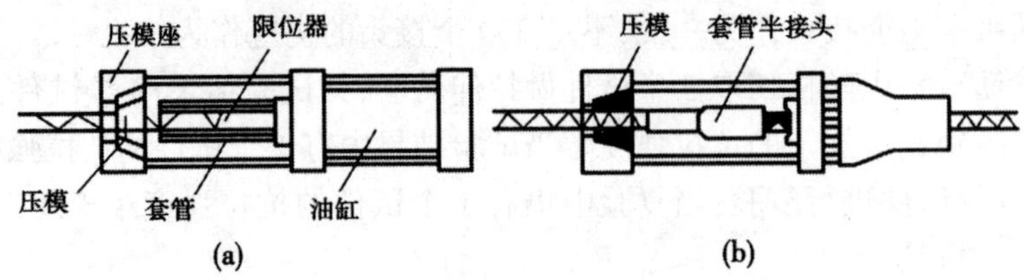

图 4-8 轴向套筒挤压连接示意

3. 钢筋套筒挤压连接的质量检查

钢筋套筒挤压连接的质量检查主要包括外观检查和拉力试验。

(1)外观检查。采用专用工具或游标卡尺进行检测。钢筋连接端的肋纹完好无损,连接处无油污、水泥等污染。要检查接头挤压道数和压痕尺寸:钢筋端头离套筒中心不应超过 10 mm,压痕间距宜为 1~6 mm,挤压后的套筒接头长度为套筒原长度的 1.10~1.15 倍,挤压后套筒接头外径用量规测量应能通过。量规不能从挤压套管接头外径通过的,可更换压模重新挤压一次,压痕处最小外径为套管原外径的 0.85~0.90。挤压接头处不得有裂纹,接头弯折角度不得大于 4°。

(2)拉力试验。以同批号钢套筒且同一制作条件的 500 个接头为一个验收批,不足 500 个也为一个验收批,从每验收批接头中随机抽取 3 个试件进行拉力试验,如试验结果中有 1 个试件不符合要求,应再抽取 6 个试件进行复验;如仍有 1 个试件不符合要求,则该验收批接头不合格。

(二)钢筋锥螺纹套筒连接

1. 钢筋锥螺纹套筒连接的原理

钢筋锥螺纹套筒连接的原理是将两根待连接钢筋的端部和套筒预先加工成锥形螺纹,然后用力矩扳手将两根钢筋端部旋入套筒形成机械式钢筋接头(见图 4-9)。这种连接方式能在施工现场连接 HPB300、HRB335、HRB400 级直径为 16~40 mm 的同直径或异直径的竖向、水平和任意倾角的钢筋,并且不受钢筋有无螺纹及含碳量大小的限制。当连接异直径钢筋时,所连接钢筋直径之差不应超过 9 mm。

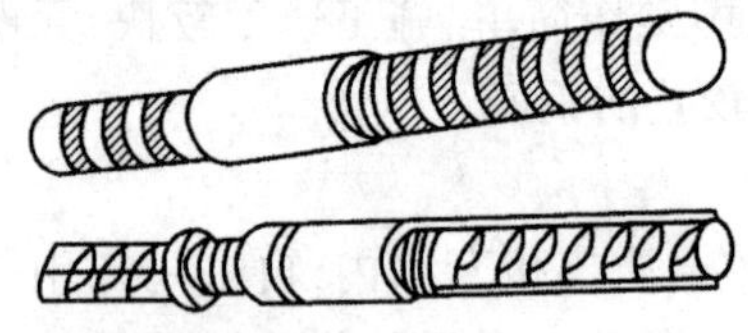

图 4-9 钢筋锥螺纹套筒连接示意

2. 钢筋锥螺纹套筒连接的特点及适用范围

钢筋锥螺纹套筒连接具有连接速度快、轴线偏差小、施工工艺简单、安全可靠、无明火作业、不污染环境、节约钢材、节省能源、可全天候施工、有利文明施工等特点,有明显的技术经济效益。适用于按Ⅰ、Ⅱ级抗震设防的一般工业与民用房屋及构筑物的现浇混凝土结构,尤其适用梁、柱、板、墙、基础的钢筋连接施工。但不得用于预应力钢筋或经常承受反复动荷载及承受高应力疲劳荷载的结构。

3. 钢筋锥螺纹套筒连接的质量检查

钢筋锥螺纹套筒连接的抗拉强度必须大于钢筋的抗拉强度。锥形螺纹可用锥形螺纹旋切机加工;钢筋用套丝机进行套丝。钢筋接头拧紧力矩值见表 4-9。

表 4-9 钢筋接头拧紧力矩值

钢筋直径(mm)	16	18	20	22	25	28	32	36	40
拧紧力矩值(mm)	118	145	177	216	275	275	314	343	343

钢筋锥螺纹套筒连接的接头质量应符合以下要求:

(1)钢筋套丝牙型质量必须与牙型规格吻合,锥螺纹的完整牙数不得小于表 4-10 中的规定值;钢筋锥螺纹小端直径必须在卡规的允许误差范围内,连接套筒规格必须与钢筋规格一致。

表 4-10 钢筋锥螺纹的完整牙数

钢筋直径(mm)	16~18	20~22	25~28	32	36	40
最少完整牙数	5	7	8	10	11	12

(2)钢筋接头的拧紧力矩值检查。按每根梁、柱构件抽验 1 个接头;板、墙、基础底板构件每 100 个同规格接头作为一批,不足 100 个接头也作为一批。每批抽验 3 个接头,要求抽验的钢筋接头 100%达到规定的力矩值。如发现 1 个接头不合格,必须加倍抽验,再发现 1 个接头达不到规定力矩值,则要求该构件的全部接头重新复拧到符合质量要求。若复检时仍发现不合格接头,则该接头必须采取贴角焊缝补强,将钢筋与连接套焊在一起,焊缝高不小于 5 mm。连接好的钢筋接头螺纹不允许有一个完整螺纹外露。

(三)钢筋直螺纹套筒连接

1. 钢筋直螺纹套筒连接的原理

钢筋直螺纹套筒连接的原理是通过钢筋端头特制的直螺纹和直螺纹套管,将两根钢筋咬合在一起。与钢筋锥螺纹套筒连接的技术原理相比,相同之处都是通过钢筋端头的螺纹与套筒内螺纹合成钢筋接头,主要区别在钢筋等强技术效应上。

2. 钢筋直螺纹套筒的连接形式

钢筋直螺纹套筒的连接形式有滚压直螺纹接头和镦头直螺纹接头两种。

(1)滚压直螺纹接头:也称为 GK 型锥螺纹钢筋连接,是在钢筋端头先采用对辊滚压,使钢筋端头应力增大,而后采用冷压螺纹(滚丝)工艺加工成钢筋直螺纹端头,套筒采用快速成孔切削成内螺纹钢套筒,这种对钢筋端部的预压冷硬化处理,使其强度比钢筋母材可提高 10%~20%,因而使锥螺纹的强度也相应得到提高,弥补了因加工锥螺纹减小钢筋截面而造成接头承载力下降的缺陷,从而可提高锥螺纹接头的强度。

(2)镦头直螺纹接头:是在钢筋端头先采用设备顶压增径(镦头)使钢筋端头应力增大,而后采用套丝工艺加工成等直径螺纹端头,套筒采用快速成孔切削成内螺纹钢套筒,简称为镦头直螺纹接头或镦粗切削直螺纹接头。

3. 钢筋直螺纹套筒连接的特点

以上两种方法都能有效地增强钢筋端头材的强度,使直螺纹接头与钢筋母材等强。

这种接头形式使结构强度的安全度和地震情况下的延性具有更大的保证,钢筋混凝土截面对钢筋接头百分率放宽,大大方便了设计与施工;等强直螺纹接头施工采用普通扳手旋紧即可,对螺纹少旋入 1~2 丝不影响接头强度,省去了锥螺纹力矩扳手检测和疏密质量检测的繁杂程度,可提高施工工效;套筒丝距比锥螺纹套筒丝距少,可节省套筒钢材。此外,还有设备简单、经济合理、应用范围广等优点。

4. 钢筋直螺纹连接套筒的类型

钢筋直螺纹连接套筒的类型主要有标准型(用于 HRB335、HRB400 级带肋钢筋)、扩口型(用于钢筋难于对接的施工)、变径型(用于钢筋变径时的施工)、正反螺纹型(用于钢筋不能转动时的施工)。套筒的抗拉设计强度不应低于钢筋抗拉设计强度的 1.2 倍。为确保接头强度大于现行国家标准中 A 级的标准,接头抗拉设计强度应取钢筋母材实测抗拉强度或取钢筋母材标准抗拉强度的 1.10 倍。

(四)机械连接接头的现场检验

钢筋机械连接接头的现场检验应按验收批进行。对于同一施工条件下采用同一批材料的同等级、同形式、同规格的钢筋接头,以 500 个接头为一个检验批,不足 500 个也作为一个检验批。对每一个检验批,必须随机取 3 个试件做单向拉伸试验,按设计要求的接头性能 A、B、C 等级进行检验和评定。

第五节　钢筋配料与代换

一、钢筋配料

钢筋配料是根据构件配筋图,绘出各种形状和规格的单根钢筋简图并加以编号,分别计算钢筋的下料长度、根数和重量,并绘制配料单,以作为钢筋加工的依据。

钢筋配料是确定钢筋材料计划、进行钢筋加工和结算的依据。

(一)计算依据

1. 外包尺寸

结构施工图中所标注的钢筋尺寸一律是外包尺寸,即钢筋外边缘至外边缘之间的长度,如图 4-10 所示。

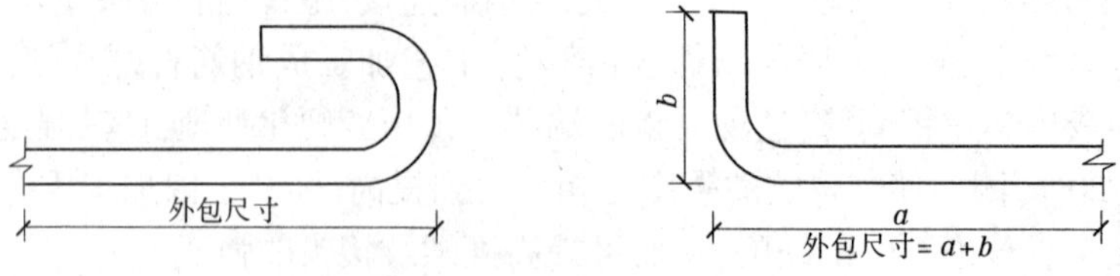

图 4-10　钢筋外包尺寸示意图

2. 量度差值

钢筋加工中需要进行弯曲。钢筋弯曲后,外边缘增长,内边缘缩短,但中心线长度不会发生变化。这样,钢筋的外包尺寸与钢筋中心线长度之间存在一个差值,这个差值称为量度差值。

计算钢筋下料长度时应扣除量度差值。否则由于钢筋下料太长，一方面造成浪费，另一方面可能引起钢筋的保护层不够以及钢筋安装的不方便，甚至影响钢筋的位置（特别是钢筋密集时）。钢筋弯曲处的量度差值见表 4-11。

3. 弯钩增加长度

《混凝土结构设计规范 2015 年版》(GB 50010—2010)规定，HPB300 级钢筋末端应做 180°弯钩，其弯弧内直径不应小于钢筋直径的 2.5 倍，弯钩的弯后平直部分长度不应小于钢筋直径的 3 倍。显然，此类钢筋下料长度要大于钢筋的外包尺寸。此时，计算中每个弯钩应增加一定的长度即弯钩增加长度。每个弯钩增加长度为 6.25d。

表 4-11 钢筋弯曲量度差值

弯曲角度	量度差值	弯曲角度	量度差值
45°	0.5d	90°	2.0d
60°	0.85d	135°	2.5d

注：d 代表钢筋直径。

4. 箍筋弯钩增加值

箍筋的弯钩形式如图 4-11 所示。有抗震或抗扭要求的结构应按图 4-11(a)形式加工箍筋，一般结构可按图 4-11(b)、(c)形式加工箍筋。箍筋弯后的平直部分长度，对一般结构，不宜小于箍筋直径的 5 倍；对有抗震要求的结构，不应小于箍筋直径的 10 倍。箍筋的下料长度应比其外包尺寸大，在计算中也要增加一定的长度即箍筋弯钩增加值（见表 4-12）。

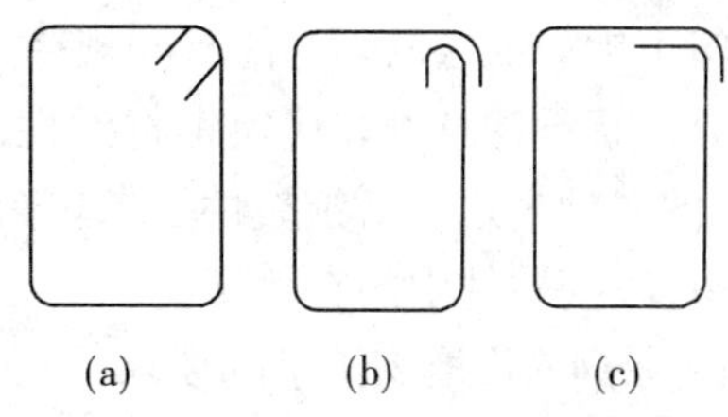

图 4-11 箍筋弯钩形式

表 4-12 箍筋弯钩增加值

箍筋形式	箍筋弯钩增加值
135°/135°	14d(24d)
90°/180°	14d(24d)
90°/90°	11d(21d)

注：表中括号内数据为有抗震要求时。d 代表钢筋直径。

（二）计算公式

钢筋下料是根据需要将钢筋切断成一定长度的直线段。钢筋的下料长度就是钢筋的中心线长度。计算钢筋下料长度可按以下公式进行：

钢筋下料长度=外包尺寸－量度差值+弯钩增加长度（箍筋弯钩增加值）

【例 4-1】 试计算如图 4-12 所示钢筋的下料长度。

【解】 根据公式：钢筋下料长度=外包尺寸－量度差值+弯钩增加长度（箍筋弯钩增加值），则：

①号钢筋的下料长度为：2×300+3 000－2×2×20=3 520(mm)

②号钢筋的下料长度为：3 000+2×6.25×12=3 150(mm)

③号钢筋的下料长度为：2×(250+450+700)+3 000－2×2×20－4×0.5×20=5 680(mm)

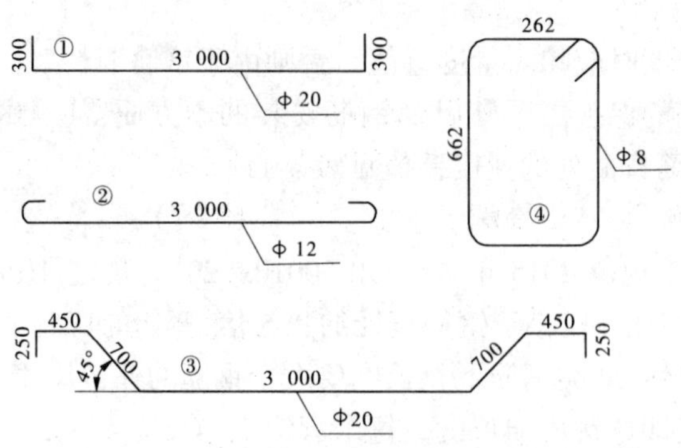

图 4-12　钢筋各部分尺寸　（单位:mm）

④号钢筋的下料长度为:2×(262+662)+14×8-3×2×8=1 912(mm)

⑤若有抗震要求,则下料长度为:2×(262+662)+24×8-3×2×8=1 992(mm)

二、钢筋代换

施工中如供应的钢筋品种和规格与设计图纸要求不符,可以进行代换。但代换时,必须充分了解设计意图和代换钢材的性能,严格遵守《混凝土结构设计规范》(GB 50010—2010)的各项规定。对抗裂性要求较高的构件,不宜用光面钢筋代换带肋钢筋;钢筋代换时,不宜改变构件中的有效高度。

(一)钢筋代换需满足的要求

当钢筋的品种、级别或规格需做变更时,应办理设计变更文件。当需要代换时,必须征得设计单位同意,并应符合下列要求:

(1)不同种类钢筋的代换,应按钢筋受拉承载力设计值相等的原则进行。代换后,应满足《混凝土结构设计规范》(GB 50010—2010)中有关间距、锚固长度、最小钢筋直径、根数等要求。

(2)对有抗震要求的框架钢筋需代换时,应符合上述要求,不宜以强度等级较高的钢筋代替原设计中的钢筋;对重要受力结构,不宜用 HPB235 级钢筋代换带肋钢筋。

(3)当构件受抗裂、裂缝宽度或挠度控制时,钢筋代换时应重新进行验算;梁的纵向受力钢筋与弯起钢筋应分别进行代换。

代换后的钢筋用量不宜大于原设计用量的 5%,亦不低于 2%,且应满足《混凝土结构设计规范》(GB 50010—2010)规定的最小钢筋直径、根数、钢筋间距、锚固长度等要求。

(二)钢筋代换的方法

(1)当结构构件是按强度控制时,可按强度等同原则代换,称为等强代换。如设计图中所用钢筋强度为f_{y1},钢筋总面积为A_{s1},代换后钢筋强度为f_{y2},钢筋总面积为A_{s2},则应使

$$f_{y2}A_{s2} \geqslant f_{y1}A_{s1}$$

(2)当构件按最小配筋率控制时,可按钢筋面积相等的原则代换,称为等面积代换,即

$$A_{s2} \geqslant A_{s1}$$

式中　A_{s1}——原设计钢筋的计算面积；

A_{s2}——拟代换钢筋的计算面积。

(3)当结构构件按裂缝宽度或挠度控制时，钢筋的代换需进行裂缝宽度或挠度验算。代换后，还应满足构造方面的要求（如钢筋间距、最小直径、最少根数、锚固长度、对称性等）及设计中提出的特殊要求（如冲击韧性、抗腐蚀性等）。

第六节　钢筋的安装验收

一、现浇钢筋混凝土结构工程中钢筋安装施工

(一)施工准备

1.技术准备

(1)明确混凝土保护层厚度，核实结构中梁与梁、梁与板、梁与柱的钢筋穿插排列设计节点详图，钢筋穿插排列及混凝土保护层厚度应符合设计和规范要求。

(2)纵向钢筋的锚固长度及钢筋构造应符合设计要求。

(3)钢筋下料完成。

(4)当钢筋的品种、级别或规格需做变更时，应办理材料代用手续。

2.材料要求

(1)钢筋品种、级别、规格和质量应符合设计要求。钢筋进场应有产品合格证和出厂检验报告，进场后，应按《钢筋混凝土用钢 第2部分 热轧带肋钢筋》(GB 1499.2—2007)等的规定抽取试件做力学性能检验。

当采用进口钢筋或加工过程中发生脆断等特殊情况，还需做化学成分检验。钢筋应平直、无损伤，表面不得有裂纹、油污、颗粒状或片状老锈。

(2)加工成形钢筋必须符合配料单的规格、尺寸、形状、数量，外加工钢筋还应有半成品钢筋出厂合格证。

(3)绑扎丝采用20~22号铁丝（火烧丝）或镀锌铁丝。绑扎丝切断长度应满足使用要求。

(4)保护层控制材料为混凝土垫块（用细石混凝土制作）、塑料卡等。

3.机具设备

(1)机械：钢筋连接设备。

(2)工具：钢筋钩、撬棍、扳子、绑扎架、钢丝刷、粉笔、墨斗、钢尺等。

4.作业条件

(1)钢筋绑扎前，应检查有无锈蚀，除锈之后再运至绑扎部位。

(2)熟悉图纸，按设计要求检查已加工好的钢筋规格、形状、数量是否正确。

(3)做好抄平放线工作，弹好水平标高线，柱、墙外皮尺寸线。

(4)根据弹好的外皮尺寸线，检查下层预留搭接钢筋的位置、数量、长度，如不符合要求，应进行处理。绑扎前，先整理调直下层伸出的搭接筋，并将锈蚀、水泥砂浆等污垢清除干净。

(5)根据标高检查下层伸出搭接筋处的混凝土表面标高(柱顶、墙顶)是否符合图纸要求,如有松散不实之处,要剔除并清理干净。

(6)模板安装完并办理预检,将模板内杂物清理干净。

(7)按要求搭好脚手架,并通过检查验收。

(8)根据设计图纸及工艺标准要求,向班组进行技术交底。绑扎形式复杂的结构部位时,应先确定逐根钢筋穿插就位的顺序,并充分考虑支模和绑扎钢筋的先后次序,以减少绑扎困难。

(二)施工工艺

1. 柱钢筋安装

柱钢筋安装施工工艺流程:调整下层柱预留筋→套柱箍筋→绑扎竖向受力筋→画箍筋间距线→绑箍筋→检查验收。

柱钢筋安装施工要点如下:

(1)根据弹好的外皮尺寸线,检查预留钢筋的位置、数量、长度。绑扎前,先整理调直预留筋,并将其上的水泥砂浆等清除干净。

(2)套柱箍筋。按图纸要求的间距,计算好每根柱箍筋的数量,将箍筋套在下层伸出的预留筋上。

(3)连接竖向受力筋。柱子主筋直径大于 16 mm 时宜采用焊接或机械连接,纵向受力钢筋机械连接及焊接接头连接区段的长度为 $35d$(d 为受力钢筋的较大直径),且不小于 500 mm,该区段内有接头钢筋面积占钢筋总面积百分率不宜超过 50%。

(4)画箍筋位置线。在立好的柱子竖向钢筋上,用粉笔画箍筋位置线,并加钢筋定距框。

(5)柱箍筋绑扎。按已画好的箍筋位置线,将已套好的箍筋往上移动,由上往下绑扎;箍筋转角处与柱主筋交点应采用兜扣绑扎,其余部位可采用八字扣绑扎;方柱箍筋的弯钩叠合处应沿柱子竖筋交错布置并绑扎牢固。圆柱宜采用螺旋箍筋。柱的第一道箍筋距地 50 mm,上下两端箍筋均按规定加密(柱净高 1/6 范围,柱长边、宽度和不小于 500 mm,取三者中的最大尺寸);有抗震要求的地区,柱箍筋端头应弯成 135°,平直部分长度不小于 $10d$,(d 为箍筋直径)。如设计要求为焊接箍筋,单面焊缝长度不小于 $10d$;柱筋保护层厚度应符合设计及规范要求,垫块应绑在柱主筋外皮上,间距宜为 1 000 mm(或用塑料卡卡在主筋上),以保证主筋保护层厚度准确。

2. 墙体钢筋安装

墙体钢筋安装施工工艺流程:修整预留筋→绑竖向钢筋→绑水平钢筋→绑拉筋及定位筋→检查验收。

墙体钢筋安装施工要点如下:

(1)修整预留筋。将墙预留钢筋调整顺直,用钢丝刷将钢筋表面砂浆清理干净。

(2)钢筋绑扎。先立墙梯子筋,梯子筋间距不宜大于 4 m,然后在梯子筋下部 1.5 m 处绑两根水平钢筋,并在水平钢筋上画好分格线,最后绑竖向钢筋及其余水平钢筋,梯子筋如图 4-13 所示。

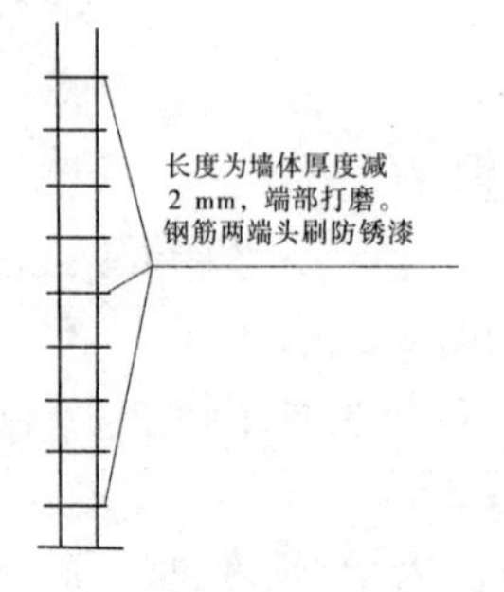
长度为墙体厚度减
2 mm,端部打磨。
钢筋两端头刷防锈漆

图 4-13　梯子筋

双排钢筋之间应设双形定位筋,定位筋间距不宜大于 1.5 m。墙拉筋应按设计要求绑扎,间距一般不大于 600 mm,墙拉筋应拉在竖向钢筋与水平钢筋的交叉点上,双“F”形定位筋如图 4-14 所示。

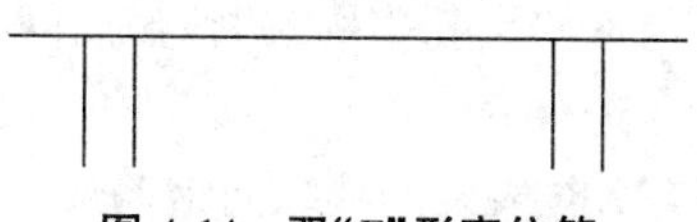

图 4-14　双“F”形定位筋

绑扎墙筋时,一般用顺扣或八字扣,钢筋交叉点应全部绑扎;墙筋保护层厚度应符合设计及规范要求,垫块或塑料卡应绑在墙外排筋上,呈梅花形布置,间距不宜大于 1 000 mm,以使钢筋的保护层厚度准确。墙体合模之后,对伸出的墙体钢筋进行修整,并绑一道水平梯子筋固定预留筋的间距。

(3)墙钢筋的连接。墙水平钢筋:一般采用搭接,接头位置应错开,接头的位置、搭接长度及接头错开的比例应符合规范要求,搭接长度末端与钢筋弯折处的距离不得小于 $10d$(d 为钢筋直径),搭接处应在中心和两端绑扎牢固;墙竖向钢筋:直径大于或等于 16 mm 时,宜采用焊接(电渣压力焊),小于 16 mm 时,宜采用绑扎搭接,搭接长度应符合设计及规范要求。

(4)剪力墙的暗柱和扶壁柱。剪力墙的端部、相交处、弯折处、连梁两侧、上下贯通的门窗洞口两侧一般设有暗柱或扶壁柱。暗柱或扶壁柱钢筋应先于墙筋绑扎施工,其施工方法与框架柱的施工方法相近。直径大于 16 mm 的暗柱或扶壁柱钢筋,应采用焊接(电渣压力焊)或机械连接(滚压直螺纹)。

(5)剪力墙连梁。连梁的第一道箍筋距墙(暗柱)50 mm,顶(末)层连梁箍筋应伸入墙(暗柱)内,并在连梁主筋锚固长度范围内满布。连梁的锚固长度、箍筋及拉筋的间距应符合设计及规范要求。

(6)剪力墙的洞口补强。当设计无要求时,应符合的规定有:矩形洞宽和洞高均不大于 800 mm 的洞口及直径不大于 300 mm 圆形洞口四边应各加 2 根加强筋;直径大于 300 mm 的圆形洞口应按六边形补强,每边各加 2 根加强筋;矩形洞宽和洞高大于 800 mm 的洞口四边应设暗柱和暗梁补强。另外,补强钢筋的直径、暗柱和暗梁设置应符合设计及规范要求。

3. 梁钢筋安装

1)梁钢筋安装施工工艺流程

(1)梁钢筋模内绑扎:画主次梁箍筋间距→放主梁、次梁箍筋→穿主梁底层纵筋及弯起筋→穿次梁底层纵筋并与箍筋固定→穿主梁上层纵向架立筋→按箍筋间距绑扎→穿次梁上层纵向钢筋→按箍筋间距绑扎。

(2)梁钢筋模外绑扎(先在梁模板上口绑扎成形后再入模内):画箍筋间距→在主次梁模板上口铺横杆数根→在横杆上面放箍筋→穿主梁下层纵筋→穿次梁下层钢筋→穿主梁上层钢筋→按箍筋间距绑扎→穿次梁上层纵筋→按箍筋间距绑扎→抽出横杆落骨架于模板内。

2)梁钢筋安装施工要点

(1)在梁侧模板上画出箍筋间距,摆放箍筋。

(2)先穿主梁的下部纵向受力钢筋及弯起钢筋,将箍筋按已画好的间距逐个分开;穿次梁的下部纵向受力钢筋及弯起钢筋,并套好箍筋;放主次梁的架立筋;隔一定间距将架立筋与箍筋绑扎牢固;调整箍筋间距使其符合设计要求,绑架立筋,再绑主筋,主、次梁同时配合进行。

(3)框架梁上部纵向钢筋应贯穿中间节点,梁下部纵向钢筋伸入中间节点,锚固长度及伸过中心线的长度应符合设计要求。框架梁纵向钢筋在端节点内的锚固长度也应符合设计要求。

(4)绑梁上部纵向筋的箍筋,宜用套扣法绑扎,如图4-15所示。箍筋的接头(弯钩叠合处)应交错布置在两根架立钢筋上,其余同柱。

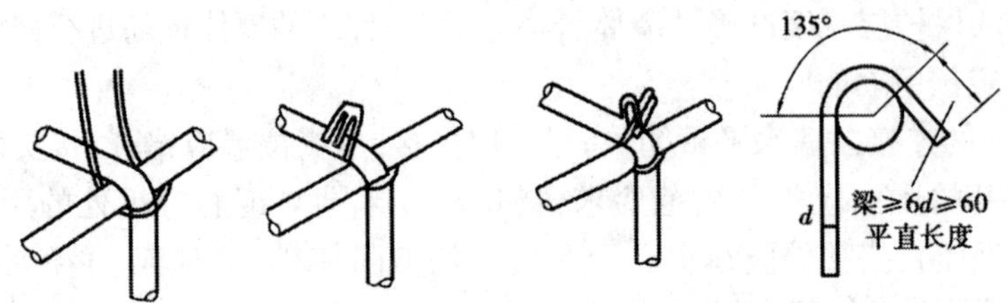

图4-15　套扣绑扎示意图　(d为钢筋直径)

(5)箍筋在叠合处的弯钩,在梁中应交错绑扎,箍筋弯钩为135°,平直部分长度为$10d$,如做成封闭箍时,单面焊缝长度为$5d$。

(6)梁端第一个箍筋应设置在距离柱节点边缘50 mm处。梁端与柱交接处箍筋应加密,其间距与加密区长度均要符合设计要求。

(7)板、次梁与主梁交叉处,板的钢筋在上,次梁的钢筋居中,主梁的钢筋在下;当有圈梁或垫梁时,主梁的钢筋在上。在主、次梁受力筋下均应垫垫块(或塑料卡),保证保护层的厚度。纵向受力钢筋采用双层排列时,两排钢筋之间应垫以直径25 mm的短钢筋,以保持其设计距离。梁筋的搭接长度末端与钢筋弯折处的距离,不得小于钢筋直径的10倍。

(8)框架节点处钢筋穿插十分稠密时,应特别注意梁顶面主筋间的净距要有30 mm,以便于浇筑混凝土。梁板钢筋绑扎时,应防止水电管线将钢筋抬起或压下。

(9)梁钢筋的绑扎与模板安装之间的配合关系:梁的高度较小时,梁的钢筋架空在梁顶上绑扎,然后落位;梁的高度较大(≥1.2 m)时,梁的钢筋宜在梁底模上绑扎,其两侧模或一侧模后装。

4. 板钢筋安装

1)底板钢筋安装

底板钢筋安装施工工艺流程:弹出钢筋位置线→绑扎底板下铁钢筋→绑扎基础梁钢筋→绑扎底板上铁钢筋→绑扎墙、柱插筋→隐检验收。底板钢筋安装施工要点如下:

(1)弹出钢筋位置线。根据设计图纸要求的钢筋间距弹出底板钢筋位置线和墙、柱、基础梁钢筋位置线。

(2)基础底板下铁钢筋绑扎。按底板钢筋受力情况,确定主受力筋方向(设计无指定时,一般为短跨方向)。施工时,先铺主受力筋,再铺另一方向的钢筋;底板钢筋绑扎可采用顺扣或八字扣,逐点绑扎,禁止跳扣;底板钢筋的连接:板的受力钢筋直径大于或等于18 mm时,宜采用机械连接,小于18 mm时,可采用绑扎连接,搭接长度及接头位置应符合设计及规范要求。当采用绑扎接头时,在规定搭接长度的任一区段内有接头的受力钢筋截面面积占受力钢筋总截面面积百分率，不宜大于25%，可不考虑接头位置。当采用机械连接时，接头应错开，其错开间距不小于305d（d为受力钢筋的较大直径），且不小于500 mm。任一区段内有接头的受力钢筋截面面积占受力钢筋总截面面积的百分率，不宜大于50%，接头位置下铁宜设在跨中1/3区域、上铁宜设在支座1/3区域；钢筋绑扎后应随即垫好垫块，间距不宜大于1 000 mm，垫块厚度应确保主筋保护层厚度符合规范及设计要求。有防水要求的底板及外墙迎水面保护层厚度不应小于50 mm。

（3）基础梁钢筋绑扎。基础梁一般采用就地绑扎成形方式施工，基础梁高大于1 000 mm时，应搭设钢管绑扎架；将基础梁的架立筋两端放在绑扎架上，画出箍筋间距，套上箍筋，按已画好的位置与底板梁上层钢筋绑扎牢固。穿基础梁下层纵向钢筋，与箍筋绑牢。当纵向钢筋为双排时，可用短钢筋（直径不小于250 mm并不小于梁主筋直径）垫在两层钢筋之间。抽出绑扎架，将已绑扎好的梁筋骨架落地。

（4）基础底板上铁钢筋绑扎。摆放钢筋马凳，间距不宜大于2 000 mm，并与底板下铁钢筋绑牢。马凳架设在板下铁的上层筋上、上铁的下层筋下。马凳一般加工成A字形或工字形，如图4-16、图4-17所示，并有足够的刚度；在马凳上绑扎上层定位钢筋，并在其上画出钢筋间距，然后绑扎纵、横方向钢筋。

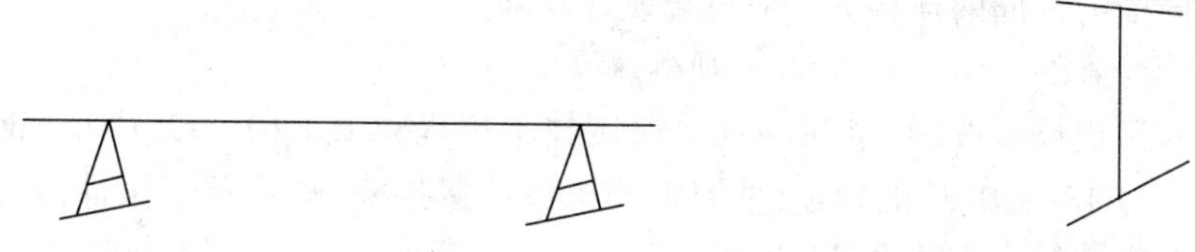

图4-16　A字形马凳　　　　图4-17　工字形定位筋

（5）墙、柱插筋绑扎。根据弹好的墙、柱位置线，将墙、柱伸入基础底板的插筋绑扎牢固。插筋锚入基础深度应符合设计要求，插筋甩出长度应考虑接头位置，且不宜过长。其上部绑扎两道以上水平筋、箍筋及定位筋；其下部伸入基础底板部分也应绑扎两道以上水平筋或箍筋，以确保墙体插筋垂直，不位移。

（6）底板钢筋和墙、柱插筋绑扎完毕后，经检查验收并办理隐检手续，方可进行下道工序施工。

2）楼板钢筋安装

楼板钢筋安装施工工艺流程：放钢筋位置线→绑板下钢筋→绑板上铁筋及负弯矩钢筋→检查验收。楼板钢筋安装施工要点如下：

（1）在板面上画好主筋、分布筋的间距线。按画好的间距，先摆放下铁主受力筋，后放下铁分布筋，然后做水、电专业的管线预埋，最后摆放上铁主分布筋、上铁受力筋并绑扎。预埋件、预留洞等及时配合施工。

（2）绑扎板筋时，一般用顺扣或八字扣，钢筋相交点全部绑扎。如板为双层钢筋，两层钢筋间需加钢筋马凳，以确保上铁的位置。马凳架设在板下铁的上层筋上，上铁的下层钢筋下，马凳间距不宜大于1 500 mm。负弯矩筋每个相交点均要绑扎。

（3）在钢筋的下面应垫好砂浆垫块或H形塑料垫块，间距宜为1 000 mm。

（4）对于悬挑板，应在固定端1/4跨，且不大于300 mm的位置设A字形通长马凳。

5. 楼梯钢筋安装

楼梯钢筋安装施工工艺流程：预留预埋件及检查→放位置线→绑板主筋→绑分布筋→检查验收。楼梯钢筋安装施工要点如下：

(1)施工楼梯间墙体时，要做好预留预埋工作。休息平台板预埋钢筋于墙体内，做贴模钢筋，当设计为螺纹钢筋时，钢筋应伸出墙外，模板应穿孔或做成分体形式。

(2)在楼梯段底模上用墨线分别弹出主筋和分布筋的位置线。

(3)绑扎钢筋(先绑梁筋后绑板筋)。梁钢筋绑扎应按设计要求将分别绑扎主筋与箍筋；板筋绑扎时，应根据设计图纸主筋、分布筋的方向，先绑扎主筋后绑扎分布筋，每个点均应绑扎，一般采用八字扣，然后放马凳筋，绑上铁负弯矩钢筋及分布筋。马凳筋一般采用几字形，间距 1 000 mm。

(4)楼梯的中间休息平台钢筋应同楼梯段一起施工。

二、钢筋连接和安装质量验收要求

(一)钢筋连接

1. 主控项目

(1)纵向受力钢筋的连接方式应符合设计要求。

检查数量：全数检查。检验方法：观察。

(2)在施工现场应按《钢筋机械连接通用技术规程》(JGJ 107—2010)、《钢筋焊接及验收规程》(JGJ 18—2012)的规定，抽取钢筋机械连接接头、焊接接头试件做力学性能检验，其质量应符合有关规程的规定。

检查数量：按有关规程确定。检验方法：检查产品合格证、接头力学性能试验报告。

2. 一般项目

(1)钢筋的接头宜设置在受力较小处。同一纵向受力钢筋不宜设置两个或两个以上接头。接头末端至钢筋弯起点的距离不应小于钢筋直径的 10 倍。

检查数量：全数检查。检验方法：观察，钢尺检查。

(2)在施工现场应按《钢筋机械连接通用技术规程》(JGJ 107—2010)、《钢筋焊接及验收规程》(JGJ 18—2012)的规定，对钢筋机械连接接头、焊接接头的外观进行检查，其质量应符合有关规程的规定。

检查数量：全数检查。检验方法：观察。

(3)当受力钢筋采用机械连接接头或焊接接头时，设置在同一构件内的接头宜相互错开。

纵向受力钢筋机械连接接头及焊接接头连接区段的长度为 $35d$(d 为纵向受力钢筋的较大直径)且不小于 500 mm，凡接头中点位于该连接区段长度内的接头，均属于同一连接区段。同一连接区段内，纵向受力钢筋机械连接及焊接的接头面积百分率为该区段内有接头的纵向受力钢筋截面面积与全部纵向受力钢筋截面面积的比值。

同一连接区段内，纵向受力钢筋的接头面积百分率应符合设计要求；当设计无具体要求时，应符合：在受压区不宜大于 50%；接头不宜设置在有抗震设防要求的框架梁端、柱端的箍筋加密区；当无法避开时，对等强度高质量机械连接接头，不应大于 50%；直接承受动力荷载的结构构件中,不宜采用焊接接头;当采用机械连接接头时,不应大于50%。

检查数量:在同一检验批内,对梁、柱和独立基础,应抽查构件数量的10%,且不少于3件;对墙和板,应按有代表性的自然间抽查10%,且不少于3间;对大空间结构,墙可按相邻轴线间高度5 m左右划分检查面,板可按纵横轴线划分检查面抽查10%,且均不少于3面。

检验方法:观察,钢尺检查。

(4)同一构件中相邻纵向受力钢筋的绑扎搭接接头宜相互错开。绑扎搭接接头中钢筋的横向净距不应小于钢筋直径,且不应小于25 mm。

钢筋绑扎搭接接头连接区段的长度为$1.3l_a$(l_a为搭接长度),凡搭接接头中点位于该连接区段长度内的搭接接头均属于同一连接区段。同一连接区段内,纵向钢筋搭接接头面积百分率为该区段内有搭接接头的纵向受力钢筋截面面积与全部纵向受力钢筋截面面积的比值(见图4-18)。

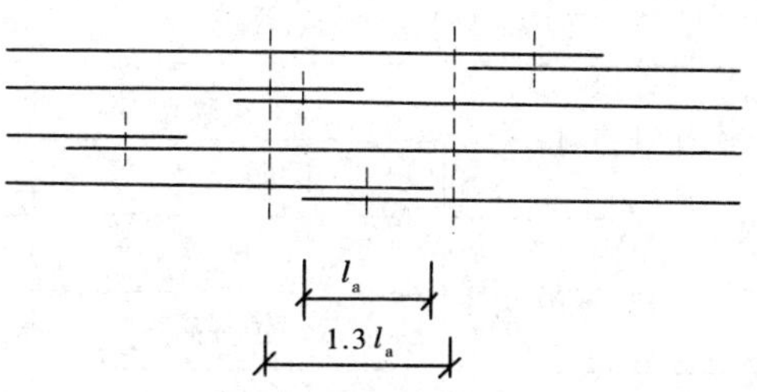

图4-18　钢筋绑扎搭接接头连接区段及接头面积百分率

图4-18搭接接头同一连接区段内的搭接钢筋为两根,当各钢筋直径相同时,接头面积百分率为50%。

同一连接区段内,纵向受拉钢筋搭接接头面积百分率应符合设计要求;当设计无具体要求时,应符合:对梁类、板类及墙类构件不宜大于25%;对柱类构件不宜大于50%;当工程中确有必要增大接头面积百分率时,对梁类构件不应大于50%,对其他构件,可根据实际情况放宽。纵向受力钢筋绑扎搭接接头的最小搭接长度应符合《混凝土结构工程施工质量验收规范》(GB 50204—2015)中附录B的规定。

检查数量:在同一检验批内,对梁、柱和独立基础应抽查构件数量的10%,且不少于3件;对墙和板,应按有代表性的自然间抽查10%,且不少于3间;对大空间结构,墙可按相邻轴线间高度5 m左右划分检查面,板可按纵、横轴线划分检查面抽查10%,且均不少于3面。

检验方法:观察,钢尺检查。

(5)在梁、柱类构件的纵向受力钢筋搭接长度范围内,应按设计要求配置箍筋。当设计无具体要求时,应符合规定:箍筋直径不应小于搭接钢筋较大直径的0.25;受拉搭接区段的箍筋间距不应大于搭接钢筋较小直径的5倍,且不应大于100 mm;受压搭接区段的箍筋间距不应大于搭接钢筋较小直径的10倍,且不应大于200 mm;当柱中纵向受力钢筋直径大于25 mm时,应在搭接接头两个端面外100 mm范围内各设置两个箍筋,其间距宜为50 mm。

检查数量:在同一检验批内,对梁、柱和独立基础,应抽查构件数量的10%,且不少于3件;对墙和板,应按有代表性的自然间抽查10%,且不少于3间;对大空间结构,墙可按相邻轴线间高度5 m左右划分检查面,板可按纵、横轴线划分检查面抽查10%,且均不少于3面。

检验方法:钢尺检查。

(二)钢筋安装

1. 主控项目

钢筋安装时,受力钢筋的品种、级别、规格和数量必须符合设计要求。

检查数量:全数检查。检验方法:观察,钢尺检查。

2. 一般项目

钢筋安装位置的允许偏差和检验方法应符合表 4-13 的规定。

表 4-13　钢筋安装位置的允许偏差和检验方法

项目			允许偏差(mm)	检验方法
绑扎钢筋网	长、宽		±10	钢尺检查
	网眼尺寸		±20	钢尺量连续三档,取最大值
绑扎钢筋骨架	长		±10	钢尺检查
	宽、高		±5	钢尺检查
受力钢筋	间距		±10	钢尺量两端中间,各一点取最大值
	排距		±5	
	保护层厚度	基础	±10	钢尺检查
		柱、梁	±5	钢尺检查
		板、墙、壳	±3	钢尺检查
绑扎箍筋、横向钢筋间距			±20	钢尺量连续三档,取最大值
钢筋弯起点位置			20	钢尺检查
预埋件	中心线位置		5	钢尺检查
	水平高差		+3,0	钢尺和塞尺检查

注:①检查预埋件中心线位置时,应沿纵、横两个方向量测,并取其中的较大值。

②表中梁类、板类构件上部纵向受力钢筋保护层厚度的合格点率应达到 90%及以上,且不得有超过表中数值 1.5 倍的尺寸偏差。

检查数量:在同一检验批内,对梁、柱和独立基础,应抽查构件数量的 10%,且不少于 3 件;对墙和板,应按有代表性的自然间抽查 10%,且不少于 3 间;对大空间结构,墙可按相邻轴线间高度 5 m 左右划分检查面,板可按纵、横轴线划分检查面抽查 10%,且均不少于 3 面。

(三)质量记录

(1)钢筋出厂质量证明书和检验报告单。

(2)钢筋试验报告。

(3)进口钢筋应有化学成分检验报告和可焊性试验报告。国产钢筋在加工过程中,发生脆断、焊接性能不良或机械性能明显不正常的,应有化学成分检验报告。

(4)钢筋连接试验报告。采用机械连接时,应有型式检验报告及现场工艺检验报告。

(5)采用焊接连接时,应有焊条、焊剂出厂合格证、烘焙记录及工艺检验报告。

(6)钢筋安装工程检验批质量验收记录。

(7)钢筋安装工程隐蔽验收记录。

第七节　101G 系列平法图集要点

一、平法识图基本知识

平法的表达方式，是把结构构件的尺寸和配筋等，按照平面整体表示方法制图规则，整体直接表达在各类构件的结构平面布置图上，再与标准构造详图配合，即构成一套新型完整的结构设计。平法系列图集包括：《G101-1：混凝土结构施工图平面整体表示方法制图规则和构造详图（现浇混凝土框架、剪力墙、梁、板）》《G101-2：混凝土结构施工图平面整体表示方法规则和构造详图（现浇混凝土板式楼梯）》《G101-3：混凝土结构施工图平面整体表示方法规则和构造详图（独立基础、条形基础、筏形基础及桩基承台）》。

本节主要对《G101-1：混凝土结构施工图平面整体表示方法制图规则和构造详图（现浇混凝土框架、剪力墙、梁、板）》的框架、剪力墙、梁进行讲解。

二、梁平法施工图

梁平法施工图是在梁平面布置图上采用截面注写方式或平面注写方式表达。

梁平面布置图，应分别按梁的不同结构层（标准层），将全部梁和与其相关联的柱、墙、板一起采用适当比例绘制。

（一）梁截面注写方式

截面注写方式，分为平面注写和截面注写，平面注写方式是在梁平面布置上，在不同编号的梁中选择一根梁，用剖面图号引出配筋图，在梁上注写截面尺寸和配筋具体数值的方式表达梁平法施工图。在截面配筋详图上注写截面尺寸 $b \times h$、上部筋、下部筋、侧面构造筋或受扭筋以及箍筋的具体数值时，其表达形式与平面注写方式相同。截面注写方式可以单独使用，也可与平面注写方式结合使用。图 4-19 为 KL6 平面注写方式示意图，图 4-20 为与图 4-19 中剖切符号相对应的 KL6 的截面配筋图。

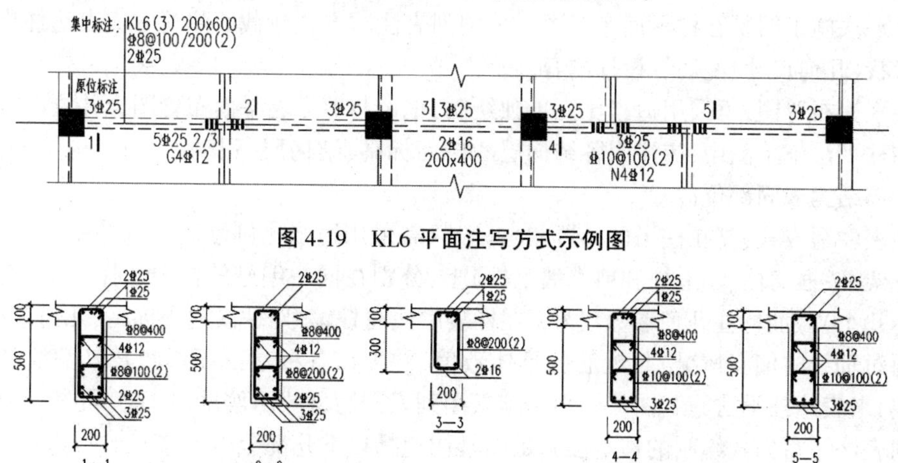

图 4-19　KL6 平面注写方式示例图

图 4-20　KL6 的截面配筋图（与图 4-19 对应）

(二)梁平面注写方式

一般的梁平法施工图多采用平面注写方式。工程案例中梁平法施工图的绘制采用的即是平面注写方式。

平面注写方式是在梁的平面布置图上,分别在不同编号的梁中各选一根梁,在其上注写梁的截面尺寸和配筋的具体数值。平面注写包括集中标注和原位标注。集中标注表达梁的通用数值,原位标注表达梁的特殊数值。当集中标注中的某项数值不适用于梁的某部位时,则将该项数值用原位标注,施工时,原位标注取值优先。

1. 梁的集中标注

在梁的集中标注中,可以划分为必注项和选注项两大类。

“必注项”有:梁编号、梁截面尺寸、梁箍筋、梁上部通长筋或架立筋配置、梁侧面纵向构造钢筋或受扭钢筋配置。“选注项”有:梁顶面标高高差。

2. 梁编号标注

在实际工程中可能遇到的各种各样的梁,平法图集将梁归类如下,见表4-14。

表4-14　梁编号

梁类型	代号	序号	跨数及是否带有悬挑
楼层框架梁	KL	XX	(XX)、(XXA)或(XXB)
屋面框架梁	WKL	XX	(XX)、(XXA)或(XXB)
框支梁	KZL	XX	(XX)、(XXA)或(XXB)
非框架梁	L	XX	(XX)、(XXA)或(XXB)
悬挑梁	XL	XX	
井字梁	JZL	XX	(XX)、(XXA)或(XXB)

注:(XXA)为一端有悬挑,(XXB)为两端有悬挑,悬挑不计入跨数。

如图4-19中,梁集中标注中梁编号KL6(3)表示第6号框架梁,3跨。

三、柱平法施工图

柱平法施工图是在柱平面布置图上采用列表注写方式或截面注写方式表达柱构件的截面形状、几何尺寸、配筋等设计内容。

柱平面布置图,可采用适当比例单独绘制,也可与剪力墙平面布置图合并绘制。

在柱平法施工图中,应注明各结构层的楼面标高、结构层高及相应的结构层号,尚应注明上部结构嵌固部位位置。

列表注写方式,是在柱平面布置图(一般只需采用适当比例绘制一张柱平面布置图,包括框架柱、框支柱、梁上柱和剪力墙上柱)上,分别在同一编号的柱中选择一个(有时需要选择几个)截面标注几何参数代号;在柱表中注写柱编号、柱段起止标高、几何尺寸(含柱截面对轴线的偏心情况)与配筋的具体数值,并配以各种柱截面形状及其箍筋类型图的方式,来表达柱平法施工图。柱平法施工图列表注写方式示例见图4-21和图4-22。

列表法注写方式绘制的柱平法施工图具体包括以下几部分内容。

1. 结构层的楼面标高和结构层高

此项内容可以用表格或其他方法注明,结构层楼面标高指扣除建筑面层及垫层做法厚度后的标高，如图 4-23 所示。结构层应含有地下及地上各层，同时注明相应结构楼层号（与建筑楼层号一致）。

2. 柱平面布置图

在柱平面布置图上，分别在不同编号的柱（如 KZ1、KZ2 等）中各选择一个（有时需几个）截面，标注柱的几何参数代号，如 b_1、b_2、h_1、h_2，以表示柱截面与轴线关系。

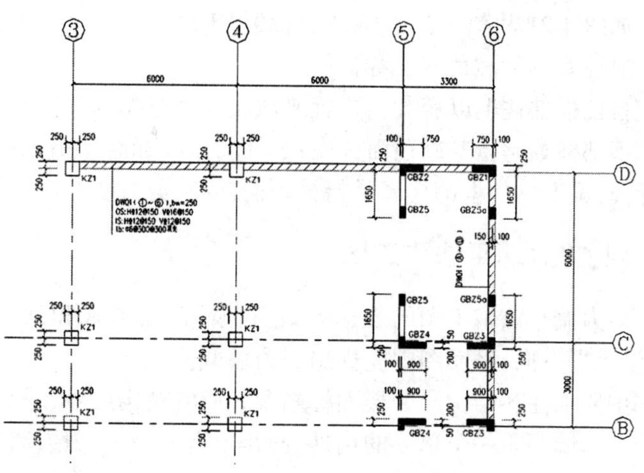

图 4-21　KZ1 平面布置图

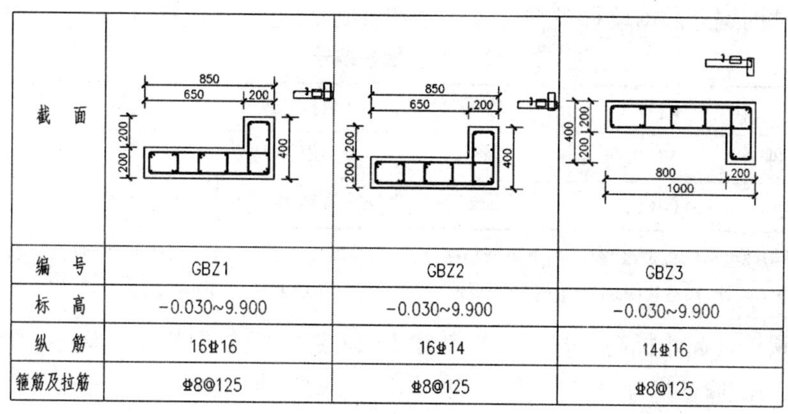

截　面			
编　号	GBZ1	GBZ2	GBZ3
标　高	−0.030~9.900	−0.030~9.900	−0.030~9.900
纵　筋	16⌀16	16⌀14	14⌀16
箍筋及拉筋	⌀8@125	⌀8@125	⌀8@125

图 4-22　KZ1 列表注写方式示例

3. 柱表

柱表注写内容规定如下所述。

楼层建筑标高

结构层楼面标高

图 4-23　楼层结构标高示例

1）注写柱编号

在实际工程中可能遇到的各种各样的柱，平法图集将柱归类如下，柱编号由类型代号和序号组成，应符合表 4-15 的规定。

表 4-15　柱编号

柱类型	代号	序号	柱类型	代号	序号
框架柱	KZ	××	框支柱	KZZ	××
芯柱	XZ	××	梁上柱	LZ	××
剪力墙上柱	QZ	××			

注：编号时，当柱的总高、分段截面尺寸和配筋均对应相同，仅截面与轴线的关系不同时，仍可将其编为同一柱号，但应在图中注明截面与轴线的关系。

如图 4-21 和图 4-22 柱表中,柱编号 KZ1 表示第 1 号框架柱。

2)注写各段柱的起止标高

自柱根部往上以变截面位置或截面未变但配筋改变处为界分段标写。框架柱和框支柱的根部标高是指基础顶面标高;芯柱的根部标高是指根据结构实际需要而定的起始位置标高;梁上柱的根部标高是指梁顶面标高;剪力墙上柱的根部标高为墙顶面标高。

四、剪力墙平法施工图

剪力墙平法施工图的表达方式有截面注写方式和列表注写方式两种。剪力墙的定位,沿水平方向,平面图中应标出剪力墙截面尺寸与定位轴线的位置关系;沿高度方向,平面图中要加注各结构层的楼面标高及相应的结构层号,通常以列表形式表达。

剪力墙不是一个单一的构件,而是由剪力墙柱、剪力墙身和剪力墙梁三类构件组成。

(一)列表注写方式

1. 剪力墙柱表内容

(1)墙柱的编号。由墙柱类型代号和序号组成,表达形式应符合表 4-16 规定。

表 4-16 墙柱编号

墙柱类型	代号	序号	墙柱类型	代号	序号
约束边缘构件	YBZ	××	非边缘暗柱	AZ	××
构造边缘构件	GBZ	××	扶壁柱	FBZ	××

注:约束边缘构件包括约束边缘暗柱、约束边缘端柱、约束边缘翼墙、约束边缘转角墙四种(见图 4-24)。构造边缘构件包括构造边缘暗柱、构造边缘端柱、构造边缘翼墙、构造边缘转角墙四种(见图 4-25)。

(2)各段墙柱起止标高。自墙柱根部往上,以变截面位置或截面未变但配筋改变处为界分段注写。墙柱根部标高是指基础顶面标高(如为框支剪力墙结构则为框支梁顶面标高)。

(3)各段墙柱的纵向钢筋和箍筋。注写值应与在图纸表中绘制的截面配筋图对应一致。纵向钢筋注总配筋值,墙柱箍筋的注写方式与柱箍筋相同。所有墙柱纵向钢筋搭接长度范围内的箍筋间距要求也应在图中注明。

2. 剪力墙身表内容

(1)墙身编号。由墙身代号、序号以及墙身所配置的水平与竖向分布钢筋的排数组成,其中排数注写在括号内。表达形式为:Q××(×排),如:Q1(2 排),1 为编号,括号中 2 代表钢筋排数。

(2)各段墙身起止标高。注写方式同墙柱。

(3)水平分布筋、竖向分布筋和拉筋的具体数值,如“⌀10@200”表示直径为 10 mm 的 HRB400 级钢筋,以 200 mm 的等间距布置。

Q1 表示方法,如表 4-17 所示。

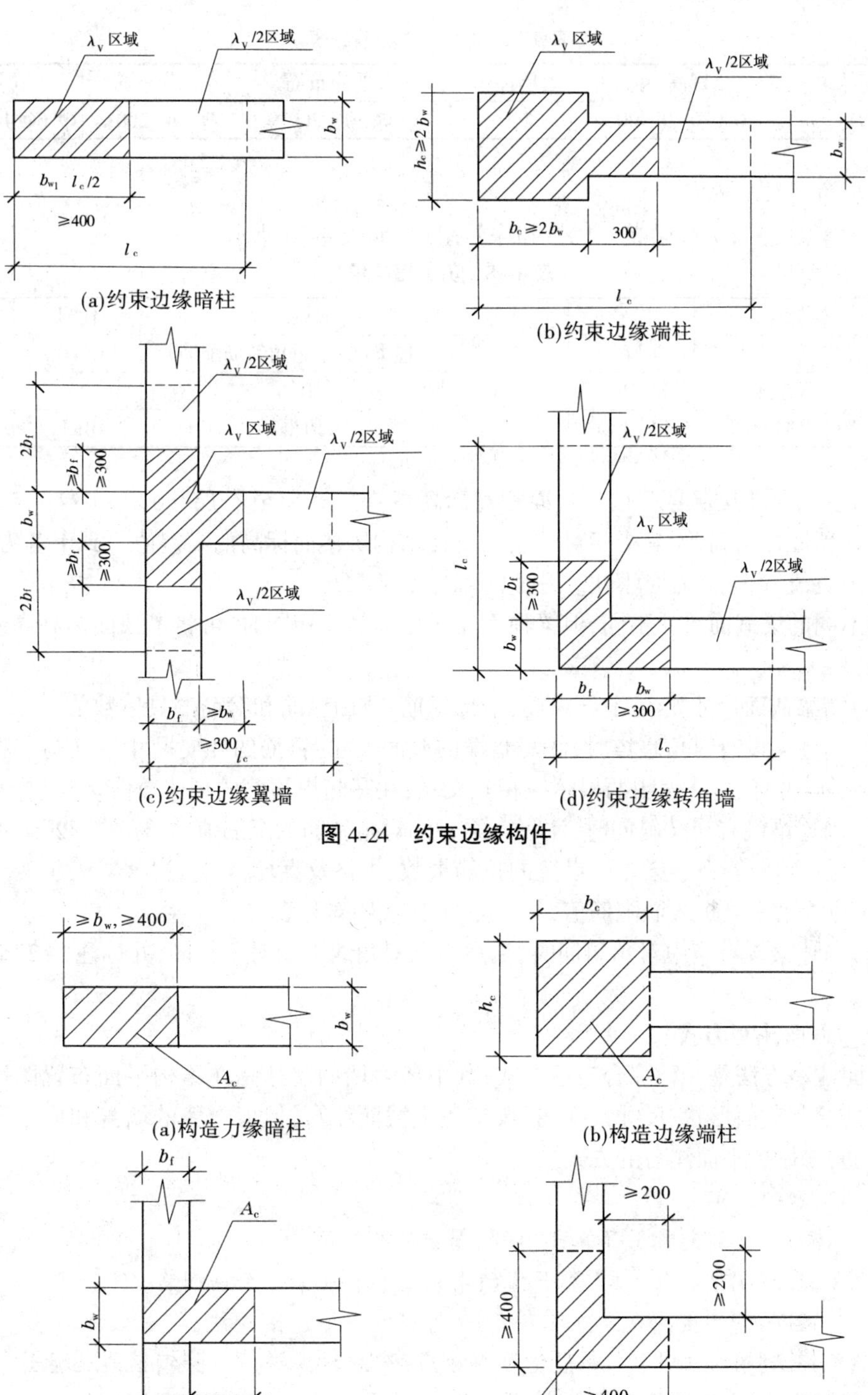

(a)约束边缘暗柱　(b)约束边缘端柱

(c)约束边缘翼墙　(d)约束边缘转角墙

图 4-24　约束边缘构件

(a)构造力缘暗柱　(b)构造边缘端柱

(c)构造边缘翼墙　(d)构造边缘转角墙

图 4-25　构造边缘构件

表 4-17 Q1 剪力墙墙身表

编号	标高	墙厚	水平分布筋	竖直分布筋	拉筋
Q1	-0.030~9.900	200	Φ10@200	Φ10@200	Φ6@400×400

3. 剪力墙梁表内容

(1)墙梁编号,由墙梁类型代号和序号组成,如表 4-18 所示。

表 4-18 剪力墙梁编号

墙梁类型	代号	序号	墙梁类型	代号	序号
连梁	LL	××	连梁(集中对角斜筋配筋)	LL(DX)	××
连梁(对角暗撑配筋)	LL(JC)	××	暗梁	AL	××
连梁(交叉斜筋配筋)	LL(JX)	××	边框梁	BKL	××

(2)墙梁所在楼层号/(墙梁顶面相对标高高差):××层至××层/(±×.×××)。

墙梁顶面标高高差,是指相对于墙梁所在结构层楼面标高的高差值。高于者为正值,低于者为负值,当无高差时不注。

当不同的梁截面尺寸不同,但梁顶面相对标高高差相同时,可将梁顶面标高高差注写在该项:(±×.×××)。

(3)墙梁截面尺寸 $b×h$,上部纵筋,下部纵筋,侧面纵筋和箍筋的具体数值。

(4)当连梁设有对角暗撑时,注写暗撑的截面尺寸(箍筋的外皮尺寸);注写一根暗撑的全部纵筋,并标注×2 表明两根暗撑相互交叉;注写暗撑箍筋的具体数值。

(5)当连梁设有交叉斜筋时,注写连梁一侧对角斜筋的配筋值,并标注“×2”表明对称设置;注写对角斜筋在连梁端部设置的拉筋根数、规格及直径,并标注“×4”表示四个角都设置;注写连梁一侧折线筋配筋值,并标注“×2”表明对称设置。

(6)当连梁设有集中对角斜筋时,注写一条对角线上的对角斜筋,并标注“×2”表明对称设置。

(二)截面注写方式

截面注写方法是一种综合表达方式,其中剪力墙的墙柱是在结构平面布置图墙柱的原位置处绘制截面形状、尺寸及配筋,属于完全截面注写,但剪力墙的墙身和墙梁不需要绘制配筋,采用了平面注写的方式。

【习题】

一、判断题(下列判断正确的打“√”,错误的打“×”)

(　　)1. 按化学成分不同,可分为碳素钢筋和普通低合金钢钢筋。

(　　)2. 钢筋连接的方式主要有绑扎、焊接和机械连接 3 种。

(　　)3. 钢筋加工前,应清理表面的油渍、漆污和铁锈。清除钢筋表面油漆、漆污、铁锈可采用除锈机、风砂枪等机械方法;当钢筋数量较少时,也可采用人工除锈。

(　　)4. 钢筋加工宜在常温状态下进行,加工过程中不应对钢筋进行加热。钢筋弯折可采用专用设备一次弯折到位。对于弯折过度的钢筋,应该回弯调整。

(　　)5. 柱钢筋安装施工工艺流程:调整下层柱预留筋→套柱箍筋→绑扎竖向受力筋→画箍筋间距线→绑箍筋→检查验收。

二、单项选择题(下列选项中,只有一个是正确的,请将其代号填在括号内)

1. 钢筋直径大小,可分为钢丝、细钢筋、中粗钢筋、粗钢筋,中粗钢筋直径范围为(　　)。

A. 12~18　　B. 3~5　　C. 6~10　　D. 18~32

2. 钢筋连接的方式主要有绑扎、焊接和(　　)连接3种。

A. 机械　　B. 金属　　C. 涂料　　D. 高温

3. 钢筋焊接常用的方法有(　　)、电弧焊、电渣压力焊、埋弧压力焊和气压焊等。

A. 闪光对焊　　B. 电气焊　　C. 电力焊　　D. 埋弧焊

4. 光圆钢筋代码(　　)

A. HPB300　　B. HRB335　　C. HRBF335　　D. RRB400

5. 预应力筋宜采用预应力钢丝、(　　)和预应力螺纹钢筋。

A. 应力丝　　B. 钢绞线　　C. 预应力低合金　　D. 细钢筋

三、多项选择题(下列选项中,至少有两个是正确的,请将其代号填在括号内)

1. 下面可用于抗震纵向受力钢筋的为(　　)。

A. HRB400E　　B. HRB500E　　C. HRBF335E　　D. HRBF400E

E. HRBF500E

2. 钢筋加工前应清理表面的(　　)。

A. 油渍　　B. 漆污　　C. 铁锈　　D. 灰尘　　E. 水汽

3. 钢筋连接的方式主要有(　　)。

A. 绑扎　　B. 焊接　　C. 机械连接　　D. 拼接　　E. 对接

4. 下列(　　)是钢筋工常用的工具。

A. 钢筋钩　　B. 撬棍　　C. 扳子　　D. 绑扎架　　E. 钢丝刷

5. 平法图中平面布置图常采用(　　)。

A. 列表注写方式　B. 截面注写方式　C. 引用注写方式　D. 参照注写方式

E. 通用注写方式

【参考答案】

一、判断题

1. √　　2. √　　3. √　　4. ×　　5. √

二、单项选择题

1. A　　2. A　　3. A　　4. A　　5. B

三、多项选择题

1. ABCDE　　2. ABC　　3. ABC　　4. AB　　5. AB

第五章 混凝土工相关岗位技能

混凝土是以胶凝材料、水、细骨料、粗骨料,需要时掺入外加剂和矿物掺合料,按适当比例配合,经过均匀拌制、密实成型及养护硬化而成的人工石材。

混凝土按施工工艺主要分为:预拌混凝土、现场搅拌混凝土、离心成型混凝土、喷射混凝土、泵送混凝土等;按拌和料的流动度分为:干硬性混凝土、半干硬性混凝土、塑性混凝土、流动性混凝土、大流动性混凝土、自流平混凝土等。

第一节 混凝土的原材料

一、水泥

(一)水泥的分类和技术要求

水泥是一种最常用的水硬性胶凝材料。水泥呈粉末状,加入适量水后,成为塑性浆体,既能在空气中硬化,又能在水中硬化,并能把砂、石散状材料牢固地胶结在一起。通用水泥分为:硅酸盐水泥、普通硅酸盐水泥、矿渣硅酸盐水泥、火山灰质硅酸盐水泥、粉煤灰硅酸盐水泥、复合硅酸盐水泥。建筑工程中最为常用的是通用硅酸盐水泥(简称通用水泥)。

通用水泥品种与强度等级应根据设计、施工要求以及工程所处环境确定,可按表 5-1 进行选用。

(二)水泥的质量控制

水泥进场时,应对其品种、级别、包装或散装仓号、出厂日期等进行检查,并应对其强度、安定性及其他必要的性能指标进行复验,其质量必须符合《通用硅酸盐水泥》(GB 175—2007)等的规定。

当在使用中对水泥质量有怀疑或水泥出厂超过 3 个月(快硬硅酸盐水泥超过 1 个月)时,应进行复验,并按复验结果使用。

表 5-1　水泥选用

工程特点	优先选用	可以使用	不得使用
在普通气候环境中的混凝土	普通硅酸盐水泥	矿渣硅酸盐水泥、火山灰质硅酸盐水泥、粉煤灰硅酸盐水泥	—
在干燥环境中的混凝土	普通硅酸盐水泥	矿渣硅酸盐水泥	火山灰质硅酸盐水泥、粉煤灰硅酸盐水泥
在高湿度环境中或永远处在水下的混凝土	矿渣硅酸盐水泥	普通硅酸盐水泥、火山灰质硅酸盐水泥、粉煤灰硅酸盐水泥	—
严寒地区的露天混凝土、寒冷地区的处在水位升降范围内的混凝土	普通硅酸盐水泥	矿渣硅酸盐水泥	火山灰质硅酸盐水泥、粉煤灰硅酸盐水泥
受侵蚀性环境水或侵蚀性气体作用的混凝土	根据侵蚀性介质的种类、浓度等具体条件按规定选用		
厚大体积的混凝土	粉煤灰硅酸盐水泥、矿渣硅酸盐水泥	普通硅酸盐水泥、火山灰质硅酸盐水泥	硅酸盐水泥

钢筋混凝土结构、预应力混凝土结构中，严禁使用含氯化物的水泥。

检查数量：按同一生产厂家、同一等级、同一品种、同一批号且连续进场的水泥，袋装不超过 200 t 为一批，散装不超过 500 t 为一批，每批抽样不少于 1 次。

检验方法：水泥的强度、安定性、凝结时间和细度应分别按《水泥胶砂强度检验方法（ISO 法）》（GB/T 17671—1999）、《水泥标准稠度用水量、凝结时间、安定性检验方法》（GB/T 1346—2011）、《水泥比表面积测定方法　勃氏法》（GB/T 8074—2008）和《水泥细度检验方法　筛析法》（GB/T 1345—2005）的规定进行检验。

水泥在运输时不得受潮和混入杂物。不同品种、强度等级、出厂日期和出厂编号的水泥应分别运输装卸，并做好明显标志，严防混淆。

散装水泥宜在专用的仓罐中储存并有防潮措施。不同品种、强度等级的水泥不得混仓，并应定期清仓。

袋装水泥应在库房内储存，库房应尽量密闭。堆放时，应按品种、强度等级、出厂编号、到货先后或使用顺序排列成垛，堆放高度一般不超过 10 包。临时露天暂存水泥也应用防雨篷布盖严，底板要垫高，并有防潮措施。

二、细骨料

粒径在 4.75 mm 以下的骨料称为细骨料，在普通混凝土中指的是砂。砂可分为天然砂和人工砂两类。天然砂包括河砂、湖砂、山砂和淡化海砂。人工砂是经除土处理的机制砂、混合砂的统称。因河砂干净，又符合有关标准的要求，所以在配制混凝土时最常用。

混凝土用细骨料的技术要求有以下几方面。

（一）颗粒级配及粗细程度

砂的颗粒级配是指砂中大小不同的颗粒相互搭配的比例情况，大小颗粒搭配得好时砂粒之间的空隙最少。砂的粗细程度是指不同粒径的砂粒混合在一起后总体的粗细程度,通常有粗砂、中砂与细砂之分。在相同质量条件下,细砂的总表面积较大,而粗砂的总表面积较小。在混凝土中,砂子的表面需要由水泥浆包裹,砂粒之间的空隙需要由水泥浆填充,为达到节约水泥和提高强度的目的,应尽量减少砂的总表面积和砂粒间的空隙,即选用级配良好的粗砂或中砂比较好。

砂的颗粒级配和粗细程度,常用筛分析法进行测定。根据 0.63 mm 筛孔的累计筛余量,将砂分成 1、2、3 三个级配区。用所处的级配区来表示砂的颗粒级配状况,用细度模数表示砂的粗细程度。细度模数愈大,表示砂愈粗,按细度模数,砂可分为粗、中、细三级。

在选择混凝土用砂时,砂的颗粒级配和粗细程度应同时考虑。配制混凝土时,宜优先选用 2 区砂。当采用 1 区砂时,应提高砂率,并保持足够的水泥用量,以满足混凝土的和易性要求;当采用 3 区砂时,宜适当降低砂率,以保证混凝土的强度。对于泵送混凝土,宜选用中砂,且砂中小于 0.315 mm 的颗粒应不少于 15%。

(二)有害杂质和碱活性

混凝土用砂要求洁净、有害杂质少。砂中所含有的泥块、淤泥、云母、有机物、硫化物、硫酸盐等,都会对混凝土的性能有不利的影响,属有害杂质,需要控制其含量不超过有关规范的规定。重要工程混凝土所使用的砂,还应进行碱活性检验,以确定其适用性。

(三)坚固性

砂的坚固性是指砂在气候、环境变化或其他物理因素作用下抵抗破裂的能力。砂的坚固性用硫酸钠溶液检验,试样经 5 次循环后其质量损失应符合有关标准的规定。

三、粗骨料

粒径大于 5 mm 的骨料称为粗骨料。普通混凝土常用的粗骨料有碎石和卵石。由天然岩石或卵石经破碎、筛分而得的粗骨料,称为碎石或碎卵石。岩石由于自然条件作用而形成的粗骨料,称为卵石。混凝土用粗骨料的技术要求有以下几方面。

(一)颗粒级配及最大粒径

普通混凝土用碎石或卵石的颗粒级配情况有连续粒级和单粒级两种。其中,单粒级的骨料一般用于组合成具有要求级配的连续粒级,它也可与连续粒级的碎石或卵石混合使用,以改善其级配。如资源受限必须使用单粒级骨料时,则应采取措施避免混凝土发生离析。

粗骨料中公称粒级的上限称为最大粒径。当骨料粒径增大时,其比表面积减小,混凝土的水泥用量也减少,故在满足技术要求的前提下,粗骨料的最大粒径应尽量选大一些。

在钢筋混凝土结构工程中,粗骨料的最大粒径不得超过结构截面最小尺寸的 1/4,同时不得大于钢筋间最小净距的 3/4。对于混凝土实心板,可允许采用最大粒径达 1/3 板厚的骨料,但最大粒径不得超过 40 mm。对于采用泵送的混凝土,碎石的最大粒径应不大于输送管径的 1/3,卵石的最大粒径应不大于输送管径的 1/2.5。

(二)强度和坚固性

碎石或卵石的强度可用岩石抗压强度和压碎指标两种方法表示。当混凝土强度等级为 C60 及以上时,应进行岩石抗压强度检验。用于制作粗骨料的岩石的抗压强度与混凝土强度等级之比不应小于1.5。对经常性的生产质量控制，则可用压碎指标值来检验。

有抗冻要求的混凝土所用粗骨料，要求测定其坚固性。即用硫酸钠溶液检验，试样经5次循环后，其质量损失应符合有关标准的规定。

（三）有害杂质和针、片状颗粒

粗骨料中所含的泥块、淤泥、细屑、硫酸盐、硫化物和有机物等是有害物质，其含量应符合有关标准的规定。另外，粗骨料中严禁混入煅烧过的白云石或石灰石块。

重要工程混凝土所使用的碎石或卵石，还应进行碱活性检验，以确定其适用性。

粗骨料中针、片状颗粒过多，会使混凝土的和易性变差，强度降低，故粗骨料中的针、片状颗粒含量应符合有关标准的规定。

四、水

混凝土拌和及养护用水的水质应符合《混凝土用水标准》（JGJ 63—2006）的有关规定。

对于设计使用年限为100年的结构混凝土，氯离子含量不得超过500 mg/L；对使用钢丝或经热处理钢筋的预应力混凝土，氯离子含量不得超过350 mg/L。地表水、地下水、再生水的放射性应符合《生活饮用水卫生标准》（GB 5749—2006）的规定。

混凝土拌和用水的水质检验项目包括pH、不溶物、可溶物、Cl^-、SO_4^{2-}、碱含量（采用碱活性骨料时检验）。被检验水样还应与饮用水样进行水泥凝结时间和水泥胶砂强度的对比试验。此外，混凝土拌和用水不应漂浮明显的油脂和泡沫，不应有明显的颜色和异味；混凝土企业设备洗刷水不宜用于预应力混凝土、装饰混凝土、加气混凝土和暴露于腐蚀环境的混凝土，不得用于使用碱活性或潜在碱活性骨料的混凝土。未经处理的海水严禁用于钢筋混凝土和预应力混凝土。在无法获得水源的情况下，海水可用于素混凝土，但不宜用于装饰混凝土。

混凝土养护用水的水质检验项目包括pH、Cl^-、SO_4^{2-}、碱含量（采用碱活性骨料时检验），可不检验不溶物和可溶物、水泥凝结时间和水泥胶砂强度。

五、外加剂

外加剂是在混凝土拌和前或拌和时掺入，掺量一般不大于水泥质量的5%（特殊情况除外），并能按要求改善混凝土性能的物质。各种混凝土外加剂的应用改善了新拌和硬化混凝土的性能，促进了混凝土新技术的发展，促进了工业副产品在胶凝材料系统中更多的应用，还有助于节约资源和环境保护，已经逐步成为优质混凝土必不可少的材料。

混凝土外加剂功能包括：①改善混凝土或砂浆拌和物施工时的和易性；②提高混凝土或砂浆的强度及其他物理力学性能；③节约水泥或代替特种水泥；④加速混凝土或砂浆的早期强度发展；⑤调节混凝土或砂浆的凝结硬化速度；⑥调节混凝土或砂浆的含气量；⑦降低水泥初期水化热或延缓水化放热；⑧改善拌和物的泌水性；⑨提高混凝土或砂浆耐各种侵蚀性盐类的耐腐蚀性；⑩减弱碱-骨料反应；⑪改善混凝土或砂浆的毛细孔结构；⑫改善混凝土的泵送性；⑬提高钢筋的抗锈蚀能力；⑭提高骨料与砂浆界面的黏结力，提高钢筋与混凝土的握裹力；⑮提高新老混凝土界面的黏结力等。

混凝土外加剂的质量应符合《混凝土外加剂》（GB 8076—2008）、《混凝土外加剂应用技术规范》(GB 50119—2013)、《混凝土外加剂中释放氨的限量》(GB 18588—2001)的有关规定。各类具有室内使用功能的混凝土外加剂中释放的氨量必须不大于0.10%(质量分数)。

根据《混凝土外加剂》(GB 8076—2008)的相关规定,混凝土外加剂的技术要求包括受检混凝土性能指标和匀质性指标。受检混凝土性能指标具体包括减水率、泌水率比、含气量、凝结时间之差、1 h经时变化量这些推荐性指标和抗压强度比、收缩率比、相对耐久性(200次)这些强制性指标。匀质性指标具体包括氯离子含量、总碱量、含固量、含水率、密度、细度、pH和硫酸钠含量。

《混凝土膨胀剂》(GB 23439—2017)规定,混凝土膨胀剂的技术要求包括化学成分和物理性能。其中,化学成分包括氧化镁和碱含量两项指标,氧化镁含量应不大于5%,碱含量属选择性指标;物理性能指标包括细度、凝结时间、限制膨胀率和抗压强度,限制膨胀率为强制性指标。

混凝土外加剂包括高性能减水剂(早强型、标准型、缓凝型)、高效减水剂(标准型、缓凝型)、普通减水剂(早强型、标准型、缓凝型)、引气减水剂、泵送剂、早强剂、缓凝剂、引气剂、防冻剂、膨胀剂、防水剂及速凝剂等多种,可谓种类繁多,功能多样。按其主要使用功能分为以下四类:①改善混凝土拌和物流变性能的外加剂。包括各种减水剂、引气剂和泵送剂等。②调节混凝土凝结时间、硬化性能的外加剂。包括缓凝剂、早强剂和速凝剂等。③改善混凝土耐久性的外加剂。包括引气剂、防水剂和阻锈剂等。④改善混凝土其他性能的外加剂。包括膨胀剂、防冻剂、着色剂等。

六、掺合料

为改善混凝土的性能、节约水泥、调节混凝土强度等级,在混凝土拌和时加入的天然或人工的矿物材料,统称为混凝土掺合料。混凝本掺合料分为活性矿物掺合料和非活性矿物掺合料。非活性矿物掺合料基本不与水泥组分起反应,如磨细石英砂、石灰石、硬矿渣等材料。活性矿物掺合料本身不硬化或硬化速度很慢,但能与水泥水化生成的$Ca(OH)_2$起反应,生成具有胶凝能力的水化产物,如粉煤灰、粒化高炉矿渣粉、硅灰、沸石粉等。

粉煤灰来源广泛,是当前用量最大、使用范围最广的混凝土掺合料。根据《用于水泥和混凝土中的粉煤灰》(GB/T 1596—2017),拌制混凝土和砂浆用粉煤灰的技术要求包括细度、需水量比、烧失量、含水率、三氧化硫、游离氧化钙、安定性、放射性、碱含量和均匀性。按细度、需水量比和烧失量,拌制混凝土和砂浆用粉煤灰可分为1、2、3三个等级,其中工级品质最好。

七、普通混凝土配合比设计

普通混凝土配合比设计,一般应根据混凝土强度等级及施工所要求的混凝土拌和物坍落度(维勃稠度)指标进行。如果混凝土还有其他技术指标,除在计算和试配过程中予以考虑外,尚应增加相应的试验项目,进行试验确认。

普通混凝土配合比设计依据:①混凝土拌和物工作性能,如坍落度、扩展度、维勃稠度等。②混凝土力学性能,如抗压强度、抗折强度等。③混凝土耐久性能,如抗渗、抗冻、抗侵蚀等。

第二节　混凝土的搅拌

混凝土搅拌是将水、水泥和粗细骨料进行均匀拌和的过程，且通过搅拌应使材料达到塑化、强化的作用，使不同细度、形状的散装物料搅拌成均匀、色泽一致、具有流动性的混凝土拌和物。常用的混凝土搅拌机按搅拌原理分为强制式搅拌机和自落式搅拌机两类。

一、混凝土搅拌机的分类

(一) 强制式搅拌机

强制式搅拌机的搅拌鼓筒筒内有若干组叶片，搅拌时叶片绕竖轴或卧轴旋转，将各种材料强行搅拌，真正搅拌均匀。这种搅拌机适用于搅拌干硬性混凝土、流动性混凝土和轻骨料混凝土等，具有搅拌质量好、搅拌速度快、生产效率高、操作简便及安全可靠等优点。

(二) 自落式搅拌机

自落式搅拌机的搅拌鼓筒是垂直放置的。随着鼓筒的转动，混凝土拌和料在鼓筒内做自由落体式翻转搅拌，从而达到搅拌的目的。这种搅拌机适用于搅拌塑性混凝土和低流动性混凝土，搅拌质量、搅拌速度等与强制式搅拌机相比要差一些。

二、混凝土搅拌的投料顺序

混凝土搅拌的投料顺序应从提高混凝土搅拌质量，减少叶片、衬板的磨损，减少拌和物与搅拌筒的黏结，减少水泥飞扬，改善工作环境，提高混凝土强度，节约水泥方面综合考虑确定。常用的投料顺序有一次投料法、二次投料法和水泥裹砂法。

三、商品混凝土

随着工程规模的逐步扩大、工程要求的不断提高和技术水平的不断发展，混凝土使用量越来越大，混凝土的强度等级、防水等级、耐久性要求也越来越高，分散落后的现场混凝土生产已难以满足现代工程建设技术进步的要求。在这种情况下，就出现了商品混凝土。

商品混凝土是指由水泥、骨料、水以及根据需要掺加的外加剂、矿物掺和料等组分按一定比例，在搅拌(楼)站经计量、拌制后作为商品出售的，并采用专用运输车在规定时间内运至使用地点的混凝土拌和物。与现场拌制混凝土相比，具有以下优点：提高了混凝土质量；节约原材料，提高了经济效益；实现了文明施工，减少了环境污染。

商品混凝土的拌制要求：商品混凝土拌制应达到设计所规定的匀质性、强度和耐久性等要求外，在其尚未凝固阶段，为保证混凝土泵压送顺利还必须满足可泵性的要求。为此，必须严格控制混凝土材料的质量，确保配料计量准确和确定合理的搅拌时间。

四、混凝土的搅拌时间

混凝土拌和物的均匀性对其可泵性有明显的影响。搅拌不充分的混凝土，在运输过程中就易产生泌水，甚至离析现象，其可泵性随着降低，在压送过程中易使输送管堵塞。如果搅拌时间过长，就会加速混凝土的凝结。在相同的运输时间内，搅拌时间过长的混凝土坍落度的损失就增大，导致了混凝土的可泵性降低，同样会给混凝土的压送带来困难，甚至发生堵塞现象。因此，应选择合理的搅拌时间，以保证混凝土拌和物的质量。合理搅拌时间应通过试验确定。

第三节　混凝土的运输

混凝土自搅拌机中卸出以后应及时运送到浇筑地点，以保证在初凝前浇筑完毕和满足施工时和易性的要求，因此选择混凝土运输方案时应综合考虑建筑物结构特点及其施工方案、混凝土质量、运输距离、地形、道路、气候和现有设备条件等因素。对混凝土运输中可能产生的分层离析、水泥浆流失、坍落度变化、初凝等影响混凝土质量的现象，采取相应的技术措施，以确保混凝土拌和物的质量。

一、混凝土的运输要求

对混凝土拌和物运输的要求是：运输过程中，应保持混凝土的均匀性，避免产生分层离析现象，混凝土运至浇筑地点，应符合规定的坍落度；混凝土应以最少的中转次数、最短的时间，从搅拌地点运至浇筑地点，保证混凝土从搅拌机卸出后到浇筑完毕的延续时间不超过规定；运输工作应保证混凝土的浇筑工作连续进行；运送混凝土的容器应严密，其内壁应平整光洁，不吸水、不漏浆，黏附的混凝土残渣应经常清除。

刚搅拌好的混凝土，由于内摩阻力、黏着力和重力等的作用，各种材料的位置处于固定位置，且分布均匀，此时混凝土拌和物处于相对平衡状态。在运输过程中，由于道路不平，运输工具的颠簸振动等影响，黏着力和内摩阻力将明显减少，特别是混凝土拌和物自高处下落时，失去平衡状态，在自重作用下向下沉落，质量越大，向下沉落的趋势越强。由于粗细骨料和水泥浆的质量不同，因而各自聚集在一定深度，形成分层离析现象。

分层离析现象对混凝土的质量是有害的，使混凝土的强度降低，容易形成蜂窝或麻面，也增加捣实的困难。为此，对运输道路、运输时间和运输机具都有具体的要求。

(1)运输道路：为了防止混凝土运输中离析分层，要用最短的时间、最短的道路把混凝土运输到位，因此应考虑道路的平坦和布置环形回路，设专人管理，以免拥挤堵塞。运输道的宽度要根据单行或双行及车辆的宽度而定。一般单轮手推车单行道宽度为1.5~2.5 m，机动翻斗车为2.5~3 m。

运输道路的布置应在施工方案中考虑，尤其是大体积的混凝土施工浇筑。应避免在已浇筑好的混凝土上行车，所以后退式的浇筑次序较好。特别注意运输道路的平坦和稳定，由于铺板缝子太大或不平，翻车现象时有发生。

(2)运输时间：混凝土应在初凝前浇筑完毕，所以应尽可能减少运输时间，以增加施工浇筑时间。若运距较远可掺加缓凝剂，其延续凝结时间长短可由试验确定。使用快硬水泥或掺有促凝剂的混凝土，其运输时间应根据水泥性能及凝结条件决定。

(3)运输机具：混凝土运输主要分水平运输和垂直运输两方面，应根据施工方法、工程特点、运距的长短及现有的运输设备，选择可满足施工要求的运输工具。

水平运输常用的运输工具有双轮手推车、架子车、自卸三轮汽车、轻便小型翻斗车、搅拌运输车等;垂直运输常用的运输机械有各种升降机、卷扬机、塔吊、井架等,并配合采用吊斗等容器装运混凝土。

当混凝土的浇灌工程较集中和浇灌速度较稳定时,可采用皮带运输机、混凝土泵、风动运输器等。

二、商品混凝土的运输

商品混凝土搅拌后应在 2 h 内运到现场,运输时间的控制应有必要的交通条件作保证,故规划好运输路线,防止堵塞是极为重要的条件(如有的城市只在夜间运输混凝土)。

(一)运输途中

混凝土搅拌运输车罐内严禁有积水,特别是刷罐或洗泵后应排放干净。另外,给压力水箱加水时,其后截止阀水管必须关闭。

在装料和运输过程中,搅拌罐应保持 3~6 r/min 的慢速转动,以防止混凝土拌和物出现离析、分层等现象。装完料后,应高速搅拌,防止混凝土拌和物抛洒。

混凝土拌和物应在初凝前卸料及施工。一般宜控制在 4 h 以内,以外加剂缓凝时间长短、气温高低等因素确定。对未初凝的剩料,应及时加入一定量的外加剂,以恢复其坍落度。

预拌混凝土的运输应保证施工的连续性。

冬季施工时,应采取相应的保温措施,如保温套等。

(二)泵送(或自卸)

预拌混凝土的泵送应符合《混凝土泵送施工技术规程》(JGJ/T 10—2011)等的规定。

确认混凝土泵和输送管无异物、无泄漏后(泵水检查等),应泵送水泥混合砂浆等。但须注意应分散开来,不得集中浇筑。

检验混凝土拌和物的坍落度、可泵性等。不宜在运输和施工过程中往搅拌罐内任意加水,这样会改变混凝土的设计配合比,无法保证混凝土的强度等。当混凝土拌和物的坍落度不能满足要求时,可在符合混凝土设计配合比的前提下,适当加水,或加入一定量的减水剂,并高速搅拌均匀。

炎热季节施工时,宜用湿罩布、湿草袋等遮盖混凝土输送管,避免阳光直射。严寒季节施工时,宜用保温材料包裹混凝土输送管,防止管内混凝土受冻,并保证混凝土的入模温度。

混凝土拌和物的入模温度,最高不宜高于 35 ℃,最低不宜低于 5 ℃。

混凝土泵送应连续进行。如因某种原因必须中断,应每隔 15 min 左右正反泵一次,防止出现输送管内混凝土拌和物堵塞等情况的发生。

第四节　混凝土的浇筑

混凝土浇筑要保证混凝土的均匀性和密实性,要保证结构的整体性、尺寸准确和钢筋、预埋件的位置正确,拆模后混凝土表面要平整、光洁。

为了防止浇筑混凝土出现露筋、裂缝、孔洞、蜂窝、麻面和影响混凝土结构的强度及整体性等情况的出现,应根据所浇筑混凝土结构施工的特点,合理组织分段、分层流水施工,

并应根据总工程量、工期以及分层分段的具体情况，确定每工作班的工作量。再根据每班工程量和现有设备条件，选择混凝土搅拌机、运输及振捣设备的类型和数量进行施工，以确保混凝土工程的质量。

混凝土浇筑应保证混凝土的均匀性和密实性。混凝土宜一次连续浇筑，当不能一次连续浇筑时，可留设施工缝或后浇带分块浇筑。混凝土浇筑过程应分层进行，分层浇筑应符合分层振捣厚度要求，上层混凝土应在下层混凝土初凝之前浇筑完毕。

混凝土运输、输送入模的过程宜连续进行，从搅拌完成到浇筑完毕的延续时间不宜超过规定时间。掺早强型减水外加剂、早强剂的混凝土以及有特殊要求的混凝土，应根据设计及施工要求，通过试验确定允许时间。

混凝土的浇筑，应预先根据工程结构特点、平面形状和几何尺寸、混凝土制备设备和运输设备的供应能力、泵送设备的泵送能力、劳动力和管理能力以及周围场地大小、运输道路情况等条件，划分混凝土浇筑区域，并明确设备和人员的分工，以保证结构浇筑的整体性和按计划进行浇筑。

混凝土的浇筑宜按以下顺序进行：在采用混凝土输送管输送混凝土时，应由远而近浇筑；在同一区的混凝土，应按先竖向结构后水平结构的顺序，分层连续浇筑；当不允许留施工缝时一区域之间、上下层之间的混凝土浇筑时间，不得超过混凝土初凝时间。混凝土输送速度较快，框架结构的浇筑要很好地组织，要加强布料和捣实工作，对预埋件和钢筋太密的部位，要预先制定技术措施，确保顺利进行布料和振捣密实。

第五节　混凝土的振捣

混凝土浇筑入模后，由于其内部骨料之间的摩擦力、水泥净浆的黏结力、拌和物与模板之间的摩擦力等因素会造成混凝土不能自动充满模板，且混凝土内部存在大量孔洞和空气，不能达到密实度的要求，这就会影响混凝土的强度、抗冻性、抗渗性和耐久性等。因此，必须在初凝前经过振捣，才能保证混凝土的密实度，制成符合要求的构件。

混凝土的振捣方法有机械振捣和人工振捣两种方法。现场施工主要采用机械振捣，只有在缺少振捣机械、工程量很小或者机械振捣不便的情况下才采用人工振捣的方法，现主要对机械振捣进行描述。

振动机械的振动一般是由电动机、内燃机或压缩空气马达带动偏心块转动而产生的简谐振动。产生振动的机械将振动能量通过某种方式传递给混凝土拌和物使其受到强迫振动。在振动力作用下混凝土内部的黏着力和内摩擦力显著减少，使骨料犹如悬浮在液体中，在其自重作用下向新的位置沉落，紧密排列，水泥砂浆均匀分布填充空隙，气泡被排出，游离水被挤压上升，混凝土填满了模板的各个角落并形成密实体积。机械振实混凝土可以大大减轻工人的劳动强度，减少蜂窝、麻面的发生，提高混凝土的强度和密实性，加快模板周转，节约水泥 10%～15%。机械振捣器种类很多，建设工程上常用的为电动振捣器。按其振动方式又可分为内部振动器、外部振动器、表面振动器及振动台等 4 类，如图 5-1 所示。

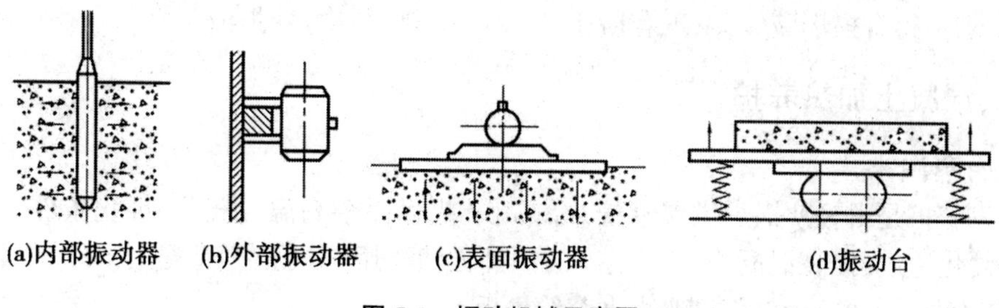

图 5-1　振动机械示意图

第六节　混凝土的养护

一、保湿养护

混凝土浇筑后应及时进行保湿养护,保湿养护可采用洒水、覆盖、喷涂养护剂等方式。选择养护方式应考虑现场条件、环境温湿度、构件特点、技术要求、施工操作等因素。

混凝土养护的目的,就是要创造各种条件,使水泥充分水化,加速混凝土硬化,防止在成型后因暴晒、风干、干燥、寒冷等自然因素的影响,造成混凝土表面脱皮、起砂、出现干缩裂缝,严重的甚至使混凝土内部结构疏松,降低混凝土的强度。因此,混凝土浇筑后,必须根据水泥品种、气候条件和工期要求加强养护。

(一)洒水养护

洒水养护宜在混凝土裸露表面覆盖麻袋或草帘后进行,也可采用直接洒水、蓄水等养护方式;洒水养护应保证混凝土处于湿润状态。洒水养护用水应符合《混凝土用水标准》(JGJ 63—2006)的规定。当日最低温度低于 5 ℃时,不应采用洒水养护。应在混凝土浇筑完毕后的 12 h 内进行覆盖浇水养护。

(二)覆盖养护

覆盖养护应在混凝土终凝后及时进行。覆盖应严密,覆盖物相互搭接不宜小于 100 mm,确保混凝土处于保温、保湿状态。覆盖养护宜在混凝土裸露表面覆盖塑料薄膜、塑料薄膜加麻袋、塑料薄膜加草帘。塑料薄膜应紧贴混凝土裸露表面,塑料薄膜内应保持有凝结水,保证混凝土处于湿润状态。覆盖物应严密,覆盖物的层数应按施工方案确定。

(三)喷涂养护

喷涂养护是将可成膜的溶液喷洒在混凝土表面上,溶液挥发后在混凝土表面凝结成一层薄膜,使混凝土表面与空气隔绝,封闭混凝土中的水分不再被蒸发,而完成水化作用。喷涂养护剂养护应符合下列规定:应在混凝土裸露表面喷涂覆盖致密的养护剂进行养护。养护剂应均匀喷涂在结构构件表面,不得漏喷。养护剂应具有可靠的保湿效果,保湿效果可通过试验检验。墙、柱等竖向混凝土结构在混凝土的表面不便浇水或使用塑料薄膜养护时,可采用涂刷或喷洒养生液进行养护,以防止混凝土内部水分的蒸发涂刷(喷洒)养护液的时间,应掌握混凝土水分蒸发情况,在不见浮水、混凝土表面以手指轻按无指印时进行涂刷或喷洒。过早会影响薄膜与混凝土表面接合,容易过早脱落,过迟会影响混凝土强度。养护液涂刷(喷洒)后很快就形成薄膜,为达到养护目的,必须加强保护薄膜的完整性,要求不得有损坏破裂,发现有损坏时,及时补刷(补喷)养护液。

二、混凝土加热养护

(一)蒸汽养护

蒸汽养护是由轻便锅炉供应蒸汽,给混凝土提供一个高温、高湿的硬化条件,加快混凝土的硬化速度,提高混凝土早期强度的一种方法。用蒸汽养护混凝土,可以提前拆模(通常 2 d 即可拆模),缩短工期,大大节约模板。

为了防止混凝土收缩而影响质量,并能使强度继续增长,经过蒸汽养护后的混凝土,还要放在潮湿环境中继续养护,一般洒水 7~21 d,使混凝土处于相对湿度在 80%~90%的潮湿环境中。为了防止水分蒸发过快,混凝土制品上面可遮盖草帘或其他覆盖物。

(二)太阳能养护

太阳能养护是直接利用太阳能加热养护棚(罩)内的空气,使内部混凝土能够在足够的温度和湿度下进行养护,获得早强。在混凝土成型、表面找平收面后,在其上覆盖一层黑色塑料薄膜(厚 0.12~0.14 mm),再盖一层气垫薄膜(气泡朝下)。塑料薄膜应采用耐老化的,接缝应采用热黏合。覆盖时,应紧贴四周,用砂袋或其他重物压紧盖严,防止被风吹开而影响养护效果。塑料薄膜若采用搭接,其搭接长度不小于 30 cm。

三、混凝土的养护时间

采用硅酸盐水泥、普通硅酸盐水泥或矿渣硅酸盐水泥配制的混凝土不应少于 7 d;采用其他品种水泥时,养护时间应根据水泥性能确定。

采用缓凝型外加剂、大掺量矿物掺和料配制的混凝土不应少于 14 d。

抗渗混凝土、强度等级 C60 及以上的混凝土不应少于 14 d。

后浇筑混凝土的养护时间不应少于 14 d。

地下室底层墙、柱和上部结构首层墙、柱宜适当增加养护时间。

基础大体积混凝土养护时间应根据施工方案确定。

基础大体积混凝土裸露表面应采用覆盖养护方式。当混凝土表面以内 40~80 mm 位置的温度与环境温度的差值小于 25 ℃时,可结束覆盖养护。覆盖养护结束但尚未达到养护时间要求时,可采用洒水养护方式,直至养护结束。

第七节　混凝土工程的质量要求

一、混凝土工程质量缺陷

(一)现浇结构的外观质量缺陷

现浇结构的外观质量缺陷,应由监理(建设)单位、施工单位等各方根据其对结构性能和使用功能影响的严重程度,按表 5-2 进行确定。

(二)现浇结构尺寸允许偏差

现浇结构不应有影响结构性能和使用功能的尺寸偏差。混凝土设备基础不应有影响结构性能和设备安装的尺寸偏差。

表 5-2 现浇结构的外观质量缺陷

名称	现象	严重缺陷	一般缺陷
露筋	构件内钢筋未被混凝土包裹而外露	纵向受力钢筋有露筋	其他钢筋有少量露筋
蜂窝	混凝土表面缺少水泥浆而形成石子外露	构件主要受力部位有蜂窝	其他部位有少量蜂窝
孔洞	混凝土中孔穴深度和长度均超过保护层厚度	构件主要受力部位有孔洞	其他部位有少量孔洞
夹渣	混凝土中夹有杂物且深度超过保护层厚度	构件主要受力部位有夹渣	其他部位有少量夹渣
疏松	混凝土中局部不密实	构件主要受力部位有疏松	其他部位有少量疏松
裂缝	缝隙从混凝土表面延伸至混凝土内部	构件主要受力部位有影响结构性能或使用功能的裂缝	其他部位有少量不影响结构性能或使用功能的裂缝
连接部位缺陷	构件连接处混凝土缺陷及连接钢筋、连接铁件松动	连接部位有影响结构传力性能的缺陷	连接部位有基本不影响结构传力性能的缺陷
外形缺陷	缺棱掉角、棱角不直、翘曲不平、飞出凸肋等	清水混凝土构件内有影响使用功能或装饰效果的外形缺陷	其他混凝土构件有不影响使用功能的外形缺陷
外表缺陷	构件表面麻面、掉皮、起砂、玷污等	具有重要装饰效果的清水混凝土构件有外表缺陷	其他混凝土构件有不影响使用功能的外表缺陷

注:①现浇结构的外观质量不应有严重缺陷。对已经出现的严重缺陷,应由施工单位提出技术处理方案,并经监理(建设)单位认可后进行处理,对经处理的部位,应重新检查验收。

②现浇结构的外观质量不宜有一般缺陷。对已经出现的一般缺陷,应由施工单位按技术处理方案进行处理,并重新检查验收。

对超过尺寸允许偏差且影响结构性能和安装、使用功能的部位,应由施工单位提出技术处理方案,并经监理(建设)单位认可后进行处理,对经处理的部位,应重新检查验收。

检查数量:全数检查。检验方法:量测,检查技术处理方案。

现浇结构和混凝土设备基础拆模后的尺寸偏差应符合表 5-3、表 5-4 的规定。

检查数量:按楼层、结构缝或施工段划分检验批。在同一检验批内,对梁、柱和独立基础,应抽查构件数量的 10%,且不少于 3 件;对墙和板,应按有代表性的自然间抽查 10%,且不少于 3 间;对大空间结构,墙可按相邻轴线间高度 5 m 左右划分检查面,板可按纵、横轴线划分检查面,抽查 10%,且均不少于 3 面;对电梯井应全数检查;对设备基础应全数检查。

检验方法:量测检查。

二、常见混凝土的质量问题的处理

(一)混凝土脱模后常见的质量问题及产生的主要原因

1. 麻面

麻面是结构构件表面呈现无数的缺浆小凹坑而钢筋无外露。这类缺陷主要是由于模板表面粗糙或清理不干净;木模板在浇筑混凝土前湿润不够;钢模板脱模剂涂刷不均匀;混凝土振捣不足、气泡未排出等。

表 5-3　现浇结构尺寸允许偏差和检验方法

<table>
<tr><th colspan="3">项目</th><th>允许偏差(mm)</th><th>检验方法</th></tr>
<tr><td rowspan="4">轴线位置</td><td colspan="2">基础</td><td>15</td><td rowspan="4">钢尺检查</td></tr>
<tr><td colspan="2">独立基础</td><td>10</td></tr>
<tr><td colspan="2">墙、柱、梁</td><td>8</td></tr>
<tr><td colspan="2">剪力墙</td><td>5</td></tr>
<tr><td rowspan="3">垂直度</td><td rowspan="2">层高</td><td>≤5 m</td><td>8</td><td>经纬仪或吊线、钢尺检查</td></tr>
<tr><td>>5 m</td><td>10</td><td>经纬仪或吊线、钢尺检查</td></tr>
<tr><td colspan="2">全高(H)</td><td>H/1 000 且≤30</td><td>经纬仪、钢尺检查</td></tr>
<tr><td rowspan="2">标高</td><td colspan="2">层高</td><td>±10</td><td rowspan="2">水准仪或拉线、钢尺检查</td></tr>
<tr><td colspan="2">全高</td><td>±30</td></tr>
<tr><td colspan="3">截面尺寸</td><td>+8,-5</td><td>钢尺检查</td></tr>
<tr><td rowspan="2">电梯井</td><td colspan="2">井筒长、宽对定位中心线</td><td>+25,0</td><td>钢尺检查</td></tr>
<tr><td colspan="2">井筒全高(H)垂直度</td><td>H/1 000 且≤30</td><td>经纬仪、钢尺检查</td></tr>
<tr><td colspan="3">表面平整度</td><td>8</td><td>2 m 靠尺和塞尺检查</td></tr>
<tr><td rowspan="3">预埋设施中心线位置</td><td colspan="2">预埋件</td><td>10</td><td rowspan="3">钢尺检查</td></tr>
<tr><td colspan="2">预埋螺栓</td><td>5</td></tr>
<tr><td colspan="2">预埋管</td><td>5</td></tr>
<tr><td colspan="3">预埋洞中心线位置</td><td>15</td><td>钢尺检查</td></tr>
</table>

注:检查轴线、中心线位置时,应沿纵、横两个方向量测,并取其中的较大值。

表 5-4　混凝土设备基础尺寸允许偏差和检验方法

<table>
<tr><th colspan="2">项目</th><th>允许偏差(mm)</th><th>检验方法</th></tr>
<tr><td colspan="2">坐标位置</td><td>20</td><td>钢尺检查</td></tr>
<tr><td colspan="2">不同平面的标高</td><td>0,-20</td><td>水准仪或拉线、钢尺检查</td></tr>
<tr><td colspan="2">平面外形尺寸</td><td>±20</td><td>钢尺检查</td></tr>
<tr><td colspan="2">凸台上平面外形尺寸</td><td>0,-20</td><td>钢尺检查</td></tr>
<tr><td colspan="2">凹穴尺寸</td><td>+20,0</td><td>钢尺检查</td></tr>
<tr><td>平面水平度</td><td>每米
全长</td><td>5
10</td><td>水平尺、塞尺检查
水准仪或拉线、钢尺检查</td></tr>
<tr><td>垂直度</td><td>每米
全高</td><td>5
10</td><td>经纬仪或吊线、钢尺检查</td></tr>
<tr><td>预埋地脚螺栓</td><td>标高(顶部)
中心距</td><td>+20,0
±2</td><td>水准仪或拉线、钢尺检查
钢尺检查</td></tr>
<tr><td>预埋地脚螺栓孔</td><td>中心线位置
深度
孔垂直度</td><td>10
+20,0
10</td><td>钢尺检查
钢尺检查
吊线、钢尺检查</td></tr>
<tr><td>预埋活动地脚螺栓锚板</td><td>标高
中心线位置
带槽锚板平整度
带螺纹孔锚板平整度</td><td>+20,0
5
5
2</td><td>水准仪或拉线、钢尺检查
钢尺检查
钢尺、塞尺检查
钢尺、塞尺检查</td></tr>
</table>

注:检查坐标、中心线位置时,应沿纵、横两个方向量测,并取其中的较大值。

2. 露筋

露筋是钢筋暴露在混凝土外面。产生的原因主要是浇筑时垫块过少,垫块位移钢筋紧贴模板;石子粒径过大,钢筋过密,水泥砂浆不能充满钢筋周围空间;混凝土振捣不密实,拆模方法不当,以致缺棱掉角等。

3. 蜂窝

蜂窝是结构构件表面混凝土由于砂浆少、石子多,石子间出现空隙,形成蜂窝状的孔洞。其原因是材料配合比不准确(浆少、石子多);搅拌不均匀造成砂浆与石子分离;振捣不足或过振;模板严重漏浆等。

4. 孔洞

孔洞是指混凝土结构内部存在空隙,局部或全部没有混凝土。这种现象主要是由于混凝土严重离析,石子成堆,砂浆分离;混凝土捣空;泥块、杂物掺入等造成的。

5. 缝隙及夹层

缝隙及夹层是将结构分隔成几个不相连接的部分。产生的原因主要是施工缝、温度缝和收缩缝处理不当;混凝土内有杂物等。

6. 裂缝

结构构件产生裂缝的原因比较复杂,有外荷载引起的裂缝、由变形引起的裂缝和由施工操作不当引起的裂缝等。

7. 混凝土强度不足

造成混凝土强度不足的原因是多方面的,主要是由混凝土配合比设计、搅拌、现场浇捣和养护等方面的原因造成的。

(二)混凝土质量缺陷的防治与处理的方法

对数量不多的小蜂窝、麻面、露筋的混凝土表面,可用1:2~1:2.5水泥砂浆抹面补修。在抹砂浆前,须用钢丝刷和压力水清洗、润湿,补抹砂浆初凝后要加强养护。

当蜂窝比较严重或露筋较深时,应凿去蜂窝、露筋周边松动、薄弱的混凝土和个别突出的骨料颗粒,然后洗刷干净,充分润湿,再用比原混凝土强度等级高一级的细石混凝土填补,仔细捣实,加强养护。

对于影响构件安全使用的空洞和大蜂窝,应会同有关单位研究处理,有时应进行必要的结构检验。补救方法一般可在彻底清除软弱部分及清洗后用高压喷枪或压力灌浆法修补。

对于宽度大于0.5 mm的裂缝,宜采用水泥灌浆;对于宽度小于0.5 mm的裂缝,宜采用化学灌浆。在灌浆前,对裂缝的数量、宽度、连通情况及漏水情况等做全面观测,以便做出切合实际情况的补强方案。作为补强用的灌浆材料,常用的有环氧树脂浆液(能补缝宽0.2 mm以上的干燥裂缝)和甲凝(能补修0.05 mm以上的干燥裂缝)等。作为防渗堵漏用的灌浆材料,常用的有丙凝(能灌入0.01 mm以上的裂缝)和聚氨酯树脂(能灌入0.015 mm以上的裂缝)等。

第八节　混凝土工程的绿色施工

绿色施工是指工程建设中,在保证质量、安全等基本要求的前提下,通过科学管理和技术进步,最大限度地节约资源与减少对环境负面影响的施工活动,实现"四节一环保"(节能、节地、节水、节材和环境保护)。绿色施工是建筑全寿命周期中的一个重要阶段。实施绿色施工,应进行总体方案优化。在规划、设计阶段,应充分考虑绿色施工的总体要求,为绿色施工提供基础条件。实施绿色施工,应对施工策划、材料采购、现场施工、工程验收等各阶段进行控制,加强对整个施工过程的管理和监督。

绿色施工总体框架由施工管理、环境保护、节材与材料资源利用、节水与水资源利用、节能与能源利用、节地与施工用地保护六个方面组成。这六个方面涵盖了绿色施工的基本指标,同时包含了施工策划、材料采购、现场施工、工程验收等各阶段的指标的子集。

一、绿色施工管理

绿色施工管理主要包括组织管理、规划管理、实施管理、评价管理和人员安全与健康管理五个方面。

二、环境保护技术要点

(一)扬尘控制

运送土方、垃圾、设备及建筑材料等,不污损场外道路。运输容易散落、飞扬、流漏的物料的车辆,必须采取措施封闭严密,保证车辆清洁。施工现场出口应设置洗车槽。

土方作业阶段,采取洒水、覆盖等措施,达到作业区目测扬尘高度小于1.5 m,不扩散到场区外。

结构施工、安装装饰装修阶段,作业区目测扬尘高度小于0.5 m。对易产生扬尘的堆放材料应采取覆盖措施;对粉末状材料应封闭存放;场区内可能引起扬尘的材料及建筑垃圾搬运应有降尘措施,如覆盖、洒水等;浇筑混凝土前,清理灰尘和垃圾时尽量使用吸尘器,避免使用吹风器等易产生扬尘的设备;机械剔凿作业时,可用局部遮挡、掩盖、水淋等防护措施;高层或多层建筑清理垃圾应搭设封闭性临时专用道或采用容器吊运。

施工现场非作业区达到目测无扬尘的要求。对现场易飞扬物质采取有效措施,如洒水、地面硬化、围挡、密网覆盖、封闭等,防止扬尘产生。

构筑物机械拆除前,做好扬尘控制计划。可采取清理积尘、拆除、洒水、设置隔挡等措施。

构筑物爆破拆除前,做好扬尘控制计划。可采用清理积尘、淋湿地面、预湿墙体、屋面敷水袋、楼面蓄水、建筑外设高压喷雾状水系统、搭设防尘排栅和直升机投水弹等综合降尘。选择风力小的天气进行爆破作业。

在场界四周隔挡高度位置测得的大气总悬浮颗粒物(TSP)月平均浓度与城市背景值的差值不大于0.08 mg/m^3。

(二)噪声与振动控制

现场噪声排放不得超过《建筑施工场界环境噪声排放标准》(GB 12523—2011)的规定。

在施工场界对噪声进行实时监测与控制。监测方法执行《建筑施工场界噪声测量方法》(GB 12524—1990)。

使用低噪声、低振动的机具,采取隔音与隔振措施,避免或减少施工噪声和振动。

(三)光污染控制

尽量避免或减少施工过程中的光污染。夜间室外照明灯加设灯罩,透光方向集中在施工范围。电焊作业采取遮挡措施,避免电焊弧光外泄。

(四)水污染控制

施工现场污水排放应达到《污水综合排放标准》(GB 8978—1996)的要求。

在施工现场应针对不同的污水,设置相应的处理设施,如沉淀池、隔油池、化粪池等。

污水排放应委托有资质的单位进行废水水质检测,提供相应的污水检测报告。

保护地下水环境。采用隔水性能好的边坡支护技术。在缺水地区或地下水位持续下降的地区,基坑降水尽可能少地抽取地下水;当基坑开挖抽水量大于 50 万 m^3 时,应进行地下水回灌,并避免地下水被污染。

对于化学品等有毒材料、油料的储存地,应有严格的隔水层设计,做好渗漏液收集和处理。

(五)土壤保护

保护地表环境,防止土壤侵蚀、流失。因施工造成的裸土,及时覆盖砂石或种植速生草种,以减少土壤侵蚀;因施工造成容易发生地表径流土壤流失的情况,应采取设置地表排水系统、稳定斜坡、植被覆盖等措施,减少土壤流失。

沉淀池、隔油池、化粪池等不发生堵塞、渗漏、溢出等现象。及时清掏各类池内沉淀物,并委托有资质的单位清运。

对于有毒、有害废弃物如电池、墨盒、油漆、涂料等应回收后交有资质的单位处理,不能作为建筑垃圾外运,避免污染土壤和地下水。

施工后应恢复施工活动破坏的植被(一般指临时占地内)。与当地园林、环保部门或当地植物研究机构进行合作,在先前开发地区种植当地或其他合适的植物,以恢复剩余空地地貌或科学绿化,补救施工活动中人为破坏植被和地貌造成的土壤侵蚀。

(六)建筑垃圾控制

制订建筑垃圾减量化计划,如住宅建筑,每 1 万 m^2 的建筑垃圾不宜超过 400 t。

加强建筑垃圾的回收再利用,力争建筑垃圾的再利用和回收率达到 30%,建筑物拆除产生的废弃物的再利用和回收率大于 40%。对于碎石类、土石方类建筑垃圾,可采用地基填埋、铺路等方式提高再利用率,力争再利用率大于 50%。

施工现场生活区设置封闭式垃圾容器,施工场地生活垃圾实行袋装化,及时清运。对建筑垃圾进行分类,并收集到现场封闭式垃圾站,集中运出。

(七)地下设施、文物和资源保护

施工前,应调查清楚地下各种设施,做好保护计划,保证施工场地周边的各类管道、管线、建筑物、构筑物的安全运行。

施工过程中一旦发现文物,立即停止施工,保护现场并通报文物部门并协助做好工作。避让、保护施工场区及周边的古树名木。

逐步开展统计分析施工项目的 CO_2 排放量,以及各种不同植被和树种的 CO_2 固定量的工作。

三、绿色施工在混凝土工程中的运用

(一)钢筋工程

施工现场设置废钢筋池,收集现场钢筋断料、废料等制作钢筋马凳。

委派专人对现场的钢筋环箍、马凳进行收集,避免出现浪费现象。

严格控制钢筋绑扎搭界倍数,杜绝钢筋搭界过长产生的钢筋浪费现象。

推广钢筋专业化加工和配送。

优化钢筋配料和下料方案。钢筋及钢结构制作前,应对下料单及样品进行复核,无误后方可批量下料。

(二)脚手架及模板工程

围护阶段的支撑施工宜采用旧模板。

主体阶段利用钢模板代替原有的部分木模板。

结构阶段宜尽量采用每木方再接长的施工工艺。

提高模板在标准层阶段的周转次数,其中模板周转次数一般为4次,木方周转次数为6~7次。

利用废旧模板,结构部位的洞口可采用废旧模板封闭。

优先选用制作、安装、拆除一体化的专业队伍进行模板工程施工。

模板应以节约自然资源为原则,推广使用定型钢模、钢框竹模、竹胶板。

施工前,应对模板工程的方案进行优化。多层、高层建筑使用可重复利用的模板体系,模板支撑宜采用工具式支撑。

优化高层建筑的外脚手架方案,采用整体提升、分段悬挑等方案。

(三)混凝土工程

在混凝土配制过程中,尽量使用工业废渣,如粉煤灰、高炉矿渣等来代替水泥,既节约了能源,保护了环境,也能提高混凝土的各种性能。

可以使用废弃混凝土、废砖块、废砂浆作为骨料配制混凝土。

利用废混凝土制备再生水泥,作为配制混凝土的材料。

采取数字化技术,对大体积混凝土、大跨度结构等专项施工方案进行优化。

准确计算采购数量、供应频率、施工速度等,在施工过程中进行动态控制。

对现场模板的尺寸、质量进行复核,防止爆模、漏浆及模板尺寸大而产生的混凝土浪费。在钢筋上焊接标志筋,控制混凝土的面标高。

混凝土余料利用。结构混凝土多余的量用于浇捣现场道路、排水沟、混凝土垫块及砌体工程门窗混凝土块。

【习题】

一、判断题(下列判断正确的打“√”,错误的打“×”)

(　　)1. 水泥是一种最常用的水硬性胶凝材料。

(　　)2. 建筑工程中最为常用的是通用硅酸盐水泥。

(　　)3. 粒径大于10 mm的骨料称为粗骨料。

(　　)4. 砂的颗粒级配是指砂中大小不同的颗粒相互搭配的比例情况,大小颗粒搭配得好时,砂粒之间的空隙最少。

(　　)5. 外加剂是在混凝土拌合前或拌合时掺入,掺量一般不大于水泥质量的5%(特殊情况除外),并能按要求改善混凝土性能的物质。

二、单项选择题(下列选项中,只有一个是正确的,请将其代号填在括号内)

1. 普通混凝土配合比设计依据之一:混凝土耐久性能,如抗渗、抗冻、(　　)等。

A. 抗侵蚀　B. 抗压强度　C. 坍落度　D. 扩展度

2. 常用的混凝土搅拌机按其搅拌原理主要分为强制式搅拌机和(　　)两类。

A. 自落式搅拌机　B. 机械式搅拌机　C. 传送式搅拌机　D. 复合式搅拌机

3. 普通混凝土配合比设计依据之一:混凝土力学性能,如抗压强度、(　　)等。

A. 抗折强度　B. 抗冻强度　C. 抗渗强度　D. 维勃稠度

4. 商品混凝土与现场拌制混凝土相比,具有以下优点:提高了混凝土质量;节约了原材料,提高了经济效益;实现了(　　),减少了环境污染。

A. 文明施工　B. 高效施工　C. 绿色环保　D. 提升质量

5. 商品混凝土搅拌后应在(　　)h 内运到现场。

A. 2　B. 0.5　C. 1　D. 4

三、多项选择题(下列选项中,至少有两个是正确的,请将其代号填在括号内)

1. 垂直运输常用的运输机械有各种(　　)等,并配合采用吊斗等容器装运混凝土。

A. 升降机　B. 卷扬机　C. 塔吊　D. 井架
E. 搅拌运输车

2. 混凝土浇筑后应及时进行保湿养护,保湿养护可采用(　　)等方式。

A. 洒水　B. 覆盖　C. 喷涂养护剂　D. 高温
E 大体积

3. 现浇结构的外观质量缺陷有(　　)

A. 露筋　B. 裂缝　C. 孔洞　D. 蜂窝
E. 麻面

4. 绿色施工总体框架由施工管理、(　　)方面组成。

A. 环境保护　B. 节材与材料资源利用
C. 节水与水资源利用　D. 节能与能源利用
E. 节地与施工用地保护

5. 模板应以节约自然资源为原则,推广使用(　　)。

A. 定型钢模　B. 钢框竹模　C. 竹胶板　D. 铝合金模板
E. 现浇模板

【参考答案】

一、判断题

1. √　2. √　3. ×　4. √　5. √

二、单项选择题

1. A　2. A　3. A　4. A　5. A

三、多项选择题

1. ABCD　2. ABC　3. ABCDE　4. ABCDE　5. ABC

第六章 架子工相关岗位技能

第一节 建筑脚手架基础知识

一、建筑脚手架的作用与分类

脚手架又称架子,是建筑施工活动中工人进行操作、运堆放材料的一种临时设施。搭设脚手架的成品和材料称为架设材料或架设工具。

(一)脚手架的作用

脚手架是建筑施工中一项不可缺少的空中作业工具,结构施工、装修施工以及设备安装都需要根据操作要求搭设脚手架。脚手架的主要作用如下:

(1)可以使施工作业人员在不同部位进行操作。

(2)能堆放及运输一定数量的建筑材料。

(3)保证施工作业人员在高空操作时的安全。

(二)建筑脚手架的分类

1. 按用途划分

(1)操作脚手架:为施工操作提供作业条件的脚手架,包括结构脚手架、装修脚手架。

(2)防护用脚手架:只用作安全防护的脚手架,包括各种护栏架和棚架。

(3)承重、支撑用脚手架:用于材料的运转、存放、支撑以及其他承载用途的脚手架,如受料平台、模板支撑和安装支撑架等。

2. 按脚手架的设置方式划分

(1)落地式脚手架:搭设(支座)在地面、楼面、屋面或其他结构之上的脚手架。

(2)悬挑脚手架(简称挑脚手架):采用悬挑方式设置的脚手架。

(3)附墙悬挂脚手架(简称挂脚手架):在上部或(和)中部挂设于墙体挑挂件上的定

型脚手架。

(4)悬吊脚手架(简称吊脚手架):悬吊于悬挑梁或工程结构之下的脚手架。当采用篮式作业架时,称为吊篮。

(5)附着升降脚手架(简称爬架):附着于工程结构、依靠自身提升设备实现升降的悬空脚手架。

(6)水平移动脚手架:带行走装置的脚手架(段)或操作平台架。

3. 按脚手架平、立杆的连接方式分类

(1)承插式脚手架:在平杆与立杆之间采用承插连接的脚手架,常见的承插连接方式有插片和楔槽、插片和碗扣、套管和插头以及U形托挂等。

(2)扣件式脚手架:使用扣件箍紧连接的脚手架,即靠拧紧扣件螺栓所产生的摩擦力承担连接作用的脚手架。

此外,还按脚手架的材料划分为竹脚手架、木脚手架、钢管或金属脚手架;按搭设位置划分为外脚手架和里脚手架,按使用对象或场合划分为高层建筑脚手架、烟囱脚手架、水塔脚手架。还有定型与非定型、多功能与单功能之分等。

二、搭设建筑脚手架的基本要求

无论哪一种脚手架,必须满足以下基本要求:

(1)满足施工的需要。脚手架要有足够的作业面(比如适当的宽度、步架高度、离墙距离等),以保证施工人员的操作、材料堆放和运输的需要。

(2)构架稳定,承载可靠,使用安全。脚手架要有足够的承载力、刚度和稳定性,施工期间在规定的天气条件和允许荷载的作用下,脚手架应稳定不倾斜、不摇晃,不倒塌,确保安全。

(3)尽量使用自备和可租赁的脚手架材料,减少自制加工件。

(4)依工程结构情况解决脚手架设置中的穿墙、支撑和拉结要求。

(5)脚手架的构造要简单,便于搭设和拆除,脚手架材料能多次周转使用。

(6)以合理的设计减少材料和人工的耗用,节省脚手架费用。

三、脚手架有关专业术语解释

(1)立柱(立杆):平行于建筑物且垂直地面的杆件,是承受自重和施工荷载的主要受力杆件。

(2)纵向水平杆(大横杆):平行于建筑物,在纵向连接各立柱的水平杆,是承受并传递施工荷载给立柱的主要受力杆件。

(3)横向水平杆(小横杆):横向连接内外排立柱的水平杆件,是承受并传递施工荷载给立柱的主要受力杆件。

(4)单排脚手架(单排架):只有一排立杆和大横杆,小横杆的一端伸入墙体内,另一端搁置在大横杆上的脚手架。

(5)双排脚手架(双排架):由内外两排立杆和水平杆等构成的脚手架。

(6)敞开式脚手架:仅在设有作业层栏杆和挡脚板,无其他遮挡设施的脚手架。

(7)全封闭脚手架:脚手架外侧用立网、钢丝网等材料沿全长和全高进行封闭处理的脚手架。

(8)局部封闭脚手架:遮挡面积小于30%的脚手架。

(9)半封闭脚手架:遮挡面积占30%~70%的脚手架。

(10)封圈形脚手架:沿建筑物周边交圈搭设的脚手架。

(11)开口形脚手架:沿建筑周边设有交圈搭设的脚手架。

(12)一字形脚手架:只沿建筑物一侧布置的脚手架。

(13)模板支架:用于支撑模板采用的脚手架材料。

(14)脚手架高度:自立杆底座下皮至架顶栏杆上皮间的垂直距离。

(15)脚手架长度:脚手架纵向两端立杆外皮间的水平距离。

(16)脚手架宽度:双排脚手架横向内、外两立杆外皮之间的水平距离。单排脚手架为外立杆外皮至墙面的距离.

(17)步距(步):上、下水平杆轴线间的距离。

(18)立杆横距(间距):双排脚手架内外立杆之间的轴线距离。单排脚手架为外立杆轴线至墙面的距离。

(19)立杆纵距(跨距):脚手架纵向(铺脚手板方向)相邻立杆轴线间的距离。

(20)主节点:脚手架上立杆、大横杆、小横杆三杆紧靠的扣接点。

(21)作业层(操作层、施工层):上人作业的脚手架铺板层。

(22)扫地杆:贴近地面连接立杆根部的水平。其作用是约束立杆下端部的移动。

(23)连墙件:连接脚手架与建筑物的构件,是承受风荷载并保持脚手架空间稳定的重要部件。

(24)刚性连墙件:采用钢管、扣件或预埋件组成的连墙件。

(25)柔性连墙件:采用钢筋(或钢丝)作拉筋构成的连墙件。

(26)剪刀撑:在脚手架外侧面成对设置的交叉斜杆,其主要作用是增强脚手架整体刚度和平面稳定性,斜杆与地面夹角为45°~60°。

(27)横向斜撑:与双排脚手架内外立杆或水平杆斜交,上下连续呈之字形布置的斜杆。作用与剪刀撑类似。

(28)抛撑:与脚手架外侧面斜交的杆件。起支撑作用,防止脚手架向外倾覆。

(29)扣件:采用螺栓紧固的扣接连接件。

(30)底座:设于立杆底部的垫座。

(31)地基:脚手架下面支撑建筑脚手架总荷载的那部分土层。

(32)高层建筑脚手架:高度在24 m以上的脚手架。

四、脚手架搭设的材料和常用工具

(一)架设材料及质量检验

搭设脚手架的材料有钢管架料及其配件、竹木架料、绑扎绳料。

1. 钢管架料

1)钢管

钢管采用直缝电焊钢管或低压流体输送用焊接钢管,有外径48 mm、壁厚3.5 mm和外径 51 mm、壁厚 3.0 mm 两种规格。不允许两种规格混合使用。

钢管脚手架的各种杆件应优先采用外径 48 mm、厚 3.5 mm 的电焊钢管。用于立柱、大横杆和各支撑杆(斜撑、剪刀撑、抛撑等)的钢管最大长度不得超过 6.5 m,一般为 4~6.5 m,小横杆所用钢管的最大长度不得超过 2.2 m,一般为 1.8~2.2 m。每根钢管的质量应控制在 25 kg 之内。钢管两端面应平整,严禁打孔、开口。

通常对新购进的钢管先进行除锈,钢管内壁刷涂两道防锈漆,外壁刷涂防锈漆一道、面漆两道。对旧钢管的锈蚀检查应每年一次。检查时,在锈蚀严重的钢管中抽取三根,在每根钢管的锈蚀严重部位横向截断取样检查。经检验符合要求的钢管,应进行除锈,并刷涂防锈漆和面漆。

2)扣件

目前,我国钢管脚手架的扣件有可铸铁扣件与钢板压制扣件两种。前者质量可靠,应优先采用。采用其他材料制作的扣件,应经试验证明其质量符合标准后方可使用。扣件螺栓采用 Q235-A 级钢制作。扣件基本上有以下三种形式:

(1)直角扣件(十字扣件)。用于连接两根垂直相交的杆件,如立杆与大横杆、大横杆与小横杆的连接。靠扣件和钢管之间的摩擦力传递施工荷载。

(2)旋转扣件(回转扣件)。用于连接两根平行或任意角度相交的钢管的扣件,如斜撑和的刀撑与立柱、大横杆和小横杆之间的连接。

(3)对接扣件(一字扣件)。钢管对接接长用的扣件,如立杆、大横杆的接长。

脚手架采用的扣件,在螺栓拧紧扭力矩达 65 N · m 时,不得发生破坏。

旧扣件在使用前应进行质量检查,有裂缝、变形的严禁使用,出现滑丝的螺栓必须更换,新旧扣件均进行防锈处理。

3)底座

用于立杆底部的垫座。扣件式钢管脚手架的底座有可锻铸铁制成的定型底座和套管、钢板焊接底座两种,可根据具体情况选用。

可锻铸铁制造的标准底座,其材质和加工质量要求同可锻铸铁扣件相同,焊接底座采用 Q235A 钢,焊条应采用 E43 型。

2. 脚手板

脚手板铺设在小横杆上,形成工作平台,以便施工人员工作和临时堆放零星施工材料。它必须满足强度和刚度的要求,保护施工人员的安全,并将施工荷载传递给纵、横水平杆。常用的脚手板有冲压钢板脚手板、木脚手板、钢木混合脚手板和竹串片、竹笆板等,施工时,可根据各地区的材源就地取材选用。每块脚手板的质量不宜大于 30 kg。

1)冲压钢板脚手板

冲压钢板脚手板用厚 1.5~2.0 mm 钢板冷加工而成,板面上冲有梅花形翻边防滑圆孔,钢材应符合《优质碳素结构钢》(GB/T 699—2015)中 Q235A 级钢的规定。

钢脚手板的连接方式有挂钩式、插孔式和 U 形卡式。

2)木脚手板

木脚手板应采用杉木或松木制作,其材质应符合《木结构设计规范》(GB 50005—2003)中材质的规定。脚手板厚度不应小于 50 mm,板宽 200~250 mm,板长 3~6 m。在板两端往内 80 mm 处，用 10 号镀锌钢丝加两道紧箍，防止板端劈裂。

(二)搭设工具

(1)铁钎：用于搭拆脚手架时拧紧钢丝。手柄上有槽孔和栓孔的铁钎，还可以用来拔钉子及螺栓。

(2)扳手：包括固定扳手、活动扳手、棘轮扳手等，用于搭设扣件式钢管脚手架时紧螺栓。

(3)钢丝钳、钢丝剪、斩斧：用于拧紧、剪断铁丝和钢丝。

(4)榔头：用于搭设碗扣式钢管脚手架时敲拆碗扣。

(5)篾刀：用于搭设竹木脚手架时劈竹破篾。

(6)撬杠：用于搭设竹木脚手架时拨、撬竹木杆。

(7)洛阳铲：用于木脚手架挖立柱坑。

五、脚手架施工安全基本要求

脚手架搭设和使用必须严格执行相关的安全技术规范。

(1)搭拆脚手架必须由专业架子工担任，并应按现行国家标准考核合格，持证上岗。上岗人员应定期进行体检，凡不适合高处作业者不得上脚手架操作。

(2)搭拆脚手架时，操作人员必须戴安全帽、系安全带、穿防滑鞋。

(3)脚手架在搭设前，必须制订施工方案和进行安全技术交底，并报上级审批后才能搭设。

(4)未搭设完的脚手架，非架子工一律不准上架。脚手架搭设完后，由施工负责人及技术、安全等有关人员共同验收合格后方可使用。

(5)作业层上的施工荷载应符合设计要求，不得超载。不得在脚手架上集中堆放模板、钢筋等物件，严禁在脚手架上拉缆风绳和固定、架设模板支架及混凝土泵、输送管等，严禁悬挂起重设备。

(6)不得在脚手架基础及邻近处进行挖掘作业。

(7)临街搭设的脚手架外侧应有防护措施，以防坠物伤人。

(8)搭拆脚手架时，地面应设围栏和警戒标志，并派专人看守，严禁非操作人员入内。

(9)六级及六级以上大风和雪、雾天气不得进行脚手架搭拆作业。

(10)在脚手架使用过程中，应定期对脚手架及其地基基础进行检查和维护，特别是下列情况下，必须进行检查：①作业层上施工加荷载前；②遇大雨和六级以上大风后；③寒冷地区开冻后；④停用时间超过 1 个月；⑤发现倾斜、下沉、松扣、崩扣等现象。

(11)脚手架的接地、避雷措施。脚手架与架空输电线路的安全距离等应按《施工现场临时用电安全技术规范》(JBJ 46—2005)的有关规定执行。钢管脚手架上安装照明灯时，电线不得接触脚手架，并要做绝缘处理。

六、脚手架搭设的施工准备工作

(1)编制施工方案并进行安全技术交底。在脚手架搭设前，要由技术部门根据施工要求和现场情况及建筑物的结构特点等诸多因素编制方案，方案内容包括架子构造、负荷计算、安全要求等，方案要经审批后方能生效。

工程的施工负责人应按工程的施工组织设计和脚手架施工方案的有关要求，向施工人员和使用人员进行技术交底。通过技术交底，架子工应了解以下主要内容：①工程概况，待建工程的面积、层数、建筑物总高度、建筑结构类型等；②选用的脚手架类型、形式，脚手架的搭设高度、宽度、步距、跨距及连墙杆的布置等；③施工现场的地基处理情况；④根据工程综合进度计划，了解脚手架施工的方法和安排、工序的搭接、工种的配合等情况；⑤明确脚手架的质量标准、要求及安全技术措施。

(2)清理施工现场的障碍物。

(3)脚手架的地基处理。落地脚手架须有稳定的基础支承，以免发生过量沉降，特别是不均匀的沉降，引起脚手架倒塌。对脚手架的地基要求如下：①地基应平整夯实；②有可靠的排水措施，防止积水浸泡地基。

(4)脚手架的放线定位、垫块的放置。根据脚手架立柱的位置，进行放线，脚手架的立柱不能直接立在地面上，立柱下应加设底座或垫块。①普通脚手架：垫块宜采用长 2.0~2.5 m，宽不小于 200 mm，厚 50~60 mm 的木板，垂直或平行于墙横放置，在外侧挖一浅排水沟。②高层建筑脚手架：在夯实的地基上加铺混凝土层，其上沿纵向铺放槽钢，将脚手架立杆底座置于槽钢上。

(5)根据脚手架的构造要求、用料规格等进行用料的选择分类，并运至现场分类堆放，以便顺利施工。

第二节　落地扣件式钢管外脚手架

落地扣件式钢管外脚手架是指沿建筑物外侧从地面搭设的脚手架，随建筑结构的施工进度而逐层增高。落地扣件式钢管脚手架是应用最广泛的脚手架之一。

落地扣件式钢管外脚手架由钢管和扣件组成，其优点是：加工简便，装拆灵活，搬运方便，通用性强，架子稳定，作业条件好，即可用于结构施工，又可在装修工程施工中便于做好安全围护。落地扣件式钢管外脚手架的缺点：材料用量大，周转慢，搭设高度受限制，较费人工。

一、落地扣件式钢管外脚手架的构造要求

落地扣件式钢管外脚手架有双杯和单排两种搭设形式，由立杆、大横杆、小横杆、剪刀撑、横向斜撑、连墙件等组成。

单排外脚手架仅在结构外侧有一排立杆，小横杆一端于立杆和大横杆相连，另一端支搭在外墙上，外墙需要具有一定的宽度和强度。所以，单排架的整体刚度较低，承载能力较低。因此，在墙厚小于或等于 180 mm 的墙体、空斗墙、加气块墙，砌筑砂浆强度等级小于或等于 M1 的砖墙和建筑物高度超过 24 m 时不应使用单排架。

(一)立杆的构造要求。

立杆一般用单根，当脚手架很高、负荷较重时，可以采用双根立杆。

每根立杆底部应设置底座或垫板。立杆顶端宜高出女儿墙上皮 1 m，高出檐口上皮 1.5 m。

立杆接长除顶层顶步可采用搭接接头外，其余各户各步接头必须采用对接扣件连接

(对接的承载能力比搭接大 2.14 倍)。立杆上的对接接头应交错布置,在高度方向错开的距离不应小于 500 mm,各接头中心距主节点的距离不应大于步距的 1/3;立杆的搭接长度不应小于 1 m;不少于 2 个旋转扣件固定,端部扣件盖板的边缘至杆端距离不应小于 100 mm。

双管立杆中副立杆的高度不应低于 3 步,钢管长度不应小于 6 m。主立杆与副立杆采用旋转扣件连接,扣件数量不应小于 2 个。

脚手架必须设置纵、横向扫地杆,并用直角扣件固定在立杆上,横向扫地杆的扣件在下,扣件距底座上皮不大于 200 mm。当立杆基础不在同一高度上时,必须将高处的纵向扫地杆向低处延长两跨与立杆固定,高低差不应大于 1 m。靠边坡上方的立杆轴线到边坡的距离不应小于 500 mm。脚手架底层步距不应大于 2 m。

立杆必须用连墙件与建筑物可靠连接,连墙件布置间距宜按规范采用。

(二)大横杆的构造要求

大横杆宜设置在立杆内侧,其长度不宜小于 3 跨,并不小于 6 m。

当使用冲压钢脚手板、木脚手板、竹串片脚手板时,大横杆应设在小横杆之下,采用直角扣件与立杆连接;当使用竹笆脚手板时,大横杆应设在小横杆之上.采用直角扣件固定在小横杆上,并应等间距设置,间距不应大于 400 mm。

大横杆接长宜采用对接扣件连接,也可采用搭接。对接、搭接应符合下列规定:

(1)大横杆的对接扣件应交错布置,相邻两接头不宜设置在同步或同跨内,水平方向错开的距离不应小于 500 mm;各接头中心至最近主节点的距离不宜大于纵距的 1/3。

(2)搭接长度不应小于 1 m,应等间距设置 3 个旋转扣件固定,端部扣件盖板边缘至搭接纵向水平杆杆端的距离不应小于 100 mm。

(三)小横杆的构造要求

主节点处必须设置一根小横杆,用直角扣件固定在大横杆上且严禁拆除。

作业层上非主节点处的小横杆,宜根据支承脚手板的需要等间距设置,最大间距不应大于纵距的 1/2。

当使用冲压钢脚手板、木脚手板、竹串片脚手板时,双排脚手架的小横杆两端均应采用直角扣件固定在大横杆上;单排脚手架的小横杆的一端应用在大槌杆上,另一端应插入墙内,插入长度不应小于 180 mm。使用竹笆脚手板时,双排脚手架的小横杆两升角扣件固定在立杆上;单排脚手架的小横杆的一端,应用直角扣件固定在立杆上,另一端应插入墙内,插入长度不小于 180 mm。

(四)连墙件

连墙件有刚性连墙件和柔性连墙件两类。

对高度在 24 m 以下的单、双排脚手架,宜采用刚性连墙件与建筑物可靠联接,可采用拉筋和顶撑配合使用的附墙连接方式。严禁使用仅有拉筋的柔性连墙件。

对高度 24 m 以上的双排脚手架必须采用刚性连墙件与建筑物可靠联接。

1. 刚性连墙件(杆)

刚性连墙件(杆)一般有 3 种做法:

(1)连墙杆与预埋件焊接而成。在现浇混凝土的框架梁、柱上留预埋件,然后用钢管或角钢的一端与预埋件焊接,另一端与连接短钢管用螺栓连接。

(2)用短钢管、扣件与钢筋混凝土柱连接。

(3)用短钢管、扣件与墙体连接。

2. 柔性连墙件

柔性连墙件的布置应符合下列规定:

(1)宜靠近主节点设置,偏离主节点的距离不应大于 300 mm。

(2)应从底层第一步大横杆处开始设置,当该处设置有困难时,应采用其他可靠措施固定。

(3)优先采用菱形布置,也可采用方形、矩形布置。

(4)一字形、开口形脚手架的两端必须设置连墙件,连墙件的垂直距离不应大于建筑物的层高,并不应大于 4 m(两步)。

3. 连墙件的构造

连墙件的构造应符合下列规定:

(1)连墙件中的连墙杆或拉筋宜水平设置,当不能水平设置时,与脚手架连接的一端应下斜连接。不应采用上斜连接。

(2)连墙件必须采用可承受拉力和压力的构造。当脚手架下部暂不能设连墙件时,可搭设抛撑。抛撑应采用通常杆件与脚手架可靠连接,与地面的倾角应在 45°~60°,连接点的中心至主节点的距离不应大于 30 mm。抛撑应在连墙件搭设后方可拆除。

架高超过 40 m 且有风涡流作用时,应采取抗上升翻流作用的连墙措施。

(五)剪刀撑与横向斜撑

双排脚手架应设剪刀撑与横向斜撑,单排脚手架应设剪刀撑。

(1)剪刀撑的设置应符合下列规定:①每道剪刀撑宽度不应小于四跨,且不应小于 6 m,斜杆与地面的倾角在 45°~60°。②高度在 24 m 以下的单排、双排脚手架,均必须在外侧立面的两端各设置一道剪刀撑,并应由底层至顶层连续设置;中间几道剪刀撑之间的净距不应大于 15 m。③高度在 24 m 以上的封闭型脚手架应在外侧立面整个长度和高度上连续设置剪刀撑。④剪刀撑、斜杆的接长宜采用搭接,搭接要求同立杆搭接要求。⑤剪刀撑斜杆应用螺旋扣件固定在与之相交的小横杆的伸出端或立杆上。旋转扣件中心线至主节点的距离不宜大于 150 mm。

(2)横向斜撑的设置应符合下列规定:①横向斜撑应在同一节间,由底层至顶层呈之字形连续布置。②一字形、开口形双排脚手架的两端均必须设置横向斜撑。③高度在 24 m 以下的封闭型双排脚手架可不设横向斜撑。高度在 24 m 以上的封闭型脚手架,除拐角应设置横向斜撑外,中间应每隔六跨设置一道。

(六)扣件安装

(1)扣件规格必须与钢管外径相同。

(2)螺栓拧紧扭力矩不应小于 40 N·m,且不应大于 65 N·m。扣件螺栓拧得太紧或拧过头,脚手架承受荷载后,容易发生扣件崩裂或滑丝,发生安全事故。扣件螺栓拧得太松,脚手架承受荷载后,容易发生扣件滑落,发生安全事故。

(3)在主节点处固定小横杆、大横杆、剪刀撑、横向斜撑等用的直角扣件,旋转扣件的中心点的相互距离不应大于 150 mm。

(4)对接扣件开口应朝上或朝内。

(5)各杆件端头伸出扣件盖板边缘的长度不应小于 100 mm。

(七)脚手板的设置要求

作业层脚手板应铺满、铺稳,离开墙面 120~150 mm。

冲压钢脚手板、木脚手板、竹串片脚手板等,应设置在三根小横杆上。当脚手板长度小于 2 m 时,可采用两根小横杆支撑,但应将脚手板两端与其可靠固定,严防倾覆。此三种脚手板的铺设可采用对接平铺,亦可采用搭接铺设。脚手板对接平铺时,接头处必须设两根小横杆,脚手板外伸长应取 130~150 mm,两块脚手板外伸长度的和不应大于 300 mm;脚手板搭接铺设时,接头必须支在小横杆上,搭接长度应大于 200 mm,其伸出小横杆的长度不应小于 100 mm。

脚手板探头应用直径 3.2 mm 的镀锌钢丝固定在支承杆件上;在拐角、斜道平台口处的脚手板,应与小横杆可靠连接,防止滑动;自顶层作业层的脚手板往下计,宜每隔 12 m 满铺一层脚手板。

(八)护栏和挡脚板的设置

脚手架搭设到两步架以上时,操作层必须设置高 1.2 m 的防护栏杆和高度不小于 0.18 m 的挡脚板,以防止人、物闪出和坠落。栏杆和挡脚板均应搭设在外立杆的内侧,中栏杆应居中设置。

(九)特殊位置的处理

脚手架搭设遇到门洞通道时,为了施工方便和不影响通行与运输,应设置八字撑。八字撑的设置方法是在门洞或过道处反空 1~2 根立杆,并将悬空的立杆用斜杆逐根连接到两侧立杆上并用扣件扣牢,形成八字撑。斜面撑与地面呈 45°~60°角,上部相交于洞口上部 2~3 步大横杆上,下部埋入土中不少于 300 mm,洞口处大横杆断开。

二、落地扣件式钢管外脚手架搭设

脚手架搭设必须严格执行有关的脚手架安全技术规范,采取切实可靠的安全措施,以保证安全可靠施工。

脚手架按形成基本构架单元的要求逐排、逐跨、逐步地进行搭设。

矩形周边脚手架可在其中一个角的两侧各搭设一个 1~2 根杆长和 1 根杆高的架子,并按规定要求设置剪刀撑或横向斜撑,以形成一个稳定的起始架子,然后向两边延伸,至周边全都搭设好后,再分步满周边向上搭设。

(一)在搭施脚手架时各杆的搭设顺序

搭设准备→放立杆位置线→铺垫板→放底座→摆放纵向扫地杆→逐根树立杆(随即与纵向扫地杆扣紧)→安放横向扫地杆(与立杆或纵向扫地杆扣紧)→安装第一步大横杆和小横杆→安装第二步大横杆和小横杆→加设临时抛撑(上端与第二步大横杆扣紧在设置二道连墙杆后可拆除)→安装第三、四步大横杆和小横杆,设置连墙杆→安装横向斜撑→接立杆→加设剪刀撑,铺脚手板→安装封顶杆→安装护身杆和扫脚板→立挂安全网。

(二)搭设要点

脚手架必须配合施工进度搭设,一次搭设高度不应超过相邻连墙件以上两步。

每搭完一步脚手架后,应按规范的规定校正步距、纵距,横距及立杆的垂直度。

1. 放线和铺垫板

按单双排脚手架的杆距、排距要求放线、定位,铺设垫板和安放底座时应注意垫板铺平稳,不得悬空,底座垫板必须准确地放在定位线上,双管立杆应采用双管底座或点焊在一根槽钢上。垫板采用长度不小于两跨,厚度不小于 50 mm 的木垫板,也可采用槽钢。

2. 树立杆和安放大、小横杆

在搭双排脚手架时,第一步架最好有 6~8 人相互配合操作,树立杆时,一人拿起地板并插入底座中,另一人用左脚将底座的底端踩住,并用双手将立杆竖起并准确插入底座内。要求内、外排的立杆同时竖起,及时拿起大、小横杆用直角扣件与立杆连接扣住,然后按规定的间距绑上临时抛撑。

在竖立第一步架时,必须有一人负责校正立杆的垂直度和大横杆的平直度。立杆的垂直偏差不大于架高的 1/200,如 6 m 的立杆垂直偏差不得大于 3 cm。先校正两端头的立杆,中间立杆以端头立杆为准竖直即可。其他立杆、大小横杆可按上述操作要点进行。

纵向、横向扫地杆搭设应符合前述构造规定。搭设立杆应注意以下几点:

(1)严禁将外径 48 mm 与 51 mm 的钢管混合使用。

(2)立柱的接头不得在同一步架、同一跨间高度内,至少应错开 50 cm 以上。

(3)开始树立杆时,应每隔 6 跨设抛撑一道,直至连墙件安装稳定后,方可视情况拆除。

(4)当搭至有连墙件的构造点时,在搭设完该处的立杆、大小横杆和剪刀撑后,应立即设置连墙件。

搭设大、小横杆应注意以下几点:

(1)封闭型脚手架同一步架内,大横杆必须四周交圈,用直角扣件与外、内角柱固定好。

(2)双排脚手架的小横杆的靠墙一端至墙面的距离不宜大于 100 mm。

(3)单排外脚手架搁置小横杆的墙孔(脚手眼)要预留,不得在已砌筑墙上打洞作“脚手眼”。为确保墙的整体承载力,在下列部位不允许留置脚手眼。设计上不允许留脚手眼的部位;砖过梁上与过梁两端呈 60°角的三角形范围内及过梁净跨度 1/2 的高度范围内;宽度小于 1 m 的窗间墙;梁的支承部位和梁垫下及其两侧各 500 mm 范围内;砖砌体的门窗洞口两侧 200 mm 砖和转角处 450 mm 砖的范围内,其他砌体的门窗洞口两侧 300 mm 和转角处 600 mm 的范围内;独立或附墙的砖柱。

(4)大、小横杆的接点不得在同一步架或同一跨间内,并要求上下错开连接。

(5)大横杆应安放在立杆的内侧,各杆件用扣件互相连接,伸出的端头均应大于 100 mm,以防滑脱。

3. 搭设连墙件、剪刀撑、横向斜撑

剪刀撑、横向斜撑搭设应随立杆、大横杆和小横杆等同步搭设。

连墙件搭设应符合前述构造规定。当脚手架施工操作层高出连墙件 2 步时,应采取临时稳定措施,直到上一层连墙件搭设完后,方可根据情况拆除。

撑杆一般用搭接接长,搭接长度不小于 50 cm,与地面的夹角不大于 60°。斜杆两端扣件与立杆节点的距离不宜大于 200 mm，最下面的斜杆与立杆的连接点距地面的距离不宜大于 50 cm，以保证架子的安全。

4. 脚手架封顶

扣件式钢管脚手架一次不宜搭得过高，应随着结构的升高而升高。脚手架在封顶时，必须按安全操作要求做到以下几点：

(1)立杆高出屋顶的高度：平屋顶高出女儿墙 1 m，坡屋顶超过檐口 1.5 m。

(2)里排立杆必须低于檐口底 150~200 mm。

(3)绑扎两道护身栏杆，一道 180 mm 高的挡脚板，并立挂安全网。

(三)搭设要求及注意事项

1. 扣件的紧固要求

架杆的同时，就要装扣件并紧固。架横杆时，可在立杆上预定位置留置扣件，横杆依该扣件就位。先上好螺栓，再调平、校正，然后紧固。调整扣件位置时，要松开扣件螺栓移动扣件，不能猛力敲打。

各种扣件的螺栓拧紧度对脚手架的安全至关重要，扣件螺栓拧得太紧或拧过头，脚手架承受荷载后容易发生扣件崩裂或滑丝事故；扣件螺栓拧得太松，脚手架承受荷载后容易产生滑落事故。二者对脚手架的承载能力、稳定性及施工安全影响极大。尤其是立杆与大横杆连接部位的扣件，应确保大横杆受力后不致向下滑移。紧固扣件时，要注意以下几点：

(1)紧固力矩。试验表明，扣件螺栓拧紧到扭矩为 40~65 N·m 时，扣件才具有抗滑、抗转动和抗拨出的能力，并具有一定的安全储备。当扭矩达 65 N·m 以上时，扣件螺栓将出现“滑丝”，甚至断裂。因此，要求扭力矩最大不得超过 65 N·m。

(2)紧固扣件螺栓的工具。可以用棘轮扳手和固定扳手(活动扳手)。棘轮扳手可以续拧转操作，使用方便。固定(活动)扳手时，操作人应根据自己使用的扳手的长度用测力计测量自己的手劲，反复练习，以便熟练掌握自己扭力矩的大小，以确保脚手架的搭设安全。

(3)扣件开口的朝向。根据扣件所处的位置和作用的不同，应注意扣件在杆上的开口朝向的差异。要有利于扣件受力；当螺栓滑丝时，不致立即脱落；要避免雨水进入钢管。例如，用于连接大横杆的对接扣件，扣件开口应朝里，螺栓朝上，以防止雨水进入钢管，使钢管锈蚀。使用直角扣件时，开口应朝内或外，螺栓朝上。

2. 各杆件搭接位置的要求

立杆和大横杆都要接长，除顶部立杆可用旋转扣件搭接接长外，其余部位用对接扣件接长，接头位置不得在同一步架和同一跨间内，要互相错开连接。因此，树立杆时，应长短搭配使用。双排架先接外排立杆，后接里排立杆，同时相邻杆的接头位置要错开 500 mm 以上。大横杆、剪刀撑等的连接也不得在同一步架内或同一跨间内，并应上下错开连接。

3. 安装剪刀撑的要求

随着架子的升高，每搭 7 架后要及时安装剪刀撑。剪刀撑的钢管因要承受拉力，不能用对接扣件，只能用旋转扣件连接。其接长部位要超过 600 mm，用 2 个扣件连接，搭接位置应错开 500 mm 以上。剪刀撑的一根杆与立杆扣紧，另一根杆应与小横杆扣紧，这样可避免扭弯钢管。

剪刀撑两端的扣件距邻近连接点的距离不宜大于 200 mm。最下一对剪刀撑与立杆的连接点距地面不宜大于 500 mm,以确保架子稳定。

第三节　落地碗扣式钢管脚手架

碗扣式脚手架又称多功能碗扣型脚手架,是采用定型钢管杆件和碗扣接头连接的一种承插锁固式多立杆脚手架,是我国科技人员在 20 世纪 80 年代中期根据国外的经验开发出来的一种新型多功能脚手架,具有结构简单、轴向连接,力学性能好、承载力大、接头构造合理、工作安全、拆装方便、高效,操作容易,构件自重轻,作业强度低,零部件少,损耗率低,便于管理,易于运输,多种功能等优点,在我国近年来发展较快,现已广泛用于房屋、桥梁、涵洞、隧道、烟囱、水塔、大坝、大跨度网架等多种工程施工中,取得了显著的经济效益。

碗扣式脚手架在操作上免去了工人拧紧螺栓的过程,它的节点构造完全是杆件和扣件的旋转、承插、长扣咬合的只要安装到位就达到目的,不像扣件式脚手架人工拧螺栓紧固程度靠人用力来完成,脚手架结构本身安全克服了人为的感觉因素,更能直观地体现脚手架作为一种临时结构的安全性。

一、碗扣式钢管脚手架构造特点

碗扣式钢管脚手架采用每隔 0. 6 m 设一套碗扣接头的定型立杆和两端焊有接头的定型横杆,并实现杆件的系列标准化。主要构件是 48 mm×3. 5 mm,Q235A 级焊接钢管,其核心部件是连接各杆的带齿的碗扣接头,它由上碗扣、下碗扣、横杆接头、斜杆接头和上碗扣限位销等组成。

立杆上每隔 0. 6 m 安装一套碗口接头,并在其顶端焊接立杆连接管。下碗扣和限位销焊在立杆上,上碗口对应地套在钢管上,其销槽对准限位销后就能上、下滑动。

横杆是在钢管的两端各焊接一个横杆接头而成。连接时,只需将横杆接头插入立杆上的下碗扣圆槽内,再将上碗扣沿限位销扣下,并顺时针旋转,靠上碗扣螺旋面使之与限位销顶紧(可使用锤子敲击几下即可达到扣紧要求),从而将横杆与立杆牢固地连在一起,形成框架结构。碗扣式接头的拼装完全避免了螺栓作业。

碗扣式接头可同时连接四根横杆,并且横杆可以互相垂直,也可以倾斜一定的角度。

斜杆是在钢管的两端铆接斜杆接头而成。同横杆接头一样可装在下碗扣内,形成斜杆节点。斜杆可绕斜杆接头转动。

二、碗扣式钢管脚手架组架构造与搭设

碗扣式钢管脚手架应从中间向两边搭设,或两层同时按同一方向进行搭设,不得采用两边向中间合拢的方法搭设。否则中间的杆件会因为误差而难以安装。

脚手架的搭设顺序为:安放立杆底座或立杆可调底座,树立杆、安放扫地杆,安装底层(第一步)横杆,安装斜杆,接头销紧,铺放脚手板,安装上层立杆,紧立杆连接销,安装横杆,设置连墙件,设置人行梯,设置剪刀撑,挂设安全网。

操作时,一般由 1~2 人递送材料,另外 2 人配合组装。

(一)树立杆、安放扫地杆

根据脚手架施工方案处理好地基后,在立杆的设计位置放线,即可安放立杆垫座或可调底座,并树立杆。

为避免立杆接头处于同一水平面上,在平整的地基上脚手架底层的立杆应选用 3.0 m 和 1.8 m 两种不同长度的立杆互相交错、参差布置。以后在同一层中采用相同长度的同一规格的立杆接长。到架子顶部时,再分别用 1.8 m 和 3.0 m 两种不同长度的立杆找齐。

在地势不平的地基上,或者是高层及重载脚手架上应采用立杆可调底座,以便调整立杆的高度。当相邻立杆地基高差小于 0.60 m,可直接用立杆可调座调整立杆高度,使立杆碗扣接头处于同一水平面内;当相邻立杆地基高差大于 0.6 m 时,则先调整立杆节间(对于高差超过 0.6 m 的地基,立杆相应增长一个长 0.6 m 的节间),使同一层碗扣接头高差小于 0.6 m,再用立杆可调座调整高度,使其处于同一水平面内。

(二)安装底层(第一步)横杆

碗扣式钢管脚手架的步距为 600 mm 的倍数,一般采用 1.8 m,只有在荷载较大或较小的情况下,才采用 1.2 m 或 2.4 m。

横杆与立杆的连接安装方法同上。

单排碗扣式脚手架的单排横杆一端焊有横杆接头,可用碗扣式接头与脚手架连接固定,另一端带有活动夹板,将横杆与建筑结构整体夹紧。

碗扣式钢管脚手架的底层组架最为关键,其组装的质量直接影响到整架的质量,因此要严格控制搭设质量。当组装完两层横杆(安装完第一步横杆)后,应进行下列检查:

(1)检查并调整水平框架(同一水平面上的四根横杆)的直角度和纵向直线度(对曲线布置的脚手架应保证立杆的正确位置)。

(2)检查横杆的水平度,并通过调整立杆可调座使横杆间的水平偏差小于 $1/400L$。

(3)逐个检查立杆底脚,并确保所有立杆不能有浮地松动现象。

(4)当底层架子符合搭设要求后,检查所有碗扣接头,并予以锁紧。

在搭设过程中,应随时注意检查上述内容,并调整。

(三)安装斜杆和剪刀撑

斜杆可增强脚手架结构的整体刚度,提高其稳定承载能力。一般采用碗扣式钢管脚手架配套的系列斜杆,也可以用钢管和扣件代替。

当采用碗扣式系列斜杆时,斜杆同立杆连接的节点可装成节点斜杆(斜杆接头同横杆接头装在同一碗扣接头内)或非节点斜杆(斜杆接头同横杆接头不装在同一碗扣接头内)。一般斜杆应尽可能设置在框架结点上。若斜杆不能设置在节点上时,应呈错节布置,装成非节点斜杆。

利用钢管和扣件安装斜杆时,斜杆的设置更加灵活,可不受碗扣式接头内允许装设杆件数量的限制。特别是设置大剪刀撑,包括安装竖向剪刀撑、纵向水平剪刀撑时,还能使脚手架的受力性能得到改善。

1. 横向斜杆(廓道斜杆)

在脚手架横向框架内设置的斜杆称为横向斜杆(廓道斜杆)。由于横向框架失稳是脚手架的主要破坏形式,因此设置横向斜杆对于提高脚手架的稳定强度尤为重要。

对于一字形及开口形脚手架,应在两端横向框架内沿全高连续设置节点斜杆;高度30 m以下的脚手架,中间可不设横向斜杆;30 m以上的脚手架,中间应每隔5~6跨设道沿全高连续设置的横向斜杆;高层建筑脚手架和重载脚手架,除按上述构造要求设置横向斜杆外,荷载大于25 kN的横向平面框架应增设横向斜杆。

用碗扣式斜杆设置横向斜杆时,在脚手架的两端框架可设置节点斜杆,中间框架只能设置成非节点斜杆。

当设置高层卸荷拉结杆时,必须在拉结点以上第一层加设横向水平斜杆,以防止水平框架变形。

2. 纵向斜杆

在脚手架的拐角边缘及端部必须设置纵向斜杆,中间部分则可均匀地间隔分布,纵向斜杆必须两侧对称布置。

3. 竖向剪刀撑

竖向剪刀撑的设置应与纵向斜杆的设置相配合。

高度在30 m以下的脚手架,可每隔4~6跨设一道沿全高连续设置的剪刀撑,每道剪刀撑跨越5~7根立杆,设剪刀撑的跨内可不再设碗扣式斜杆。

30 m以上的高层建筑脚手架,应沿脚手架外侧及全高方向连续布置剪刀撑,在两道剪刀撑之间设碗扣式纵向斜杆。

4. 纵向水平剪刀撑

纵向水平剪刀撑可增强水平框架的整体性和均匀传递连墙撑的作用。30 m以上的高层建筑脚手架应每隔3~5步架设置一层连续、闭合的纵向水平剪刀撑。

(四)设置连墙件(连墙撑)

设置连墙件(连墙撑)是脚手架与建筑物之间的连接件,除防止脚手架倾倒,承受偏心荷载和水平荷载作用外,还可加强稳定约束、提高脚手架的稳定承载能力。

1. 连墙件构造

连墙件的构造有以下3种。

(1)砖墙缝固定法。砌筑砖墙时,预先在砖缝内埋入螺栓,然后将脚手架框架用连结杆与其相连。

(2)混凝土墙体固定法。按脚手架施工方案的要求,预先埋入钢件,外带接头螺栓,脚手架搭到此高度时,将脚手架框架与接头螺栓固定。

(3)膨胀螺栓固定法。在结构物上,按设计位置用射枪射入膨胀螺栓,然后将框架与膨胀螺栓固定。

2. 连墙件设置要求

(1)连墙件必须随脚手架的升高,在规定的位置上及时设置,不得在脚手架搭设完后补安装,也不得任意拆除。

(2)一般情况下,对于高度在30 m以下的脚手架,连墙件可按四跨三步设置一个(约40 m^2)。对于高层及重载脚手架,则要适当加密,50 m以下的脚手架至少应三跨三步布置一个(约25 m^2);50 m以上的脚手架至少应三跨二步布置一个(约20 m)。

(3)单排脚手架要求在二跨三步范围内设置一个。

(4)在建筑物的每一楼层都必须设置连墙件。

(5)连墙件的布置尽量采用梅花形布置,相邻两点的垂直间距小于 4.0 m,水平距离小于 4.5 m。

(6)凡设置宽挑梁、提升滑轮、高层卸荷拉结及物料提升架的地方均应增设连墙件。

(7)凡在脚手架设置安全网支架的框架层处,必须在该层的上、下节点各设置一个连墙件,水平每隔两跨设置一个连墙件。

(8)连墙件安装时,要注意调整脚手架与墙体间的距离,使脚手架保持垂直,严禁向外倾斜。

(9)连墙件应尽量连接在横杆层碗扣式接头内,同脚手架、墙体保持垂直。偏角范围小于 15°。

(五)脚手板安放

脚手板可以使用碗扣式脚手架配套设计的钢制脚手板,也可使用其他普通脚手板、木脚手板、竹脚手板等。

当脚手板采用碗扣式脚手架配套设计的钢脚手板时,脚手板两端的挂钩必须完全落入横杆上,才能牢固地挂在横杆上,不允许浮动。

当脚手板使用普通的钢、木、竹脚手板时,横杆应配合间横杆一块使用,即在未处于构架横杆上的脚手板端设间横杆作支撑,脚手板的两端必须嵌入边角内,以减少前后窜动。

除在作业层及其下面一层要满铺脚手板外,还必须沿高度每 10 m 设置一层,以防止高空坠物伤人和砸碰脚手架框架。当架设梯子时,在每一层架梯拐角处铺设脚手板作为休息平台。

(六)接立杆

立杆的接长是靠焊于立杆顶部的连接管承插而成。立杆插好后,使上部立杆底端连接孔同下部立杆顶部连接孔对齐,插入立杆连接销锁定即可。

安装横杆、斜杆和剪刀撑,重复以上操作,并随时检查、调整脚手架的垂直度。

脚手架的垂直度一般通过调整底部的可调底座、垫薄钢片、调整连墙件的长度等来达到。

(七)斜道板和人行架梯安装

1. 斜道板安装

作为行人或小车推行的栈道,一般规定在 1.8 m 跨距的脚手架上使用,坡度为 1:3,在斜道板框架两侧设置横杆和斜杆作为扶手和护栏。

2. 人行架梯安装

人行架梯设在 1.8 m×1.8 m 的框架内,上面有挂钩,可以直接挂在横杆上。

架梯宽为 540 mm,一般在 1.2 m 宽的脚手架内布置两个成折线形架设上升,在脚手架靠梯子一侧安装斜杆和横杆作为扶手。人行架梯转角处的水平框架上应铺脚手板作为平台。

(八)挑梁和简易爬梯的设置

当遇到某些建筑物有倾斜或凹进凸出时,窄挑梁上可铺设一块脚手板;宽挑梁上可铺设连墙撑两块脚手板,其外侧立柱可用一立杆接长,以便装防护栏杆和安全网。挑梁一般只作为作业窄挑梁人员的工作平台,不允许堆放重物。在设置挑梁的上、下两层框架的横杆层上要加设连宽挑梁墙撑。

把窄挑梁连续设置在同一立杆内侧每个碗扣接头内，可组成简易爬梯，爬梯步距为0.6 m，设置时在立杆左右两跨内要增设防护栏杆和安全网等安全防护设施，以确保人员上下安全。

（九）提升滑轮设置

随着建筑物的逐渐升高，不方便运料时，可采用物料提升滑轮来提升小物料及脚手架物件，挑梁的提升质量应不超过100 kg。提升滑轮要与宽挑梁配套使用。使用时，将滑轮插入宽挑梁垂直杆下端的固定孔中，并用销钉锁定即可。在设置构造提升滑轮的相应层加设连墙撑。

（十）安全网、扶手防护设置

一般沿脚手架外侧要满挂封闭式安全网（立网），并应与脚手架立杆、横杆绑扎牢固，绑扎间距应不大于0.3 m。根据规定，在脚手架底部和层间设置水平安全网。碗扣式脚手架配备有安全网支架，可直接用碗扣接头固定在脚手架上，安装极方便。扶手设置参考扣件式脚手架。

（十一）直角交叉

对一般方形建筑物的外脚手架在拐角处两直角交叉的排架要连在一起，以增强脚手架的整体稳定性。连接形式有两种：一种是直接拼接法，即当两排脚手架刚好整框垂直相交时，可直接将两垂直方向的横杆连接在同一碗扣接头内，从而将两排脚手架连在一起；另一种是直角撑搭接法，当受建筑物尺寸限制，两垂直方向脚手架非整框垂直相交时，可用直角撑实现任意部位的直角交叉。连接时，将一端同脚手架横杆装在同接头内，另一端卡在相垂直的脚手架横杆上。

三、碗扣式脚手架搭设注意事项

（1）在搭设过程中，应注意调整脚手架的垂直度。一般通过调整底部的可调底座、薄钢片及连墙杆的长度来实现。

（2）脚手架的搭设以3~4人为一组，其中1~2人递料，另2人各负责一端，共同配合组装。

（3）连墙杆应随脚手架的搭设而随时按规定设置，不得随意拆除，并尽量与脚手架和建筑物外表相垂直。

（4）支撑架的横撑必须对称设置。

（5）斜杆不得随意拆除。如需要临时拆除，须严格控制拆除数量，待操作完后，要及时重新安装好。高层脚手架的下部斜撑不能拆除。

（6）脚手架应随建筑物升高而随时设置，一般不超出建筑物两步架高。

（7）单排横杆插入墙体后，应将夹板用榔头击紧，不得浮动。

第四节　落地门式钢管外脚手架

落地门式钢管外脚手架也称门型脚手架，属于框组式钢管脚手架的一种，是在20世纪80年代初由国外引进的一种多功能脚手架，是国际上应用最为普遍的脚手架之一，已形成系列产品,结构合理、承载力高,品种齐全,各种配件多达 70 多种。可用来搭设各种用途的施工作业架子,如外脚手架、里脚手架、活动工作台、满堂脚手架、梁板模板的支撑和其他承重支撑架、临时看台和观礼台、临时仓库和工棚以及其他用途的作业架子。

落地门式钢管外脚手架的搭设高度,当两层同时作业的施工总荷载不超过 3 kN/m 时,可以搭设 60 m 高;当为 3~5 kN/m 时,则限制在 45 m 以下。

一、基本结构和主要杆配件

落地门式钢管外脚手架是由门式框架(门架)、交叉支撑(十字拉杆)、连接棒、挂扣式脚手板或水平架(平行架、平架)、锁臂等组成基本结构。再设置水平加固杆、剪刀撑、扫地杆、封口杆、托座与底座,并采用连墙件与建筑物主体结构相连的一种标准化钢管脚手架。

门架之间的连接,在垂直方向使用连接棒和锁臂接高,在脚手架纵向使用交叉支撑连接门架立杆,在架顶水平面使用水平架或挂扣式脚手板。这些基本单元相互连接,逐层叠高,左右伸展,再设置水平加固件、剪刀撑及连墙件等,便构成整体门式脚手架。

二、落地门式钢管外脚手架搭设

落地门式钢管外脚手架搭设形式通常有两种:一种是每三列门架用两道剪刀撑相连,其间每隔 3-4 门架高设一道水平撑;另一种是在每隔一列门架用一道剪刀撑和水平撑相连。

落地门式钢管外脚手架的搭设应自一端延伸向另一端,由下而上按步架设,并逐层改变搭设方向,以减少架设误差。不得自两端同时向中间进行或相同搭设,以避免接合部位错位,难以连接。

脚手架的搭设速度应与建筑结构施工进度相配合,一次搭设高度不应超过最上层连墙杆三步,或自由高度不大于 6 m,以保证脚手架的稳定。

一般落地门式钢管外脚手架的搭设顺序为:铺设垫木(板),拉线、安放底座,自一端起立门架并随即装交叉支撑(底步架还需安装扫地杆、封口杆),安装水平架(或胸手板),安装钢梯(需要时,安装水平加固杆),装设连墙杆。重复上述步骤,逐层向上安装,按规定位置安装剪刀撑,安装顶部栏杆,挂立杆安全网。

(一)铺设垫木(板),安放底座

脚手架的基底必须平整坚实,并铺底座、做好排水,确保地基有足够的承载能力,在脚手架荷载作用下不发生塌陷和显著的不均匀沉降。回填土地面必须分层回填,逐层夯实。

门架立杆下垫木的铺设方式:当垫木长度为 1.6~2.0 m 时,垫木宜垂直于墙面方向;当垫木长度为 4.0 m 时,垫木宜平行于墙面方向顺铺。

(二)立门架,安装交叉支撑,安装水平架或脚手板

在脚手架的一端将第一榀、第二榀门架立在 4 个底座上后,纵向立即用交叉支撑连接两榀门架的立杆,门架的内外两侧安装交叉支撑,在顶部水平面上安装水平架或挂扣式脚手板,搭成门式钢管脚手架的一个基本结构,以后每安装一幅门架,及时安装交叉支撑、水平架或脚手板,依次按此步骤沿纵向逐步安装搭设。在搭设第二层门架时,人就可以站在第一层脚手板上操作,直至最后完成。搭设要求如下。

1. 门架

不同规格的门架不得混用；同一脚手架工程，不配套的门架与配件也不得混合使用。

门架立杆离墙面的净距不宜大于 150 mm，大于 150 mm 时，应采取内挑架板或其他防护的安全措施。不用三角架时，门架的里立杆边缘距墙面 50~60 mm；用三角架时，门架里立杆距墙面 550~600 mm。底步门架的立杆下端应设置固定底座或可调底座。

2. 交叉支撑

门架的内外两侧均应设置交叉支撑，其尺寸应与门架间距相匹配，并应与门架立杆上的锁销销牢。

3. 水平架

在脚手架的顶层门架上部、连墙件设置层、防护棚设置层必须连续设置水平架。

脚手架高度 $H<45$ m 时，水平架至少两步一设；$H>45$ m 时，水平架应每步一设。不论脚手架高度，在脚手架的转角处，端部及间断处的一个跨距范围内，水平架均应每步一设。

水平架可由挂扣式脚手板或门架两侧的水平加固杆代替。

4. 脚手板

第一层门架顶面应铺设一定数量的脚手板，以便在搭设第二层门架时，施工人员可站在脚手板上操作。

在脚手架的操作层上应连续满铺与门架配套的挂扣式脚手板，并扣紧挂扣，用滑动挡板锁牢，防止脚手板脱落或松动。

采用一般脚手板时，应将脚手板与门架横杆用钢丝绑牢，严禁出现探头板，并沿脚手架高度每步设置一道水平加固杆或设置水平架，加强脚手架的稳定。

5. 安装封口杆、扫地杆

在脚手架的底步门架立杆下端应加封口杆、扫地杆。封口杆是连接底步门架立杆下端的横向水平杆件，扫地杆是连接底步门架立杆下端的纵向水平杆件。扫地杆应安装在封口杆下方。

6. 脚手架垂直度和水平度的调整

脚手架的垂直度（表现为门架竖管轴线的偏移）和水平度（架平面方向和水平方向）对于确保脚手架的承载性能至关重要（特别是对于高层脚手架）。

其注意事项为：严格控制首层门型架的垂直度和水平度。在装上以后要逐片地、仔细地调整好，使门架立杆在两个方向的垂直偏差都控制在 2 mm 以内，门架顶部的水平偏差控制在 3 mm 以内。随后在门架的顶部和底部用大横杆和扫地杆加以固定。搭完一步架后应按规范要求检查并调整其水平度与垂直度。接门架时，上下门架立杆之间要对齐，对中的偏差不宜大于 3 mm。同时，注意调整门架的垂直度和水平度。另外，应及时装设连墙杆，以避免架子发生横向偏斜。

7. 转角处门架的连接

脚手架在转角之处必须做好连接和与墙拉结，以确保脚手架的整体性。处理方法为：在建筑物转角处的脚手架内、外两侧按步设置水平连接杆，将转角处的两门架连成一体。水平连接杆必须步步设置，以使脚手架在建筑物周围形成连续闭合结构。或者利用回转扣直接把两片门架的竖管扣结起来。

水平连接杆钢管的规格应与水平面加固杆相同,以便于用扣件连接。水平连接杆应采用扣件与门架立杆及水平加固杆扣紧。另外,在转角处适当增加连墙件的布设密度。

(三)斜梯安装

作业人员上下脚手架的斜梯应采用挂扣式钢梯,钢梯的规格应与门架规格配套,并与门架挂扣牢固。

脚手架的斜梯宜采用之字形,一个梯段宜跨越两步或三步,每隔四步必须设置一个休息平台。斜梯的坡度应在30°以内,斜梯应设置护栏和扶手。

(四)安装水平加固杆

门式钢管脚手架中,上、下门架均采用连接棒连接,水平杆件采用搭扣连接,斜杆采用锁销连接,这些连接方法的紧固性较差,致使脚手架的整体刚度较差,在外力作用下,极易发生失稳。因此,必须设置一些加固件,以增强脚手架刚度。门式脚手架的加固件主要有剪刀撑、水平加固杆件、扫地杆封口杆、连墙件,沿脚手架内外侧周围封闭设置。

水平加固杆是与墙面平行的纵向水平杆件。为确保脚手架搭设的安全,以及脚手架整体的稳定性,水平加固杆必须随脚手架的搭设同步搭设。

当脚手架高度超过20 m时,为防止发生不均匀沉降,脚手架最下面三步可以每步设置一道水平加固杆(脚手架外侧),三步以上每隔四步设置一道水平加固杆,并宜在有连墙件的水平层连续设置,以形成水平闭合圈,对脚手架起环箍作用,增强脚手架的稳定性。水平加固杆采用中ϕ48钢管用扣件在门架立杆的内侧与立杆扣牢。

(五)设置连墙件

为避免脚手架发生横向偏斜和外倾,加强脚手架的整体稳定性、安全可靠性,脚手架必须设置连墙件。连墙件的搭设按规定间距必须随脚手架搭设同步进行,不得漏设,严禁滞后设置或搭设完毕后补做。连墙件由连墙件和锚固件组成,其构造因建筑物的结构不同,有夹固式、锚固式和预埋连墙件几种方法。

连墙件的最大间距,在垂直方向为6 m,在水平方向为8 m,一般情况下,连墙件竖向每隔三步,水平方向每隔四跨设置一个。高层脚手架应适当增加布设密度,低层脚手架可适当减少布设密度。

连墙件应能承受拉力与压力,其承载力标准值不应小于10 kN;连墙件与门架、建筑物的连接也应具有相应的连接强度。连墙件宜垂直于墙面,不得向上倾斜,连墙件埋入墙身的部分必须锚固可靠。连墙件应连于上、下两幅门架的接头附近,靠近脚手架中门架的横杆设置,其距离不宜大于200 mm。

在脚手架外侧因设置防护棚或安全网而承受偏心荷载的部位应增设连墙件,且连墙件的水平间距不应大于4.0 m脚手架的转角处,不闭合(一字形、槽形)脚手架的两端应增设连墙件,且连墙件的竖向间距不应大于4 m,以加强这些部位与主体结构的连接,确保脚手架的安全工作。

当脚手架操作层高出相邻连墙件以上两步时,应采用确保脚手架稳定的临时拉结措施,直到连墙件搭设完毕后方可拆除。

加固件、连墙件等与门架采用扣件连接时,扣件规格应与所连钢管外径相匹配;扣件螺栓拧紧扭力矩宜为50~60 N·m,并不得小于40 N·m。各杆件端头伸出扣件盖板边缘长度不应小于 100 mm。

(六)搭设剪刀撑

为了确保脚手架搭设的安全,以及脚手架的整体稳定性,剪刀撑必须随脚手架的搭设同步搭设。

剪刀撑采用 48 mm 钢管,用扣件在脚手架门架立杆的外侧与立杆扣牢,剪刀撑斜杆与地面倾角宜为 45°~60°,宽度一般为 4~8 m,自架底至顶连续设置。剪刀撑之间净距不大于 15 m。

剪刀撑斜杆若采用搭接接长,搭接长度不宜小于 600 mm,且应采用两个扣件扣紧。

脚手架的高度 $H>20$ m 时,剪刀撑应在脚手架外侧连续设置。

(七)门架竖向组装

上、下幅门架的组装必须设置连接棒和锁臂,其他部件(如栈桥梁等)则按其所处部位相应及时安装。

搭第二步脚手架时,门架的竖向组装、接高用连接棒,连接棒直径应比立杆内径小 1~2 mm,安装时连接棒应居中插入上、下幅门架的立杆中,以使套环能均匀地传递荷载。

连接棒采用表面油漆涂层时,表面应涂油,以防使用期间锈蚀,拆卸时难以拔出。

门式脚手架高度超过 10 m 时,应设置锁臂,如采用自锁式弹销式连接棒时,可不设锁臂。锁臂是上、下门架组成接头处的拉结部件,用钢片制成,两端钻有销钉孔,安装时将交叉支撑和锁臂先后锁销,以限制门架及连接棒拔出。

连接门架与配件的锁臂、搭钩必须处于锁住状态。

(八)通道洞口的设置

通道洞口高不宜大于 2 个门架高,宽不宜大于 1 个门架跨距,通道洞口应采取加固措施。

当洞口宽度为 1 个跨距时,应在脚手架洞口上方的内、外侧设置水平加固杆,在洞口两个上角加设斜撑杆。当洞口宽为两个及两个以上跨距时,应在洞口上方设置水平加固杆及专门设计和制作的托架,并在洞口两侧加强门架立杆。

(九)安全网、扶手安装

安全网及扶手等安装参照扣件式脚手架。

第五节 承插式盘扣脚手架

一、脚手架杆配件的质量和性能要求

(1)立杆采用承插型盘扣式钢管支架,管径为 60 mm,壁厚为 3.2 mm,材质为 Q345B 高强度低合金钢,具有高强度、高承载能力的特点。横杆采用 ϕ 48 mm×2.75 mm 系列,管径为 48 mm,壁厚为 2.75 mm,材质为 Q345B 钢材。横杆步距为 2 m。斜拉杆采用 ϕ 42.8 mm×2.5 mm 系列,管径为 42.8 mm,壁厚为 2.5 mm,材质为 Q345B 钢材。承插型盘扣式钢管支架底杆件无腐蚀、无变形、无扭曲、无断裂。表面应平直光滑,不应有裂缝、结疤、分层、错位、硬弯、毛刺、压痕和深的划道,必须涂有防锈漆并定期复涂以保持其完好。立杆基本尺寸为 3 m、2 m、1.5 m、1 m、0.5 m,根据架体使用功能和结构形式,横、纵向间距采

用 1.2 m×2.4 m,根据项目要求采用双排式脚手架,横、纵向间距采用 1.2 m×2.4 m,局部不足 2.4 m 间距部分,脚手架形式随着结构形式相应改变采用 1.2 m×2.1 m、1.2 m×1.8 m、1.2 m×1.5 m 等设置(横杆以 2.4 m 为主,局部为 2.1 m、1.8 m、1.5 m、1.2 m、0.9 m),斜拉杆采用外立面打大剪刀撑的方式布置施工操作面铺设木踏板,承重 2 kN/m^2。

(2)其余连接用及对顶钢管采用ϕ 48 mm×3.0 mm,无腐蚀、无变形、无扭曲、无断裂,壁厚最小值不得小于 3.0 mm,杆件基本尺寸为 4 m、6 m 等表面应平直光滑,不应有裂缝、结疤、分层、错位、硬弯、毛刺、压痕和深的划道,必须涂有防锈漆并定期复涂以保持其完好。旧钢管锈蚀深度超过规定值时不得使用,钢管上严禁打洞。

(3)扣件不得有裂纹、气孔、砂眼、疏松或其他影响使用性能的铸造缺陷。扣件在螺栓拧紧扭力矩达到 65 N·m 时,不得发生破坏。扣件扭力矩一般应为 40~50 N·m。

(4)可调底托:用于调节支撑的高度,螺杆与支架托板焊接应牢固。

(5)安全网:应选用符合《安全网》(GB 5725—2009)及《密目式安全网》(GB 16909—1997)的规定。

(6)安全帽、安全带等重要防护用品必须使用定点厂家的定点产品。

(7)不得使用有腐朽、霉变、虫蛀、折裂、枯节的木踏板。

二、承插型盘扣式钢管支架材料组成及连接形式

承插型盘扣式钢管支架由可调底座、立杆、横杆、斜拉杆组成,如图 6-1 所示。

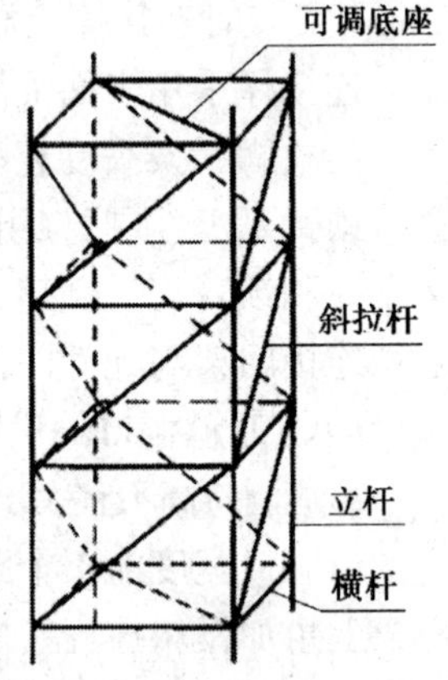

图 6-1　承插型盘扣式钢管支架

承插型盘扣式架体的连接形式:采用横杆和斜杆端头的铸钢接头上的自锁式楔形销,插入立杆上按 500 mm 模数分布的花盘上的孔,用榔头由上至下垂直击打销子,销子的自锁部位与花盘上的孔型配合而锁死,拆除时,只有用榔头由下向上击打销子方可解锁,具体如图 6-2 所示。

承插型盘扣式钢管支架材料检查验收:

(1)承插型盘扣式钢管支架的构配件除有特殊要求外,其材质应符合《低合金高强度结构钢》(GB/T 1591—2018)、《碳素结构钢》(GB/T 700—2006)以及《一般工程用铸造碳钢件》(GB/T 11352—2009)的规定。

(2)钢管壁厚允许偏差为±0.1 mm。

(3)连接盘、扣接头、插销以及可调螺母的调节手柄采用碳素铸钢制造时,其材料机械性能不得低于《一般工程用铸造碳钢件》(GB/T 11352—2009)中牌号为 ZG230-450 的屈服强度、抗拉强度、延伸率的要求。

(4)杆件焊接制作应在专用工艺装备上进行,各焊接部位应牢固可靠。焊丝宜采用符合《气体保护电弧焊用碳钢、低合金钢焊丝》(GB/T 8110—2008)中气体保护电弧焊用碳钢、低合金钢焊丝的要求,有效焊缝高度不应小于 3.5 mm。

(5)铸钢或钢板热锻制作的连接盘的厚度不应小于 8 mm,允许尺寸偏差应为±0.5 mm;钢板冲压制作的连接盘厚度不应小于 10 mm,允许尺寸偏差为±0.5 mm。

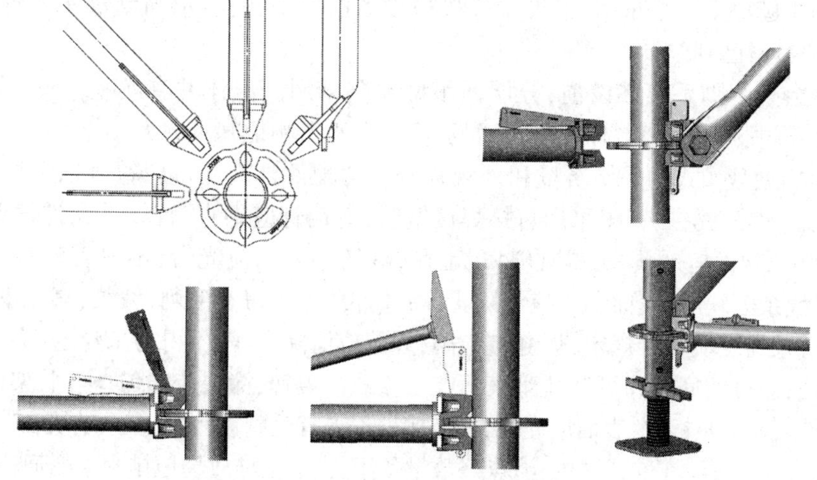

图 6-2　盘扣式钢管支架搭设示意图

(6)铸钢制作的杆端扣接头应与立杆钢管外表面形成良好的弧面接触,并应有不小于 500 mm^2 的接触面积。

(7)楔形插销的斜度应确保楔形插销楔入连接盘后能自锁。铸钢、钢板热锻或钢板冲压制作的插销厚度不应小于 8 mm,允许尺寸偏差应为±0.1 mm。

(8)立杆连接套管可采用铸钢套管或无缝钢管套管。采用铸钢套管形式的立杆连接套长度不应小于 90 mm,可插入长度不应小于 75 mm;采用无缝钢管套管形式的立杆连接套长度不应小于 160 mm,可插入长度不应小于 110 mm。套管内径与立杆钢管外径间隙不应大于 2 mm。

(9)立杆与立杆连接套管应设置固定立杆连接件的防拔出销孔,销孔孔径不应大于 14 mm,允许偏差应为±0.1 mm;立杆连接件直径宜为 12 mm,允许尺寸偏差应为 0.1 mm。

(10)连接盘与立杆焊接固定时,连接盘盘心与立杆轴心的不同轴度不应大于 0.3 mm;以侧边连接盘外边缘处为测点,盘面与立杆纵轴线正交的垂直度偏差不应大于 0.3 mm。

(11)构配件外观质量应符合以下要求:①钢管应无裂纹、凹陷、锈蚀,不得采用接长钢管;②钢管应平直,直线度允许偏差为管长的 1/500,两端面应平整,不得有斜口、毛刺;③铸件表面应光整,不得有砂眼、缩孔、裂纹、浇冒口残余等缺陷,表面黏砂应清除干净;④冲压件不得有毛刺、裂纹、氧化皮等缺陷;⑤各焊缝有效焊缝高度不应小于 3.5 mm,且焊缝应饱满,焊药清除干净,不得有未焊透、夹砂、咬肉、裂纹等缺陷;⑥主要构配件上的生产厂标识应清晰。

三、承插型盘扣式脚手架搭设

(一)施工流程

施工准备→定位设置通长垫板、底座→立杆安装→纵、横向横杆安装→内、外斜拉杆安装→立杆安装→纵、横向横杆安装→内、外斜拉杆安装→人行通道踏梯、平台安装→铺墩顶铺板→外布铁丝安全网。

(二)承插型盘扣式脚手架搭设施工

(1)编制作业指导书,组织安全、技术交底、培训。

(2)施工脚手架的汽车吊、平板车等机械设备已配备齐全,承插型盘扣式脚手架、木垫板及防护材料已到位。

(3)墩台外侧脚手架搭设前,分层回填墩台基础周围土体并夯实整平,并设置排水坡,脚手架外侧设置排水沟,保证排水通畅,防止积水影响地基承载力。

(4)承插型盘扣式脚手架质量和外观检查。构配件外观质量应符合以下要求:①钢管应无裂纹、凹陷、锈蚀,不得采用对接焊接钢管;②钢管应平直,直线度允许偏差应为管长的1、500,两端面应平整,不得有斜口、毛刺;③铸件表面应光滑,不得有砂眼、缩孔、裂纹、浇冒口残余等缺陷,表面黏砂应清除干净;④冲压件不得有毛刺、裂纹、氧化皮等缺陷;⑤各焊缝有效高度应符合规定,焊缝应饱满,焊药应清除干净,不得有未焊透、夹渣、咬肉、裂纹等缺陷;⑥可调底座和可调托座表面宜浸漆或冷镀锌,涂层应均匀、牢固,架体杆件及其他构配件表面应热镀锌,表面应光滑,在连接处不得有毛刺、滴瘤和多余结块;⑦构配件应按品种、规格分类放置在堆料区内,清点好数量备用,脚手架堆放场地排水应畅通,不积水。

1. 承插型盘扣式钢管支架的搭设方法和要求

(1)脚手架搭设前,应在现场对杆件、配件再次进行检查,禁止使用不合格的杆件、配件进行安装。

(2)脚手架安装前,必须进行技术、安全交底方可施工。统一指挥,并严格按照脚手架的搭设程序进行安装。

(3)在架体搭设前,必须对搭设基础进行检查,基础周围可根据要求铺设木板或木方,对基础不符合安全施工的部位坚决不准许施工。待基础处理合格后方可施工。

(4)先放线定位,然后按放线位置准确地确立摆放可调底座的位置,将扫地杆,第一步横杆和斜杆锁定在立杆上,保持其稳定;再用水平尺或水准仪调整整个基础部分的水平和垂直,挂线调整纵、横排立杆是否在一条直线上,用钢卷尺检查每个方格的方正;检验合格后再进行上部标准层架体的搭设。在施工中,随着架体的升高随时检查和校正架体的垂直度(控制在3‰内)。插销一定要打紧。

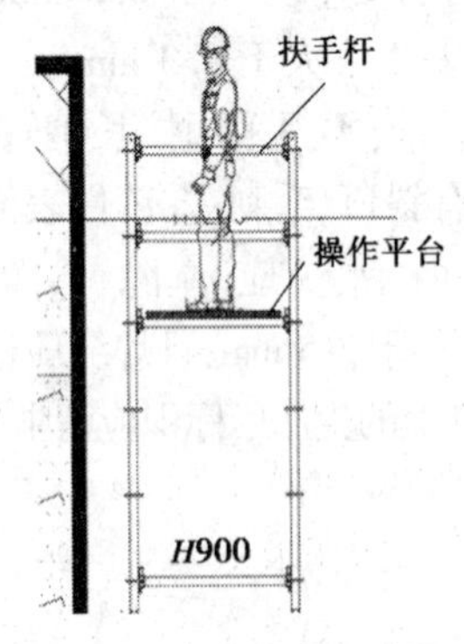

图 6-3 施工平台示意图

(5)搭设是由一个角开始,搭设范围根据设计图纸或甲方指定。随着脚手架的搭设随时进行校正。

(6)在搭设过程中,不得随意改变原设计、减少材料使用量、配件使用量或卸载。节点搭设方式不得混乱、颠倒。现场确实需要改变搭设方式时,必须经项目负责人或脚手架设计人员同意签字后方可改变搭设。

2. 施工平台设置

施工平台满铺脚手板,施工平台顶部设置1 m防护栏杆,见图6-3。

3. 作业层脚手板设置

(1)作业层脚手板应铺满、铺稳。

(2)脚手板应设置在三根横向水平杆上。当脚手板长度小于2 m时,可采用两根横向水平杆支承,但应将脚手板两端与其可靠固定,严防倾翻。脚手板搭接铺设时,接头必须支在横向水平杆上,搭接长度应大于200 mm,其伸出横向水平杆的长度不应小于100

mm,要用铁丝将搭接头绑扎牢固。

(3)作业层端部脚手板探头长度应取 150 mm,其板长两端均应与支承杆可靠地固定。

4. 楼梯部位设置

为了便于人员上下通道方便,在墩柱外侧设置通道,上人楼梯则是将钢制成品楼梯挂在架体的横杆上。楼梯的步距为 2.0 m、长度为 4.2 m、宽度为 1.8 m。

5. 其他方面

工作平台上的材料堆放铺开平置,严禁材料集中堆载,安排专人定期巡查。

在架体搭设前已安装完成的,在架体搭设以及其他施工过程中要注意成品的保护。

搭设架体处的基础需进行处理,并保证混凝土足够支撑架体的强度。在基础未达到搭设要求前不能进行架体的搭设。

第六节　附着式升降脚手架(爬架)

一、脚手架的构造和类型

凡采用附着于工程结构、依靠自身提升设备实现升降的悬空脚手架,统称为附着式升降脚手架。由于它具有沿工程结构爬升(降)的状态属性,因此也可称为爬升脚手架或简称爬架。爬架由架体、附着支承、提升机构和设备、安全装置和控制系统等 4 个基本部分构成。

(一)架体

架体由竖向主框架、水平梁架和架体板构成,其中竖向主框架既是构成架体的边框架,也是与附着支承构造连接。带导轨架体的导轨一般都设计为竖向主框架的内侧立杆。竖向主框架的形式可为单片框架或为由两个片式框架组成的格构柱式框架,后者多用于采用挑梁悬吊架体的附着升降脚手架中。水平梁架一般设于底部,是加强架体的整体性和刚度的重要措施。

架体板应设置剪刀撑,当有悬挑段时,应设置成对斜杆并加强连接构造,以确保悬挑段的传载和安全工作要求。

(二)附着支承

附着支承的形式虽然很多,但其基本构造却只有挑梁、拉杆、导轨、导座(或支座、锚固件)和套框(管)等 5 种,并视需要组合使用。为了确保架体在升降时处于稳定状态,避免晃动和抵抗倾覆作用,要求达到以下两项要求:①架体在任何状态(使用、上升或下降)下,与工程结构之间必须有不少于 2 处的附着支承点。②必须设置防倾装置。即在采用非导轨或非导座附着方式(其导轨或导座既起支承和导向作用,也起防倾作用)时,必须另外附设防倾导杆。而挑梁式和吊拉式附着支承构造,在加设防倾导轨后,就变成了挑轨式和吊轨式。

(三)提升机构和设备

提升机构取决于提升设备,共有吊升、顶升和爬升 3 种。

(1)吊升。在挑梁架(或导轨、导座、套管架等)挂置电动葫芦或手动葫芦,以链条或拉杆吊着(竖向或斜向)架体,实际沿导轨滑动的吊升。提升设备为小型卷扬机时,则采用钢丝绳、经导向滑轮实现对架体的吊升。

(2)顶升。通过液压缸活塞杆的伸长，使导轨上升并带动架体上升。

(3)爬升。其上下爬升箱带着架体沿导轨自动向上爬升。

提升机构和设备应确保处于完好状况、工作可靠、动作稳定。

(四)安全装置和控制系统

附着升降脚手架的安全装置包括防坠和防倾装置，防倾采用防倾导轨及其他适合的控制架体水平位移的构造。防坠装置则为防止架体坠落的装置，即一旦因断链(绳)等造成架体坠落时，能立即动作、及时将架体制停在防坠杆等支持构造上。防坠装置的制动有棘轮棘爪、楔块斜面自锁、摩擦轮斜面自锁、楔块套管、偏心凸轮、摆针等多种类型，一般都能达到制停的要求。

二、脚手架的搭设

(一)导轨式爬架的搭设

导轨式爬架的搭设必须严格按照设计要求进行。

导轨式爬架应在操作工作平台上进行搭设组装。工作平台面应低于楼面 300~400 mm，高空操作时，平台应有防护措施。脚手架架体可采用碗扣式或扣件式钢管脚手架，其搭设方法和要求与常规搭设基本相同。

(1)选择安装起始点、安放起始点，安放提升滑轮组并搭设底部架子。脚手架安装的起始点一般选在爬架的爬升机构位置不需调整的地方。

安装提升滑轮组，并和架子中与导轨位置相对应的立杆连接，并以此立杆为准(向一侧或两侧)依次搭设底部架。

脚手架的步距为 1.8 m，最底一步架增设一道纵向水平杆，距底的距离为 600 mm，跨距不大于 1.85 m，宽度不大于 1.25 m。

最底层应设置纵向水平剪刀撑以增强脚手架承载能力，与提升滑轮组相连(与导轨位置)相对应的立杆一般为位于脚手架端部的第二根立杆，此处要设置从底到顶的横向斜杆。

底部架搭设后，对架子应进行检查、调整。具体要求如下：①横杆的水平度偏差不大于 $L/400$(L 为脚手架纵向长度)；②立杆的垂直度偏差小于 $H/500$(H 为脚手架高度)；③脚手架的纵向直线度偏差小于 $L/200$。

(2)脚手架(架体)搭设。随着工程进度，以底部架子为基础，搭设上部脚手架。

与导轨位置相对应的横向承力框架内沿全高设置横向斜杆，在脚手架外侧沿全高设置剪刀掌；在脚手架内侧安装爬升机械的两立杆之间设置剪刀撑。

脚手板、扶手杆除按常规要求铺放外，底层脚手板必须用木脚手板或者用无网眼的钢脚手板密铺，并要求横向铺至建筑物外墙，不留间隙。

脚手架外侧满挂安全网，并要求从脚手架底部兜过来，将安全网固定在建筑物上。

(3)安装导轮组、导轨。在脚手架(架体)与导轨相对应的两根立杆上，上、下各安装两组导轮组，然后将导轨插进导轮和提升滑轮组下的导孔中。

在建筑物结构上安装连墙挂板、连墙支杆、连墙支座杆，再将导轨与连墙支座连接。

当脚手架(支架)搭设到两层楼高时即可安装导轨，导轨底部(下端)应低于支架 1.5

m 左右,每根导轨上相同的数字应处于同一水平上。

两根连墙杆之间的夹角宜控制在 45°~150°,用调整连墙杆的长短来调整导轨的垂直度,偏差控制在 $H/400$ 以内。

(4)安装提升挂座、提升葫芦、斜拉钢丝绳、限位器。将提升挂座安装在导轨(上面一组导轮组下的位置)上,再将提升葫芦挂在提升挂座上。

钢丝绳下端固定在支架立杆的下碗扣底部,上部用在花篮螺栓挂在连墙挂板上,挂好后将钢丝绳拉紧。

若采用电动葫芦,则在脚手架上搭设电控柜操作台,并将电缆线布置到每个提升点,同电动葫芦连接好(注意留足电缆线长度)。

限位锁固定在导轨上,并在支架立杆的主节点下碗扣底部安装限位锁夹。

(二)爬架的搭设检查

(1)导轨式爬架安装完毕后。应检查以下情况:①扣件接头是否锁(扣)紧。②导轨的垂直度是否符合要求。③葫芦是否拴好,有无翻链扭曲现象,电控柜及电动葫芦连接是否正确。④障碍物是否清除干净。⑤约束是否解除。⑥操作人员是否到位。

经检查合格后,方可进行升降作业。

(2)上升。①以同一水平位置的导轨为基准,记下导轨上导轮所在位置(导轨上的孔位和数字)。②启动葫芦,使架体(支架)沿导轨均匀平稳上升,一直升至所定高度(第一次爬升距离一般不大于 500 mm)后,将斜拉钢丝绳挂在上一层连墙挂板上,并将限位锁锁住导轨和立杆;再松动并摘下葫芦,将提升挂座移至上部位置,把葫芦挂上,并将下部已导滑出的导轨拆下安装到顶部。

(3)下降。与上升操作相反,先将提升挂座挂在下面一组导轮的上方位置上,待支架下降到位后,再将上部导轨拆下,安装到底部。

注意:上升或下降过程中应注意观察各提升点的同步性,当高差超过 1 个孔位(100 mm)时,应停机调整。

(4)安全生产检查评分表。

【习题】

一、判断题(下列判断正确的打"√",错误的打"×")

(　　)1. 连墙件应从第一步纵向水平杆处开始设置。

(　　)2. 纵向扫地杆应采用直角扣件固定在距离底座上皮不大于 200 mm 处的立杆上。

(　　)3. 脚手架旁有开挖的沟槽时,应控制外立杆距沟槽边的距离,当架高在 50 m 以上时,不小于 2.8 m。

(　　)4. 高度超过 24 m 的双排脚手架,必须采用刚性连墙件。

(　　)5. 当脚手架下部不能设置连墙件时,要搭设抛撑(斜撑杆),抛撑与地面为夹角 45°~60°,若抛撑钢管长度不够,可采用对接扣件接长。

二、单选选择题(下列选项中,只有一个是正确的,请将其代号填在括号内)

1. 每搭设(　　)高度应对脚手架进行检查。

A. 10 m　　B. 15 m　　C. 18 m　　D. 20 m

2. 剪刀撑中间各道之间的净距不应大于(　　)m。

A. 10　　B. 15　　C. 20　　D. 25

3. 扣件式钢管脚手架的常用钢管的壁厚是(　　)mm。

A. 3　　B. 3.5　　C. 5　　D. 5.5

4. 木脚手板的厚度应不小于(　　)mm。

A. 30　　B. 50　　C. 70　　D. 90

5. 立杆搭接时,旋转扣件不少于(　　)个。

A. 1　　B. 2　　C. 3　　D. 4

三、多选选择题(下列选项中,至少有两个是正确的,请将其代号填在括号内)

1. 脚手架搭设和拆除作业过程中严禁以下(　　)行为和作业。

A. 用人力传运架杆　　B. 上下同时拆卸

C. 安装等立体交叉作业　　D. 高空抛物

2. 在脚手架上作业人员必须100%系挂安全带的含义是(　　)

A. 100%的作业人员系挂安全带　　B. 100%的作业时间系挂安全带

C. 100%的过程系挂安全带　　D. 100%的姿势、动作系挂安全带

3. 旋转扣件可以用于(　　)。

A. 大横杆与立杆的连接　　B. 横向斜撑与立杆的连接

C. 剪刀撑斜杆与立杆的连接　　D. 抛撑与立杆的连接

4. 下列哪些情况下不得进行露天脚手架搭设与拆除作业?(　　)。

A. 遇有六级以上强风、浓雾、大雪及雷雨等恶劣气候

B. 40 ℃及以上高温、-20 ℃及以下寒冷环境下

C. 夜晚或者视线不清的情况下

D. 在排入有毒、有害气体及粉尘超标的场所及其下风侧

E. 经医生诊断患有高血压、心脏病、贫血病、癫痫病、严重关节炎、手脚残疾、饮酒或服用嗜睡、兴奋等药物的人员以及其他禁忌高处作业的人员

F. 未开具高处作业票或未选取高处作业图标的作业

5. 脚手架使用阶段,应定期检查的项目为(　　)。

A. 杆件的设置和连接,连墙件、支撑、门洞桁架等处的构造是否符合规范要求

B. 地基是否积水、底座应无松动、立杆是否悬空

C. 有无超载使用

D. 扣件螺栓应无松动

E. 高度在24 m以上的双排架和满堂架立杆的垂直度和沉降是否在规范要求范围内。

【参考答案】

一、判断题

1. √　2. √　3. ×　4. √　5×

二、单项选择题

1. A　2. B　3. B　4. B　5. B

三、多项选择题

1. BCD　2. ABCD　3. BCD　4. ABCDEF　5. ABC

第七章　砌筑工相关岗位技能

第一节　砌筑材料

砌筑工程又称砌体工程，是指在建筑工程中使用各种砌筑材料，通过砂浆的胶结作用进行砌筑的工程。砌筑工程中常用的砌筑材料有砖、各种中小型砌块、石材和砌筑砂浆等。

一、砌体结构用砖

（一）烧结普通砖

《烧结普通砖》（GB/T 5101—2017）规定，凡以黏土、页岩、煤矸石和粉煤灰、建筑渣土、淤泥、污泥等为主要原料，经成型、焙烧而成的砖，称为烧结普通砖。烧结普通砖分为烧结黏土砖、烧结页岩砖、烧结煤矸石砖、烧结粉煤灰砖等，其中烧结黏土砖因毁田取土、能耗大、块体小等缺点，在我国已被禁止生产和使用。无孔洞或孔洞率小于15%的砖称为实心砖。烧结普通砖通常尺寸为240 mm×115 mm×53 mm，根据抗压强度分为MU30、MU25、MU20、MU15、MU10五个强度等级。烧结普通砖强度较高，保温隔热及耐久性能良好，可用于房屋的墙体，也可用来砌筑地面以下的带形基础、地下室墙体及挡土墙等。

（二）蒸压灰砂砖

蒸压灰砂砖是以适当比例的石灰和石英砂、砂或细砂岩，经磨细、加水拌和、半干法压制成型并经蒸压养护而成的，是替代烧结黏土砖的产品。砖的规格尺寸为240 mm×115 mm×53 mm。测试结果证明，蒸压灰砂砖既具有良好的耐久性能，又具有较高的墙体强度。蒸压灰砂砖不得用于长期受热200 ℃以上、受急冷急热和有酸性介质腐蚀的建筑部位。

（三）粉煤灰砖

粉煤灰砖的主要原材料是粉煤灰、石灰、石膏、电石渣、电石泥等工业废弃固态物。粉

煤灰砖用于基础或用于易受冻融和干湿交替作用的建筑部位必须使用一等砖与优等砖。同时，粉煤灰不得用于长期受热、受急冷急热和有酸性介质侵蚀的部位，有抗折、抗压、体轻、保温、隔声、外观好等特点。通常尺寸为 240 mm×115 mm×53 mm，有 MU20、MU15、MU10、MU7.5 四个等级。

（四）烧结多孔砖

烧结多孔砖以黏土、页岩、煤矸石、粉煤灰、淤泥（江河湖淤泥）及其他固体废弃物等为主要原料，经焙烧而成，孔洞率不大于 35%，孔的尺寸小而数量多，主要用于承重部位。砖的外形一般为直角六面体，在与砂浆的接合面上应设有增加接合力的粉刷槽和砌筑砂浆槽，有体轻、保温、隔音等特点。

（五）煤渣砖

煤渣砖是指以煤渣为主要原料，掺入适量石灰、石膏，经混合、压制成型或蒸压而成的实心煤渣砖。煤渣砖是一种保温节能型轻质墙体材料。

（六）矿渣砖

矿渣砖是指由金属冶炼过程排放的废渣在经加工烧制而成的砖块。

（七）碳化灰砂砖

碳化灰砂砖是以石灰、砂子和微量石膏为主要原料，经坯料制备、压制成型后，利用石灰窑废弃二氧化碳进行碳化而成的砌体材料。

（八）煤矸石砖

煤矸石砖的主要成分是煤矸石。煤矸石是采煤过程和洗煤过程中排放的固体废物。实心砖和多孔砖多用于承重结构墙体，空心砖多用于非承重结构墙体。

二、砌体工程用小型砌块

（一）蒸压加气混凝土砌块

蒸压加气混凝土砌块是以粉煤灰、石灰、水泥、石膏、矿渣等为主要原料，加入适量发气剂、调节剂、气泡稳定剂，经配料搅拌、浇筑、静停、切割和高压蒸养等工艺过程而制成的一种多孔混凝土制品。

蒸压加气混凝土砌块的单位体积重量是黏土砖的三分之一，保温性能是黏土砖的 3~4 倍，隔音性能是黏土砖的 2 倍，抗渗性能是黏土砖的 1 倍以上，耐火性能是钢筋混凝土的 6~8 倍。主要用于建筑物的外填充墙和非承重内隔墙，也可与其他材料组合成为具有保温隔热功能的复合墙体，但不宜用于最外层，产品龄期不少于 28 d。蒸压加气混凝土砌块如无有效措施，不得用于下列部位：建筑物标高±0.000 以下；长期浸水、经常受干湿交替或经常受冻融循环的部位；受酸碱化学物质侵蚀的部位以及制品表面温度高于 80 ℃的部位。

（二）普通混凝土小型空心砌块

混凝土小型空心砌块（简称混凝土小砌块）是以水泥、砂、石等普通混凝土材料制成的，其空心率为 25%~50%。混凝土小型空心砌块适用于建筑地震设计烈度为Ⅷ度及Ⅷ度以下的各种建筑墙体，包括高层与大跨度的建筑，也可以用于围墙、挡土墙、桥梁和花坛等市政设施，应用范围十分广泛。

混凝土小型空心砌块主要规格尺寸为 390 mm×190 mm×190 mm，按抗压强度分为 MU3.5、MU5、MU7.5、MU10、MU15、MU20 六个强度等级。

使用时应注意：①小砌块采用自然养护时，必须养护 28 d 后方可使用；②出厂时，小砌块的相对含水率必须严格控制在标准规定范围内；③小砌块在施工现场堆放时，必须采用防雨措施；④浇筑前，小砌块不允许浇水预湿。

优点：自重轻，热工性能好，抗震性能好，砌筑方便，墙面平整度好，施工效率高等。弱点：块体相对较重、易产生收缩变形、易破损、不便砍削加工等，处理不当，砌体易出现开裂、漏水、人工性能降低等质量问题。砌筑普通混凝土小型空心砌块砌体，不需对小砌块浇水湿润，如遇天气干燥炎热，宜在砌筑前对其喷水湿润。

(三)轻骨料混凝土小型空心砌块

轻骨料混凝土小型空心砌块是以水泥和轻质骨料为主要原料，按一定的配合比拌制成轻骨料混凝土拌和物，经砌块成型机成型与适当养护制成的轻质墙体材料。主砌块和辅助砌块的规格尺寸与普通混凝土小型空心砌块相同，密度比普通混凝土小型空心砌块小。

(四)粉煤灰砌块

粉煤灰砌块的粉煤灰是煤燃烧后的烟气中的细灰，其是燃煤电厂排出的主要固体废物。粉煤灰砌块是一种能源回收再利用的绿色环保的砖块，被大量使用。

粉煤灰砖是以粉煤灰、石灰为主要原料，掺加适量石膏、外加剂和骨料等，经坯料配制、轮碾碾压、机械成型、水化和水热合成反应而制成的实心粉煤灰砖，具有容重小(能浮于水面)、保温、隔热、节能、隔音效果优良，可加工性好等优点。粉煤灰砖的长为 240 mm、宽为 115 mm、高为 53 mm。

(五)粉煤灰小型空心砌块

粉煤灰小型空心砌块后期强度高，韧性、保温抗渗性好，其主要规格尺寸为 390 mm×190 mm×190 mm。

(六)石膏砌块

石膏砌块具有隔音防火、施工便捷等多项优点，是一种低碳环保、健康、符合时代发展要求的新型墙体材料。

三、砌体结构用石

砌筑石材有天然形成和人工制造两大类。由天然岩石开采的，经过或不经过加工而制得的材料，称为天然石材。砌筑石材一般加工成块状，根据加工后的外形规则程度，砌筑石材可分为毛石和料石。

(一)毛石

毛石是不成形的石料，处于开采以后的自然状态。它是岩石经爆破后所得形状不规则的石块，形状不规则的称为乱毛石，有两个大致平行面的称为平毛石。常用于砌筑基础、勒脚、墙身、堤坝、挡土墙等，也可配置片石混凝土等。

(二)料石

料石是由人工或机械开拆出的较规则的六面体石块，是用来砌筑建筑物用的石料，按其加工后的外形规则程度可分为：毛料石、粗料石、半细料石和细料石四种。毛料石、粗料石主要应用于建筑物的基础、勒脚、墙体部位,半细料石和细料石主要用作镶面的材料。

四、砌筑砂浆

砂浆指的是将砖、石、砌块等块材经砌筑成为砌体的砂浆,它起黏结、衬垫和传力作用,是砌体的重要组成部分。

(一)砌筑砂浆的种类

砌筑砂浆由骨料、胶结料、掺合料和外加剂组成。根据胶结料的不同,砌筑砂浆一般分为水泥砂浆、石灰砂浆和混合砂浆三类。

水泥砂浆由水泥、细骨料和水即水泥+砂+水拌和而成。这种砂浆具有较高的强度和较好的耐久性,但和易性、保水性较差,适用于砂浆强度要求较高的砌体和潮湿环境中的砌体。石灰砂浆就是石灰+砂+水组成的拌和物。石灰砂浆仅用于强度要求低的干燥环境,成本比较低。混合砂浆一般由水泥、石灰膏、砂子拌和而成,一般用于地面以上的砌体。混合砂浆由于加入了石灰膏,改善了砂浆的和易性,操作起来比较方便,有利于砌体密实度和工效的提高。

(二)砌筑砂浆材料

砌筑砂浆由水泥、砂子、掺加剂、外加剂、拌和用水组成。

(1)水泥。水泥是砂浆的主要胶凝材料,常用的水泥品种有普通水泥、矿渣水泥、火山灰水泥、粉煤灰水泥和复合水泥等,可根据设计要求、砌筑部位及所处的环境条件选择适宜的水泥品种。砂浆采用的水泥,其强度等级宜为 42.5 级。水泥标号应为砂浆强度等级的 4~5 倍,水泥标号过高,将使水泥用量不足而导致保水性不良。石灰膏和熟石灰不仅是作为胶凝材料,更主要的是使砂浆具有良好的保水性。

(2)砂子。砂中黏土含量应不大于 5%。砂的最大粒径一般不大于 2.5 mm。作为勾缝和抹面用的砂浆,最大粒径不超过 1.25 mm,砂的粗细程度对水泥用量、和易性、强度和收缩性影响很大。砂宜用过筛中砂,毛石砌体宜用粗砂。

(3)掺加料。为改善和易性可采用掺加料。施工中常用的掺加料有石灰膏、电石膏、粉煤灰等。石灰膏:生石灰经过熟化,用孔洞不大于 3 mm×3 mm 的网滤渣后,储存在石灰池内,沉淀 14 d 以上;磨细生石灰粉,其熟化时间不小于 1 d,经充分熟化后即成为可用的石灰膏。严禁使用脱水硬化的石灰膏。电石膏:电石原属工业废料,水化后形成青灰色乳浆,经过泌水和去渣后就可使用,其作用同石灰膏。粉煤灰:粉煤灰是电厂排出的废料,在砌筑砂浆中掺入一定量的粉煤灰,可以增加砂浆的和易性。粉煤灰有一定的活性,因此可节约水泥用量。

(4)外加剂。外加剂在砌筑砂浆中起改善砂浆性能的作用。在砂浆中掺入的砌筑砂浆增塑剂、早强剂、缓凝剂、防冻剂、防水剂等砂浆外加剂,其品种和用量应经有资质的检测单位检验和试配确定。所用外加剂的技术性能应符合《砌筑砂浆增塑剂》(JG/T 164—2004)、《混凝土外加剂》(GB 8076—2008)、《砂浆、混凝土防水剂》(JC 474—2008)的相关质量要求。

(5)拌和用水。拌和砂浆应采用自来水或天然洁净可供饮用的水,不得使用含有油脂类物质、糖类物质、酸性或碱性物质和经工业污染的水。拌和用水的 pH 应不小于 7,海水因含有大量盐分,不能用作拌和用水。

(三)砂浆配合比

砂浆强度等级按照图纸说明进行施工,提前送试验室进行试配,得出施工配合比,材料变化时需再次进行试配。

如砂浆配合比为水泥:砂:水=100:644:95,意思是每 100 kg 水泥需要 644 kg 砂、95 kg 水。每袋水泥质量为 50 kg,则每袋水泥需要 322 kg 砂和 47.5 kg 水。

(四)砂浆的拌制及使用

按照配合比计算出各组分重量,使用地磅称量符合要求后,投入搅拌机中使用。投入顺序为先投入水泥和砂,待搅拌均匀后再加入水。

搅拌时间不得少于 2 min。当掺加外加剂时,搅拌时间不得少于 3 min。掺用外加剂时,应先将外加剂按规定浓度溶于水中,在拌和水投入时投入外加剂溶液,外加剂不得直接投入拌制的砂浆中。砂浆应随拌随用。砂浆必须在拌好后 3 h 内使用完毕,如施工期间最高气温超过 30 ℃,必须在 2 h 内使用完毕。

(五)砂浆见证取样与试验

检验方法:在砂浆搅拌机出料口或在湿拌砂浆的储存容器出料口随机取样制作砂浆试块。试块标养 28 d 后作强度试验。预拌砂浆中的湿拌砂浆稠度应在进场时取样检验。当施工中或验收时出现下列情况,可采用现场检验方法对砂浆或砌体强度进行实体检测,并判定其强度:

(1)砂浆试块缺乏代表性或试块数量不足。

(2)对砂浆试块的试验结果有怀疑或有争议。

(3)砂浆试块的试验结果,不能满足设计要求。

(4)发生工程事故,需要进一步分析事故原因。

砌筑砂浆试块强度验收时,其强度合格标准应符合下列规定:①同一验收批砂浆试块强度平均值应大于或等于设计强度等级值的 1.10 倍;②同一验收批砂浆试块抗压强度的最小一组平均值应大于或等于设计强度等级值的 85%。砌筑砂浆的验收批,同一类型、强度等级的砂浆试块不应少于 3 组;③同一验收批砂浆只有 1 组或 2 组试块时,每组试块抗压强度平均值应大于或等于设计强度等级值的 1.10 倍。

第二节 砌筑工程施工

一、砌体的一般要求

砌体可分为:砖砌体,主要有墙和柱;石材砌体,多用于带形基础、挡土墙及某些墙体结构;砌块砌体,多用于定型设计的民用房屋及工业厂房的墙体;配筋砌体,在砌体水平灰缝中配置钢筋网片或在砌体外部的预留槽沟内设置竖向粗钢筋的组合砌体。

砌体除应采用符合质量要求的原材料外,还必须有良好的砌筑质量,以使砌体有良好的整体性、稳定性和良好的受力性能,一般要求灰缝横平竖直,砂浆饱满,厚薄均匀,砌块应上下错缝,内外搭砌,接槎牢固,墙面垂直。要预防不均匀沉降引起开裂;要注意施工中墙、柱的稳定性;冬季施工时,还要采取相应的措施。

二、砖砌体工程施工

(一)砌筑用砖的现场组砌

1. 砌砖工艺流程

(1)选砖:用于清水墙、柱表面的砖,应边角整齐,色泽均匀。

(2)砖浇水:砖应提前1~2 d浇水湿润,现场检验砖含水率的简易方法采用断砖法,当砖截面四周融水深度为15~20 mm时,视为符合要求的适宜含水率。

(3)校核放线尺寸:应用钢尺校核放线尺寸。

(4)选择砌筑方法:宜采用"三一"砌筑法。当采用铺浆法砌筑时,铺浆长度不得超过750 mm,施工期间气温超过30 ℃时, 铺浆长度不得超过500 mm。

(5)设置皮数杆:在砖砌体转角处、交接处应设置皮数杆,皮数杆上标明砖皮数、灰缝厚度及竖向构造的变化部位。皮数杆间距不应大于15 m,在相对两皮数杆的砖上边线处拉准线。

(6)清理:清除砌筑部位处所残存的砂浆杂物。

(7)砌砖:按照交底要求砌筑砌块,注意需勾缝。

2. 砖砌体的组砌要求

(1)砖砌体的组砌必须上下错缝、内外搭砌,不能形成通缝和内外分离的现象,因此要求无论清水墙、混水墙中砖缝搭接不得少于1/4的砖长。砌筑清水墙时,使用的砖应边角整齐、色泽均匀。为了保证清水墙面竖向灰缝的垂直度,应在每砌完一步脚手架高度时,在墙面水平间距每2 m处,于丁砖立棱位置处弹放两道垂直线,以控制垂直灰缝左右摇摆形成的游丁走缝。在清水墙身上不准出现使用三分头砖的情况,并不得随意改变组砌方式或出现乱缝现象,为了勾缝工序的方便,灰缝应随砌随划缝,考虑到勾缝还需要一定的深度,因此划缝的深度以8 ~ 12 mm为宜,并且要求划缝深度一致、缝内保持清洁。砌筑混水墙时,严禁"半分头"砖集中出现的现象,也不能有3皮砖及其3皮砖以上的通缝。砌筑砖柱时,不得采用包心砌筑法,柱面上下皮的竖缝应相互错开1/2或1/4的砖长,使柱心避免通天缝,有些地区砖柱之所以发生倒塌事故,经分析除众多原因外,还与采用包心砌筑形式有关。

(2)排砖撂底(干摆砖),一般外墙第一层砖撂底时,两山墙排丁砖,前后纵墙排条砖,变形缝、伸缩缝、沉降缝两侧的墙体可视为外墙。窗口处若有破活,七分头或丁砖应排在窗口中间以及附墙垛旁或其他不明显处。

(3)砌砖前应先盘角:第一次盘角不要超过五皮,对新盘的大角应进行吊靠,如有偏差要及时修整。盘角时,要仔细对照皮数杆的砖层和标高,控制好灰缝的厚度,使水平灰缝均匀一致,真正起到对其余砌体的指导作用。

(4)挂线:砌筑墙厚在360 mm(习惯上称三七墙或一砖半墙)及以上的砖墙必须双面挂线,如几个人同时在较长的墙体上使用一根通线,中间应设几个支线点,小线一定要拉紧,每层砖都要看平,使水平缝均匀一致、平直通顺,砌筑一砖厚时,应当采用外手挂线。

(二)砖砌体的砌筑方法

1.“三一”砌筑法

“三一”砌筑法是砌筑工程作业中最常使用的一种方法。它是指一块砖、一铲灰、一揉挤(简称“三一”),并随手将挤出的砂浆刮去的砌筑办法。分为以下三个步骤:

(1)铲灰取砖:在砌筑过程中,最理想的操作方法是将铲灰和取砖合为一个动作进行。先是右手利用工具勾起侧码砖的丁面,左手随之取砖,右手再铲灰。当施工人员拿砖的时候,一般也要做好下一块砖的拿起准备,以确定下一个动作目标,这样有利于提高工效。铲灰量凭操作者的经验和技艺来确定,以一铲灰刚好能砌一块砖为准。

(2)铺灰:砌条砖铺灰主要是采取正铲甩灰以及反扣两个动作,其中甩的动作应用于砌筑离身较远且工作面较低的砖墙,甩灰时握铲的手利用手腕的挑力,将铲上的灰拉长而均匀地落在操作面上。扣的动作应用于正面对墙、操作面较高的近身砖墙,扣灰时握铲的手利用手臂的前推力将灰条扣出。砌三七墙的里丁砖,采取扣灰刮虚尖的动作,铲灰要呈扁平状,大铲尖部的灰要少,扣出灰要前部高、后部低,随即用铲刮虚尖灰,使碰头缝灰浆挤严。当砌三七墙的外丁砖时,铲灰一般会呈扁平状,而且灰的厚薄要一致,由外往里平拉铺灰,采取泼的动作。平拉反腕泼灰用于侧身砌较远的外丁砖墙,平拉正腕泼灰用于砌近身正面的外丁砖墙。

(3)挤揉:灰铺好后,左手拿砖在离已砌好的砖 30 ~ 40 mm 处开始平放,并稍稍蹭着灰面,将灰浆刮起一点到砖顶头的竖缝里。然后,将砖揉一揉,顺手用大铲把挤出墙面的灰刮起来,再甩到缝里。揉砖时,要做到上看线下看墙,做到砌好的砖下跟砖棱,上跟挂线。

2.“二三八一”砌砖法

“二三八一”砌砖法是指把砌筑工砌砖的动作过程归纳为 2 种步法、3 种弯腰姿势、8 种铺灰手法、1 种挤浆动作的砌砖操作方法。

(1)操作步骤:铲灰取砖—大铲铺灰—摆砖揉挤。

(2)砌砖动作:铲灰和拿砖—转身铺灰—挤浆和接刮余灰—甩出余灰。

(3)2 种步法(丁字步和并列步)。①操作者背向砌筑前进方向退步砌筑。开始砌筑时,斜站成步距约 0.8 m 的丁字步。②左脚在前(离大角约 1 m),右脚在后(靠近灰斗),右手自然下垂可方便取灰,左脚稍转动可方便取砖。③砌完 1 m 长墙体后,左脚后撤半步,右脚稍移动成并列步,面对墙身再砌 0.5 m 长墙体。在并列步时,两脚稍转动可完成取灰和取砖动作。④砌完 1.5 m 长墙体后,左脚后撤半步,右脚后撤一步,站成丁字步,再继续重复前面的动作。

(4)3 种弯腰姿势。①侧身弯腰用于丁字步姿势铲灰和取砖。②丁字步正弯腰用于丁字步姿势砌离身较远的矮墙。③并列步正弯腰用于并列步姿势砌近身墙体。

(5)8 种铺灰手法。①砌条砖时,采用甩灰、扣灰和泼灰 3 种铺灰手法。②砌丁砖时,采用扣灰、一带二铺灰、里丁砖溜灰、外丁砖泼灰 4 种铺灰手法。③砌角砖时,采用溜灰的铺灰手法。

(6)1 种挤浆动作。同“三一”砌筑法。

3.铺灰挤砌法

铺灰挤砌法就是在墙上均匀倒灰,然后用瓦刀刮平后砌砖。砌筑时,将砂浆均匀地倒在墙上,瓦工左手拿摊尺平搁在砖墙边棱上,右手拿瓦刀刮平砂浆,砂浆虚铺稍高于摊尺厚度。砌砖时,左手拿砖,右手拿瓦刀,披好竖缝随即砌上,看齐、放平、摆正,砌好砖,瓦刀轻敲一下,以使砂浆饱满。

4. 坐浆砌砖法

坐浆砌砖法砌筑片石与铺浆砌砖差不多,就是砌筑片石时先在下层片石面上(或基础面上)铺一层厚薄均匀的砂浆,再压下片石,借助片石自重将砂浆压紧,并在缝隙处加以必要插捣和用力敲击,使片石完全稳定在砂浆层上。由于片石通常不规则,一般在施工中需要用小片石挤入较大的缝隙,这样整个结构才稳固。

(三)砖基础砌筑

1. 砖基础构造

砖基础下部通常扩大,称为大放脚。大放脚有等高式和不等高式两种。等高式大放脚是两皮一收,即每砌两皮砖,两边各收进 1/4 砖长;不等高式大放脚是两皮一收与一皮一收相间隔,即砌两皮砖,收进 1/4 砖长,再砌一皮砖,收进 1/4 砖长,如此往复。

2. 砖基础施工要点

(1)砌筑前,应将地基表面的浮土及垃圾清除干净。

(2)基础施工前,应在主要轴线部位设置引桩,以控制基础、墙身的轴线位置,并从中引出墙身轴线,而后向两边放出大放脚的底边线。在地基转角、交接及高低踏步处预先立好基础皮数杆。

(3)砌筑时,可依皮数杆先在转角及交接处砌几皮砖,然后在其间拉准线砌中间部分。内外墙砖基础应同时砌起,如不能同时砌筑应留置斜槎,斜槎长度不应小于斜槎高度。

(4)基础底标高不同时,应从低处砌起,并由高处向低处搭接。如设计无要求,搭接长度不应小于基础底的高差,搭接长度范围内下层基础应扩大砌筑。

(5)大放脚部分一般采用一顺一丁砌筑形式。水平灰缝及竖向灰缝的宽度应控制在 10 mm 左右,水平灰缝的砂浆饱满度不得小于 80%,竖缝要错开。要注意丁字及十字接头处砖块的搭接,在这些交接处,纵横墙要隔皮砌通。大放脚的最下一皮及每层的最上一皮应以丁砌为主。

(6)基础砌完验收合格后,应及时回填。回填土要在基础两侧同时进行,并分层夯实。

(四)砖柱砌筑

1. 独立砖柱

砖柱应选用整砖砌筑。砖柱断面宜为方形或矩形。最小断面尺寸为 240 mm× 365 mm。砖柱应采用烧结普通砖与水泥砂浆(或水泥混合砂浆)砌筑,砖的强度等级不低于 MU10,砂浆强度等级不低于 M5。

砖柱分皮砌法视柱断面尺寸而定,应使柱面上下皮砖的竖向灰缝相互错开 1/4 砖长,在柱心无通天缝(不可避免除外)时,少打砖。严禁采用包心砌法,即先砌四周后填心的砌法。

独立砖柱砌筑时,可立固定皮数杆。当几个砖柱在一条直线上时,可先砌两端砖柱再拉准线,依准线砌中间部分砖柱,并用流动皮数杆检查各砖柱的高低。当基础顶面高低不平时要找平,高差小于 30 mm 时,用 1:3水泥砂浆找平;高差大于 30 mm 时,用细石混凝土找平;保证每根柱的第一皮砖在同一标高上。

砖柱的水平灰缝厚度和垂直灰缝宽度宜为 10 mm，但不应小于 8 mm，也不应大于 12 mm。砖柱水平灰缝的砂浆饱满度不得小于 80%。砖柱中不得留脚手眼。砖柱每日砌筑高度不得超过 1.8 m。

2. 壁柱

壁柱又称砖垛、附墙垛。壁柱与墙体连在一起，共同支承宽屋架或梁，同时增加墙体的强度和稳定性。最小断面尺寸为 120 mm× 240 mm。

壁柱宜采用烧结普通砖与水泥砂浆(或水泥混合砂浆)砌筑。砖的强度等级不低于 MU10，砂浆强度等级不低于 M5。

壁柱应与所附砖墙同时砌筑。砌筑时，墙与壁柱逐皮搭接咬合，搭接长度不少于 1/4 砖长，并根据错缝的需要，采用“七分头”砖进行组砌。墙与壁柱必须同时砌筑，不得留槎。同一道墙上多个壁柱应拉通线控制壁柱的外侧尺寸，并保持在同一直线上。

(五)砖墙砌筑

1. 砌筑形式

用普通砖砌筑的砖墙，按其墙面组砌形式不同，有全顺、两平一侧、一顺一丁、三顺一丁、梅花丁等。

(1)全顺法：各皮砖均顺砌，上下皮垂直灰缝相互错开半砖长(120 mm)，此法仅用于砌半砖厚(115 mm)墙。

(2)二平一侧：二平一侧又称 18 墙，其组砌特点：平砌层上下皮间错缝半砖，平砌层与侧砌层之间错缝 1/4 砖。此种砌法比较费工，效率低，但节省砖块，可以作为层数较小的建筑物的承重墙。

(3)一顺一丁：由一皮顺砖、一皮丁砖间隔相砌而成，上下皮的竖向灰缝都错开 1/4 砖长，是一种常用的组砌方式，其特点是一皮顺砖(砖的长边与墙身长度方向平行的砖)，一皮丁砖(砖的长面与墙身长度方向垂直的砖)间隔相砌，每隔一皮砖，丁顺相同，竖缝错开。这种砌法整体性好，多用于一砖墙。

(4)三顺一丁：这是最常见的组砌形式，由三皮顺砖、一皮丁砖组砌而成，上下皮顺砖搭接半砖长，丁砖与顺砖搭接 1/4 砖长，因三皮顺砖内部纵向有通缝，故整体性较差，且墙面也不易控制平直。但这种组砌方法因顺砖较多，砌筑速度快。

(5)梅花丁：这种砌法又称沙包式，是每皮中顺砖与丁砖间隔相砌，上下皮砖的竖缝相互错开 1/4 砖长。这种砌法内外竖缝每皮都能错开，整体性较好，灰缝整齐，比较美观，但砌筑效率较低，多用于清水墙面。

另外，要注意在砖墙的转角处、交接处，根据错缝需要加砌配砖。

2. 施工工艺与方法

砖砌体施工通常包括抄平、放线、摆砖、立皮数杆、挂线、砌砖等工序。

(1)抄平。砌墙前，应在基础防潮层或楼面上定出各层标高，并用 M7.5 水泥砂浆或 C10 细石混凝土找平，使各段砖墙底部标高符合设计要求。

(2)放线。确定各段墙体砌筑的位置。根据轴线桩或龙门板上给定的轴线及图纸上标注的墙体尺寸，在基础顶面上用墨线弹出墙的轴线和宽度线，并定出门洞口位置线。二层以上墙的轴线可以用经纬仪或锤球引上。

(3)摆砖。摆砖是指在放线的基面上按选定的组砌方式用干砖试摆。摆砖时,核对所放的墨线在门窗洞口、附墙垛等处是否符合砖的模数,尽可能减少砍砖,并使砌体灰缝均匀、整齐,同时可提高砌筑的效率。

(4)立皮数杆。皮数杆是指在其上画有每皮砖和砖缝厚度以及门窗洞口、过梁、板、梁底、预埋件等标高位置的一种木制标杆。其作用是砌筑时控制砌体竖向尺寸的准确度,同时保证砌体的垂直度。皮数杆一般立于房屋的四大角、内外墙交接处、楼梯间以及洞口多的地方。砌体较长时,可每隔 10~15 m 增设一根。皮数杆固定时,应用水准仪抄平,并用钢尺量出楼层高度,定出本楼层楼面标高,使皮数杆上所画室内地面标高与设计要求标高一致。

(5)挂线。为保证砌体垂直平整,砌筑时必须挂通线,一般二四墙可单面挂线,三七墙及三七墙以上的墙则应双面挂线。

(6)砌砖。砌砖宜采用"三一"砌筑法。砌砖时,要放平。里手高,墙面就要张;里手低,墙面就要背。砌砖一定要跟线,"上跟线,下跟棱,左右相邻要对平"。水平灰缝厚度和竖向灰缝宽度一般为 10 mm,但不应小于 8 mm,也不应大于 12 mm。

(六)普通砖砌筑质量标准

1. 一般规定

(1)用于清水墙、柱表面的砖,应边角整齐,色泽均匀。

(2)砌体砌筑时,混凝土多孔砖、混凝土实心砖、蒸压灰砂砖、蒸压粉煤灰砖等块体的产品龄期不应小于 28 d。

(3)有冻胀环境和条件的地区,地面以下或防潮层以下的砌体,不应采用多孔砖。

(4)不同品种的砖不得在同一楼层混砌。

(5)砌筑烧结普通砖、烧结多孔砖、蒸压灰砂砖、蒸压粉煤灰砖砌体时,砖应提前 1~2 d 适度湿润,严禁采用干砖或处于吸水饱和状态的砖砌筑,块体湿润程度宜符合下列规定:①烧结类块体的相对含水率为 60%~70%;②混凝土多孔砖及混凝土实心砖不需浇水湿润,但在气候干燥炎热的情况下,宜在砌筑前对其喷水湿润。其他非烧结类块体的相对含水率为 40%~50%。

(6)采用铺浆法砌筑砌体,铺浆长度不得超过 750 mm;当施工期间气温超过 30 ℃时,铺浆长度不得超过 500 mm。

(7) 240 mm 厚承重墙的每层墙的最上一皮砖,砖砌体的台阶水平面上及挑出层的外皮砖,应整砖丁砌。

(8)弧拱式及平拱式过梁的灰缝应砌成楔形缝,拱底灰缝宽度不宜小于 5 mm,拱顶灰缝宽度不应大于 15 mm,拱体的纵向及横向灰缝应填实砂浆;平拱式过梁拱脚下面应伸入墙内不小于 20 mm;砖砌平拱过梁底应有 1%的起拱。

(9)砖过梁底部的模板及其支架拆除时,灰缝砂浆强度不应低于设计强度的 75%。

(10)多孔砖的孔洞应垂直于受压面砌筑。半盲孔多孔砖的封底面应朝上砌筑。

(11)竖向灰缝不应出现瞎缝、透明缝和假缝。

(12)砖砌体施工临时间断处补砌时,必须将接槎处表面清理干净,洒水湿润,并填实砂浆,保持灰缝平直。

(13)夹心复合墙的砌筑应符合下列规定:①墙体砌筑时,应采取措施防止空腔内掉落砂浆和杂物;②拉结件设置应符合设计要求,拉结件在叶墙上的搁置长度不应小于叶墙厚度的2/3,并不应小于60 mm;③保温材料品种及性能应符合设计要求。保温材料的浇筑压力不应对砌体强度、变形及外观质量产生不良影响。

2. 主控项目

(1)砖和砂浆的强度等级必须符合设计要求。

(2)砌体灰缝砂浆应密实饱满,砖墙水平灰缝的砂浆饱满度不得低于80%,砖柱水平灰缝和竖向灰缝饱满度不得低于90%。

(3)砖砌体的转角处和交接处应同时砌筑,严禁无可靠措施的内外墙分砌施工。在抗震设防烈度为Ⅷ度及Ⅷ度以上地区,对不能同时砌筑而又必须留置的临时间断处应砌成斜槎,普通砖砌体斜槎水平投影长度不应小于高度的2/3,多孔砖砌体的斜槎长高比不应小于1/2。斜槎高度不得超过一步脚手架的高度。

(4)非抗震设防及抗震设防烈度为Ⅵ度、Ⅶ度地区的临时间断处,当不能留斜槎时,除转角处外,可留直槎,但直槎必须做成凸槎,且应加设拉结钢筋。

3. 一般项目

(1)砖砌体尺寸、位置的允许偏差和检验方法应符合规定。

(2)砖砌体组砌方法应采取内外搭接,上下错缝。清水墙、窗间墙无通缝;混水墙中不得有长度大于300 mm的通缝,长度200~300 mm的通缝每间不超过3处,且不得位于同一面墙体上。砖柱不得采用包心砌法。

(3)砖砌体的灰缝应横平竖直,厚薄均匀,水平灰缝厚度及竖向灰缝宽度宜为10 mm,但不应小于8 mm,也不应大于12 mm。

三、石砌体工程施工

(一)操作工艺

抄平放线—立皮数杆—挂线—砌筑—勾缝。

(1)抄平放线:根据图纸要求,设置水准基点桩,并弹好轴线、边线、门窗洞口和其他尺寸线,如标高误差过大(第一层灰缝厚度大于200 mm),应用细石混凝土垫平。

(2)立皮数杆:根据图纸要求,石块厚度和灰缝厚度限值,计算适宜的灰缝厚度,制作皮数杆,并准确安装固定好皮数杆或坡度门架。

(3)挂线:在两根皮数杆之间或坡度门架之间双面挂线分皮卧砌,每皮高约300 mm。

(4)砌筑、勾缝:毛石墙砌筑方法采用坐浆法,即在开始砌筑第一皮前先铺砂浆厚30~50 mm,然后用较大整齐的平毛石,放稳放平,先砌转角处、交接处和洞口处,再向中间砌筑,砌筑前应先试摆,合适后再铺灰砌筑,使石料大小搭配,大面平放朝下,外露表面要平齐,斜口朝内,逐块卧砌坐浆,砂浆饱满度应大于80%。石块间大于35 mm的空隙应先填塞砂浆,后用碎石嵌实,严禁先摆石块后塞砂浆或干填碎石块的做法。

(二)毛石砌体

1. 毛石砌体的砌筑要点

毛石砌体应采用铺浆法砌筑。砂浆必须饱满,叠砌面的粘灰面积(砂浆饱满度)应大于80%。

毛石砌体宜分皮卧砌,各皮石块间应利用毛石自然形状经敲打修整,使其能与先砌毛石基本吻合、搭砌紧密;毛石应上下错缝,内外搭砌,不得采用外面侧立毛石中间填心的砌筑方法;中间不得有铲口石(尖石倾斜向外的石块)、斧刃石(尖石向下的石块)和过桥石(仅在两端搭砌的石块)。

毛石砌体的灰缝厚度宜为20~30 mm,石块间不得有相互接触现象。石块间较大的空隙应先填塞砂浆后用碎石块嵌实,不得采用先摆碎石块后塞砂浆或干填碎石块的方法。

2. 毛石基础

砌筑毛石基础的第一皮石块坐浆,并将石块的大面向下。毛石基础的转角处、交接处应用较大的平毛石砌筑。

毛石基础的扩大部分,如做成阶梯形,上级阶梯的石块应至少压砌下级阶梯石块的1/2,相邻阶梯的毛石应相互错缝搭砌。

毛石基础必须设置拉结石,拉结石应均匀分布。毛石基础同皮内每隔2 m左右设置一块。拉结石长度:如基础宽度等于或小于400 mm,应与基础宽度相等;如基础宽度大于400 mm,可用两块拉结石内外搭接,搭接长度不应小于150 mm,且其中一块拉结石长度不应小于基础宽度的2/3。

3. 毛石墙

毛石墙的第一皮及转角处、交接处和洞口处,应用较大的毛石砌筑。

毛石墙必须设置拉结石。拉结石应均匀分布,相互错开。毛石墙一般每0.7 m^2墙面至少设置一块,且同皮内拉结石的中距不应大于2 m。拉结石的长度:如墙厚小于或等于400 mn,应与墙厚相等;如墙厚大于400 mm,可用两块拉结石内外搭接,搭接长度不应小于150 mm且其中一块拉结石长度不应小于墙厚的2/3。

在毛石和烧结普通砖的组合墙中,毛石砌体与砖砌体应同时砌筑,并每隔4~6皮砖用2~3皮丁砖与毛石砌体拉结砌合,两种砌体间的空隙应用砂浆填满。

转角处应自纵墙(或横墙)每隔4~6皮砖高度引出不小于120 mm与横墙(或纵墙)相接,交接处应自纵墙每隔4~6皮砖高度引出不小于120 mn与横墙相接。

毛石墙的转角处和交接处应同时砌筑。对不能同时砌筑而又必须留置的临时间断处,应砌成踏步槎。

(三)料石砌体

1. 料石砌体的砌筑要点

料石砌体应采用铺浆法砌筑,料石应放置平稳,砂浆必须饱满。砂浆铺设厚度应略高于规定灰缝厚度,其高出厚度:细料石宜为3~5 mm;粗料石、毛料石宜为6~8 mm。

料石砌体的灰缝厚度:细料石砌体不宜大于5 mm;粗料石和毛料石砌体不宜大于20 mm。

料石砌体的水平灰缝和竖向灰缝的砂浆饱满度均应大于80%。

料石砌体上下皮料石的竖向灰缝应相互错开,错开长度应不小于料石宽度的1/2。

2. 料石基础

料石基础的第一皮料石应坐浆丁砌,以上各层料石可按一顺一丁进行砌筑。阶梯形料石基础,上级阶梯的料石至少压砌下级阶梯料石的1/3。

3. 料石墙

料石墙厚度等于一块料石宽度时，可采用全顺砌筑形式。料石墙厚度等于两块料石宽度时，可采用两顺一丁或丁顺组砌的砌筑形式。

两顺一丁是两皮顺石与一皮丁石相间。

丁顺组砌是同皮内顺石与丁石相间，可一块顺石与丁石相间或两块顺石与一块丁石相间。

在料石和毛石或砖的组合墙中，料石砌体和毛石砌体或砖砌体应同时砌筑，并每隔2~3皮料石层用丁砌层与毛石砌体或砖砌体拉结砌合。丁砌料石的长度宜与组合墙厚度相同。

4. 料石平拱

用料石做平拱，应按设计要求加工。如设计无规定，则料石应加工成楔形，斜度应预先设计，拱两端部的石块，在拱脚处坡度以60°为宜。平拱石块数应为单数，厚度与墙厚相等，高度为二皮料石高。拱脚处，斜面应修整加工，使拱石相吻合。

砌筑时，应先支设模板，并以两边对称地向中间砌，正中一块锁石要挤紧。所用砂浆强度等级不应低于M10，灰缝厚度宜为5 mm。

养护到砂浆强度达到其设计强度的70%以上时，才可拆除模板。

5. 料石过梁

用料石作过梁，如设计无规定，过梁的高度应为200~450 mm，过梁宽度与墙厚相同。过梁净跨度不宜大于1.2 m，两端各伸入墙内长度不应小于250 mm。

过梁上续砌墙时，其正中石块长度不应小于过梁净跨度的1/3，其两旁应砌不小于2/3过梁净跨度的料石。

6. 石挡土墙

石挡土墙可采用毛石或料石砌筑。

砌筑毛石挡土墙应符合下列规定：

(1)每砌3~4皮毛石为一个分层高度，每个分层高度应找平一次。

(2)外露面的灰缝厚度不得大于40 mm，两个分层高度间分层处的错缝不得小于80 mm。

料石挡土墙宜采用丁顺组砌的砌筑形式。当中间部分用毛石填砌时，丁砌料石伸入毛石部分的长度不应小于200 mm。

石挡土墙的泄水孔当设计无规定时，施工应符合下列规定：

(1)泄水孔应均匀设置，在每米高度上间隔2 m左右设置一个泄水孔。

(2)泄水孔与土体间铺设长宽各为300 mm、厚200 mm的卵石或碎石作为疏水层。

挡土墙内侧回填土必须分层夯填，分层松土厚度应为300 mm。墙顶土面应有适当坡度使流水流向挡土墙外侧面。

(四)质量标准

细料石砌体灰缝厚度不宜大于5 mm，粗料石和毛料石砌体不宜大于20 mm。料石砌体的水平灰缝和竖向灰缝的砂浆饱满度应大于80%。料石砌体上下皮料石的竖向灰缝应相互错开，错开长度应不小于料石宽度的1/2。

石材表面的泥垢、水锈等杂质，砌筑前应清除干净。

砌筑砂浆应严格计算，保证配合比的准确；砂浆应搅拌均匀，稠度符合要求。

砌筑石墙应按规定拉通线,使达到平直、通光、一致,砌料石墙应双面挂线(全顺砌筑除外),并经常校核墙体的轴线与边线,以保证墙身平直、轴线正确,不发生位移。

砌石应注意选石,并使大小石块搭配使用,石料尺寸不应过小,以保证石块间的互相压搭和拉结,避免出现鼓肚和里外两层皮现象。

砌筑时,应严格防止出现不坐浆砌筑或先填心后填塞砂浆,造成石料直接接触,或采取铺石灌浆法施工,这将使砌体黏接强度和承载力大大降低。

墙面嵌缝前要将松散的砂浆清理干净,并洒水湿润,然后将水泥砂浆压入缝内,使之与原有砂浆粘牢。

四、砌块砌筑

用砌块代替烧结普通砖做墙体材料,是墙体改革的一个重要途径。近几年来,中小型砌块在我国得到了广泛应用。常用的砌块有粉煤灰硅酸盐砌块、混凝土小型空心砌块、煤矸石砌块等。砌块的规格不统一,中型砌块一般高度为 380~940 mm,长度为高度的 1.5~2.5 倍,厚度为 180~300 mm,每块砌块质量为 50~200 kg。

(一)砌块排列

由于中小型砌块体积较大、较重,不如砖块可以随意搬动,多用专门设备进行吊装砌筑,且砌筑时必须使用整块,不像普通砖可随意砍凿,因此在施工前,须根据工程平面图、立面图及门窗洞口的大小、楼层标高、构造要求等条件,绘制各墙的砌块排列图,以指导吊装砌筑施工。

砌块排列图按每片纵、横墙分别绘制。其绘制方法是在立面上用 1:50 或 1:30 的比例绘出纵、横墙,然后将过梁、平板、大梁、楼梯、孔洞等在墙面上标出,由纵墙和横墙高度计算皮数,画出水平灰缝线,并保证砌体平面尺寸和高度是块体加灰缝尺寸的倍数,再按砌块错缝搭接的构造要求和竖缝大小进行排列。对砌块进行排列时,注意尽量以主规格砌块为主,辅助规格砌块为辅,减少镶砖。

小砌块墙体应对孔错缝搭砌,搭接长度不应小于 90 mm。墙体的个别部位不能满足上述要求时,应在灰缝中设置拉结钢筋或钢筋网片,但竖向通缝仍不得超过两皮小砌块。砌块中水平灰缝厚度一般为 10~20 mm,有配筋的水平灰缝厚度为 20~25 mm;竖缝的宽度为 15~20 mm,当竖缝宽度大于 30 mm 时,应用强度等级不低于 C20 的细石混凝土填实,当竖缝宽度≥150 mm 或楼层高不是砌块加灰缝的整数倍时,应用普通砖镶砌。

(二)砌块施工工艺

砌块施工的主要工序是:铺灰、砌块吊装就位、校正、灌缝和镶砖。

(1)铺灰。砌块墙体所采用的砂浆,应具有良好的和易性,其稠度以 50~70 mm 为宜,铺灰应平整饱满,每次铺灰长度一般不超过 5 m,炎热天气及严寒季节应适当缩短。

(2)砌块吊装就位。砌块安装通常采用两种方案:一是以轻型塔式起重机进行砌块、砂浆的运输,以及楼板等预制构件的吊装,由台灵架吊装砌块;二是以井架进行材料的垂直运输、杠杆车进行楼板吊装,所有预制构件及材料的水平运输则用砌块车和劳动车,台灵架负责砌块的吊装,前者适用于工程量大的情况,后者适用于工程量小的房屋。

砌块吊装一般按施工段依次进行,其次序为先外后内,先远后近,先下后上,在相邻施工段之间留阶梯形斜槎。吊装时,应从转角处或砌块定位处开始,采用摩擦式夹具,按砌块排列图将所需砌块吊装就位。

(3)校正。砌块吊装就位后,用托线板检查砌块的垂直度,拉准线检查水平度,并用撬棍、楔块调整偏差。

(4)灌缝。竖缝可用夹板在墙体内外夹住,然后灌砂浆,用竹片插或铁棒捣,使其密实。当砂浆吸水后,用刮缝板把竖缝合水平缝刮齐。灌缝后,一般不应再撬动砌块,以防损坏砂浆黏结力。

(5)镶砖。当砌块间出现较大竖缝或过梁找平时,应镶砖。镶砖砌体的竖直缝合水平缝应控制在 15~30 mm。镶砖工作应在砌块校正后即刻进行,镶砖时应注意将砖的竖缝灌密实。

(三)砌块砌体质量检查

砌块砌体质量应符合下列规定:

(1)砌块砌体砌筑的基本要求与砖砌体相同,但搭接长度不应少于 150 mm。

(2)外观检查应达到:墙面清洁,勾缝密实,深浅一致,交接平整。

(3)经试验检查,在每一楼层或 250 m^3 砌体中,一组试块(每组三块)同强度等级的砂浆或细石混凝土的强度应符合要求。

(4)预埋件、预留孔洞的位置应符合设计要求。

五、配筋砌体

配筋砌体是由配置钢筋的砌体作为建筑物主要受力构件的结构。配筋砌体有网状配筋砌体柱、水平配筋砌体墙、砖砌体和钢筋混凝土面层或钢筋砂浆面层组合砌体柱(墙)、砖砌体和钢筋混凝土构造柱组合墙和配筋砌块砌体剪力墙。

(一)配筋砌体的构造要求

1. 砖柱(墙)网状配筋的构造

砖柱(墙) 网状配筋,是在砖柱(墙)的水平灰缝中配有钢筋网片。网片钢筋上、下保护层厚度不应小于 2 mm。所用砖的强度等级不低于 MU10,砂浆的强度等级不应低于 M7. 5,采用钢筋网片时,宜采用焊接网片,钢筋直径宜采用 3~4 mm;采用连弯网片时,钢筋直径不应大于 8 mm,网片钢筋应互相垂直,沿砌体高度方向交错设置。钢筋网中的钢筋的间距不应大于 120 mm,并不应小于 30 mm;钢筋网片竖向间距,不应大于五皮砖,并不应大于 300 mm。

2. 组合砖砌体的构造

组合砖砌体是指砖砌体和钢筋混凝土面层或钢筋网砂浆面层的组合砌体构件,有组合砖柱、组合砖壁柱和组合砖墙等。

组合砖砌体构件的构造为:面层混凝土强度等级宜采用 C20。面层水泥砂浆强度等级不宜低于 M10,砖强度等级不宜低于 MU10,砌筑砂浆的强度等级不宜低于 M7. 5。砂浆面层厚度宜采用 30~45 mm,当面层厚度大于 45 mm 时,其面层宜采用混凝土。

3. 砖砌体和钢筋混凝土构造柱组合墙

组合墙砌体宜用强度等级不低于 MU7. 5 的普通砌墙砖与强度等级不低于 M5 的砂浆砌筑。

构造柱截面尺寸不宜小于 240 mm×240 mm,其厚度不应小于墙厚。砖砌体与构造柱的连接处应砌成马牙槎,并应沿墙高每隔 500 mm 设 2 Φ 6 拉结钢筋,且每边伸入墙内不宜小于 600 mm。柱内竖向受力钢筋,对于中柱,不宜少于 4 Φ 12;对于边柱不宜少于 4 Φ 14,其箍筋一般采用Φ 6@ 200 mm,楼层上下 500 mm 范围内宜采用Φ 6@ 100 mm。构造柱竖向受力钢筋应在基础梁和楼层圈梁中锚固。

组合砖墙的施工程序应先砌墙后浇混凝土构造桩。

4. 配筋砌块砌体构造要求

砌块强度等级不应低于 MUIO;砌筑砂浆不应低于 Mb7. 5;灌孔混凝土不应低于 Cb20。配筋砌块砌体柱边长不宜小于 400 mm;配筋砌块砌体剪力墙厚度连梁宽度不应小于 190 mm。

(二)配筋砌体的施工工艺

配筋砌体施工工艺与普通砖砌体要求相同,其不同点主要为以下几点。

(1)砌砖及放置水平钢筋。砌砖宜采用"二三八一"砌筑法或"三一"砌砖法砌筑,水平灰缝厚度和竖直灰缝宽度一般为 10 mm,但不应小于 8 mm,也不应大于 12 mm。砖墙(柱)的砌筑应满足上下错缝、内外搭砌、灰缝饱满、横平竖直的要求。皮数杆上要标明钢筋网片、箍筋或拉结筋的位置,钢筋安装完毕,并经隐蔽工程验收后方可砌上层砖,同时要保证钢筋上下至少各有 2 mm 保护层。

(2)砂浆(混凝土)面层施工。组合砖砌体面层施工前,应清除面层底部的杂物,并浇水湿润砖砌体表面。砂浆面层施工从下而上分层施工,一般应两次涂抹,第一次是刮底,使受力钢筋与砖砌体有一定保护层;第二次是抹面,使面层表面平整。混凝土面层施工应支设模板,每次支设高度一般为 50~60 cm,并分层浇筑,振捣密实,待混凝土强度达到 30%以上才能拆除模板。

(3)构造柱施工。构造柱竖向受力钢筋,底层锚固在基础梁上,锚固长度不应小于 35d(d 为竖向钢筋直径),并保证位置正确。受力钢筋接长,可采用绑扎接头,搭接长度为 35d,绑扎接头处箍筋间距不应大于 100 mm。楼层上下 500 mm 范围内箍筋间距宜为 100。砖砌体与构造柱连接处应砌成马牙槎,从每层柱脚开始,先退后进,每一马牙槎沿高度方向的尺寸不宜超过 300 mm,并沿墙高每隔 500 mm 设 2 Φ 6 拉结钢筋,且每边伸入墙内不宜小于 600 mm;预留的拉结钢筋应位置正确,施工中不得任意弯折。浇筑构造柱混凝土之前,必须将砖墙和模板浇水湿润(若为钢模板,不浇水,刷隔离剂),并将模板内落地灰、砖渣和其他杂物清理干净。浇筑混凝土可分段施工,每段高度不宜大于 2 m,或每个楼层分两次浇灌,应用插入式振动器,分层捣实。

构造柱钢筋竖向移位不应超过 100 mm,每一马牙槎沿高度方向尺寸不应超过 300 mm。钢筋竖向位移和马牙槎尺寸偏差每构造柱不应超过 2 处。

第三节　砌筑工程的季节施工

一、冬期施工要求

《砌体结构工程施工质量验收规范》(GB 50203—2011)规定,当室外日平均气温连续

5 d 低于 5 ℃,或当日最低气温低于 0 ℃时,砌体工程应采取冬期施工措施。

(一)冬期施工的一般要求

(1)砌筑前,应清除块材表面污物和冰霜,遇水浸冻后的砖或砌块不得使用。

(2)石灰膏应防止受冻,当遇冻结,应经融化后方可使用。

(3)拌制砂浆所用砂不得含有冰块和直径大于 10 mm 的冻结块。

(4)砂浆宜优先采用普通硅酸盐水泥拌制;冬期施工不得使用无水泥拌制的砂浆。

(5)拌制砂浆时,宜采用两步投料法。水的温度不得超过 80 ℃,砂浆的温度不得超过 40 ℃。

(6)砌筑时,砂浆温度不应低于 5 ℃。

(二)冬期施工的技术要求

冬期施工过程中,施工记录除应按常规要求记录外,尚应包括室外温度、暖棚气温、砌筑砂浆温度及外加剂掺量。

不得使用已冻结的砂浆,严禁用热水掺入冻结砂浆内重新搅拌使用,且不宜在砌筑时向砂浆内掺水。

当混凝土小砌块冬期施工砌筑砂浆强度等级低于 M10 时,其砂浆强度等级应比常温施工提高一级。

冬期施工搅拌砂浆的时间应比常温期增加 0.5~1.0 倍,并应采取有效措施减少砂浆在搅拌、运输、存放过程中的热量损失。砌筑施工时,应将各类材料按类别堆放,并应进行覆盖。

冬期施工过程中,对块材的浇水湿润应符合下列规定:

(1)普通砖、空心砖在气温高于 0 ℃条件下砌筑时,应浇水湿润,且应及时砌筑;在气温不高于 0 ℃条件下砌筑时,应浇水湿润,且应增加砂浆稠度。

(2)抗震设防烈度为Ⅸ度的建筑物,当无法浇水湿润又无特殊措施时,则不得浇筑。

冬期施工中,每日砌筑高度不宜超过 1.2 m,砌筑后应在砌体表面覆盖保温材料,砌体表面不得留有砂浆。在砌筑前,应清理干净砌筑表面的杂物,然后施工。

二、冬期砌筑工程施工方法

冬期施工应采用“三一”砌筑法施工。砌体工程冬期施工可采用外加剂法或暖棚法。

(1)外加剂法。砌筑工程冬期施工用砂浆应选用外加剂法,当气温低于-15 ℃时,采用外加剂法砌筑承重砌体,其砂浆强度等级应按常温施工时的规定提高一级。

在氯盐砂浆中掺加砂浆增塑剂时,应先加氯盐溶液,再加砂浆增塑剂。外加剂溶液应由专人配制,并应先配制成规定浓度溶液置于专用容器中,再按使用规定加入搅拌机中。

下列砌体工程,不得采用掺氯盐的砂浆:①对可能影响装饰效果的建筑物;②使用湿度大于 80%的建筑物;③热工要求高的工程;④配筋、铁埋件无可靠的防腐处理措施的砌体;⑤接近高压电线的建筑物:⑥经常处于地下水变化范围内,而又无防水措施的砌体;⑦经常受 40 ℃以上高温影响的建筑物。

砌筑时,砖与砂浆的温度差值宜控制在 20 ℃以内,且不应超过 30 ℃。

(2)暖棚法。地下工程、基础工程以及建筑面积不大又亟须砌筑使用的砌体结构应采用暖棚法施工。当采用暖棚法施工时,块体和砂浆在砌筑时的温度不应低于 5 ℃。距离所砌结构底面0.5 m处的棚内温度也不应低于5 ℃。采用暖棚法施工,搭设的暖棚应牢固、整齐。宜在背风面设置一个出入口,并应采取保温避风措施。当需设两个出入口时,两个出入口不应对齐。

三、雨期施工

雨期施工应结合本地区特点,编制专项雨期施工方案,防雨应急材料应准备充足,并对操作人员进行技术交底,施工现场应做好排水措施,砌筑材料应防止雨水冲淋。

雨期施工应符合下列规定:①雨期施工时,应防止基槽灌水和雨水冲刷砂浆,每天砌筑高度不宜超过1.2 m。露天作业遇大雨时应停工,对已砌筑砌体应及时进行覆盖;雨后继续施工时,应检查已完工砌体的垂直度和标高。②应加强原材料的存放和保护,不得久存受潮;当块材表面存在水渍或明水时,不得用于砌筑。③应加强雨期施工期间的砌体稳定性检查。④砌筑砂浆的拌和量不宜过多,拌好的砂浆应防止雨淋。⑤电气装置及机械设备应有防雨设施。

四、暑期施工

暑期施工时,容易出现砂浆脱水现象。造成脱水的主要原因是砖与砂浆中的水分在高温下急剧蒸发,导致砂浆中的水泥无法水化产生强度,最终影响砌体质量。因此,在暑期施工时应注意以下事项:①砖在使用前应提前浇水湿润。②及时调整砂浆级配,提高砂浆的保水性、和易性。③在特别干燥炎热的时候,每天砌完后,可以在砂浆已初步凝固的条件下,往砌好的墙上适当浇水。

第四节　砌筑工程常见质量问题及防治措施

一、砖砌体质量问题及防治

(一)砂浆强度不足

预防办法:①一定要按试验室提供的配合比配制;②一定要准确计量,不能用体积比代替质量比;③要掌握好稠度,测定砂的含水率,不能忽稀忽稠;④不能用很细的砂来代替配合比中要求的中粗砂;⑤砂浆试块要专人制作。

(二)砂浆品种混淆

预防办法:①加强技术交底,明确各部位砌体所用砂浆的不同要求;②从理论上弄清石灰和水泥的不同性质,水泥属水硬性材料,石灰属气硬性材料;③弄清纯水泥砂浆砖砌体与混合砂浆砖砌体的砌体强度不同。

(三)轴线和墙中心线混淆

预防办法:①学习看图、识图,加强审图;②从理论上弄清图纸上的轴线和实际砌墙时中心线的不同概念;③加强施工放线工作和检查验收。

(四)基础标高偏差

预防办法:①加强基础皮数杆的检查,要使±0.000在同一水平面上;②第一皮砖下垫层与皮数杆高度间有偏差,应先用细石混凝土找平,使第一皮砖砌筑时在同一水平面上;③控制操作时的灰缝厚度,一定要对照皮数杆拉线砌筑。

(五)基础防潮层失效

预防办法:①要防止砌筑砂浆当防潮层砂浆使用;②基础墙顶抹防潮层前要清理干净,一定要浇水湿润;③防潮层施工宜安排在基础房心土回填后进行,避免填土时对防潮层的损坏;④要防止冬期施工时防潮层受冻而最后失效或碎断。

(六)砖砌体组砌混乱

预防办法:①应使工人了解砖墙组砌形式不仅是为了美观,主要是为了满足传递荷载的需要。因此,墙体中砖缝搭接不得少于1/4砖长,外皮砖最多隔三皮砖就应有一层丁砖拉结(三顺一丁),为了节约,允许使用半砖,但也应满足1/4砖长的搭接要求,半砖应分散砌在非主要墙体中。②砖柱的组砌,严禁采用包心砌法。③砖柱横、竖向灰缝的砂浆必须饱满,每砌完一层砖,都要进行一次竖缝刮浆塞缝工作,以提高砌体强度。④墙体组砌形式的选用,应根据所在部位受力性质和砖的规格尺寸偏差而定。一般清水墙面常选用满丁满条和梅花丁的组砌方法;地震地区,为增强砌体的受拉强度,可采取骑马缝的组砌方法;砖砌蓄水池应采用三顺一丁的组砌方法;双面清水墙,如工业厂房围护墙、围墙等,可采用"三七缝"组砌方法。由于一般砖长为正偏差、宽为负偏差,采用梅花丁的组砌形式,能使所砌墙的竖缝宽度均匀一致。为了不因砖的规定尺寸偏差而经常变动组砌形式,在同一工程中,应尽量使用同一砖厂的砖。

(七)砌体砂浆不饱满,饱满度不合格

预防办法:①改善砂浆的和易性,确保砂浆饱满度;②采用"三一"砌筑法,提倡"二三八一"砌筑法;③反对铺灰过长的盲目操作,禁止干砖上墙。

(八)清水墙面游丁走缝

预防办法:①砌清水墙之前应统一摆砖,并对现场砖的尺寸进行实测,以便确定组砌方法和调整竖缝宽度。②摆砖时,应将窗口位置引出,使砖的竖缝尽量与窗口边线相齐;如安排不开,可适当移动窗口(一般不大于2 cm)。当窗口宽度不符砖的模数(如1.8 m宽)时,应将七分头砖留在窗口下部中央,以保持窗间墙处上下竖缝不错位。③游丁走缝主要由丁砖游动引起,因此在砌筑时必须强调丁压中,即丁砖的中线与下层的中线重合。④砌筑大面积清水墙(如山墙)时,在开始砌筑的几层中沿墙角1 m处,用线坠吊一次竖缝的垂直度,以至少保证一步架高度有准确的垂直度。⑤沿墙面每隔一定间距,在竖缝处弹墨线,墨线用经纬仪或线坠引测。当砌到一定高度(一步架或一层墙)后,将墨线向上引测,作为控制游丁走缝的基准。

(九)砖墙砌体留槎不符合规定

预防办法:①在安排施工操作时,对施工留槎应做统一考虑,纵横承重墙交接处,尽量做到同步砌筑不留槎,以加强整体稳定性和刚度;②不能同时砌筑时留踏步槎或斜槎,但不得留直槎;③留斜槎确有困难时,在非承重墙处可留锯齿槎,但应按规定在纵横墙灰中预留拉结筋,数量为每半砖不少于1 Φ 6钢筋,沿高度方向间距为500 mm,埋入长度不小于500 mm,且末端应设弯钩。

(十)水平灰缝厚度不均匀、超厚度

预防办法:①砌筑时必须按皮数杆盘角拉线砌筑。②改进操作方法,不要用推铺放砖的手法,要采用“三一”操作法中的一揉动作,使每皮砖的水平灰缝厚度一致。③不要用粗细颗粒不一致的“混合砂”拌制砂浆。砂浆和易性要好,不能忽稀忽稠。④勤检查 10 皮砖的厚度,控制在皮数杆的规定值内。

(十一)构造柱处墙体留槎不符合规定,抗震筋不按规范要求设置

预防办法:①坚持按规定设置马牙槎,马牙槎沿高度方向的尺寸不超过 300 mm 即 5 皮砖;②设抗震筋时,应按规定沿砖墙高度每隔 500 m 设 2 φ 6 钢筋,钢筋每边伸入墙内不宜小于 1 m。

二、混凝土小型砌块砌体质量问题及防治

混凝土小型砌块砌体常出现裂和渗的问题,一般可以用如下措施预防:

(1)砌块进场时严格检查,保证上墙砌块无裂纹,且至少已经完成 28 d 的自然养护,保证砌块不被雨水浸湿。这样最大限度地避免因砌块混凝土收缩引起沿砌体的水平灰缝和竖向灰缝产生的阶梯状裂缝。

(2)山墙两侧房间的窗洞两边按规定设置芯柱,窗台下设置钢筋网片,或者直接采用钢筋网片现浇混凝土,与两侧芯柱连成整体,增加窗洞两边的抗拉能力。

(3)提高顶层与首层砌筑砂浆等级,砂浆强度等级不得低于 M7.5,增加砌体抗拉强度。

(4)严格保证水平灰缝饱满度达到 90%,竖向灰缝饱满度达到 80%以上。

(5)外墙砌筑用的水泥砂浆按配比掺加少量减水剂,保证砂浆有良好的和易性、保水性,以减少收缩产生的裂缝,从而防止外墙沿裂缝渗漏。

(6)圈梁上下,楼板上一皮,窗台下第一皮砌块砌筑前先浇筑 C15 混凝土再砌筑,或采用盲孔砌块砌筑。

(7)外墙抹灰须密实,必要时可掺用防水剂。外粉及镶贴块料采用掺 5%防水剂的 1:3水泥砂浆粉刷,然后做面层。

(8)砌筑好的砌块严禁扰动和剔凿,后期装修用的安装固定铁件必须预先埋设,各工种配合施工,预防为主。

(9)芯柱浇筑时,为避免扰动砌体,不使用机械振捣,采用坍落度大于 18 cm 的自密实免振捣混凝土,并用粗钢筋上下插捣,保证芯柱浇筑质量。

(10)清水外墙选用抗渗混凝土砌块。砌筑时,随砌随勾缝,使其凹进 2 mm,并在涂料施工前,满刮高强弹性腻子两遍,彻底消除沿灰缝裂缝渗漏这一质量隐患。

三、配筋砌体质量问题及防治

(一)配筋砌体钢筋遗漏和锈蚀

预防办法:①砌体中的配筋与混凝土中的钢筋一样,都属于隐蔽工程项目,应加强检查,并填写检查记录存档。施工中,对所砌部位需要的配筋应一次备齐,以便检查有无遗漏。砌筑时,配筋端头应从砖缝处露出,作为配筋标志。②配筋宜采用冷拔钢丝点焊网片。砌筑时,应适当增加灰缝厚度(以钢筋网片厚度上下各有 2 mm 保护层为宜)。如同

一标高墙面有配筋和无配筋两种情况,可划分两种皮数杆,配筋砌体最好为外抹水泥砂浆混水墙。③为了确保砖缝中钢筋保护层的质量,应先将钢筋网片刷水泥净浆。网片放置前,底面砖层的纵横竖缝应用砂浆填实,以增强砌体强度,同时也能防止铺浆砌筑时,砂浆掉入竖缝中而出现露筋现象。④配筋砌体一般使用强度等级较高的水泥砂浆,为了使挤浆严实,严禁用干砖砌筑,应采取满铺满挤(也可适当敲砖振实砂浆层),使钢筋能很好地被砂浆包裹。⑤如有条件,可在钢筋表面涂刷防腐涂料或防锈剂。

(二)组合砌体墙中拉筋设置位置不符合要求

预防办法:①在组合砌体墙中应严格控制拉结筋的位置,水平分布钢筋的竖向间距和拉结钢筋的水平间距,均不应大于 500 mm。②在施工过程中,应精心施工,遵守相关规范中有关拉结筋的设置要求。拉结筋的长度通过施工计算确定,确保面层竖向受力钢筋的保护层厚度、距墙面距离和拉结筋弯钩的锚固长度。拉结筋伸出墙面的长度在墙体砌筑正面处进行控制。③在组砌体墙施工中如发现拉结筋出现位置偏移,一般在面层钢筋网绑扎时予以修整。

(三)配筋砌体中水平钢筋偏位

预防办法:配筋砌体工程中,水平灰缝内的钢筋应居中放置在砂浆层中。水平灰缝内配筋的灰缝厚度不宜超过 15 mm。当设置钢筋时,灰缝厚度应超过钢筋直径的 6 mm;当设置钢筋网片时,应超过网片厚度的 4 mm。

(四)配筋砌体垂直钢筋位移

预防办法:①小砌块第一皮要有 E 形、U 形小砌块砌筑,保证每根竖筋的部位都有缺口,利于钢筋绑扎;②钢筋搭接处绑扎不能少于两点,而且要绑扎牢固;③混凝土浇筑时,振动棒不允许碰竖向钢筋;④竖筋上部在顶皮小砌块面上点焊固定在一根通长的水平筋(ф10)上,使其位置固定;⑤混凝土浇筑完,在初凝前,对个别移位的钢筋进行校正,确保钢筋位置准确。

四、墙体裂缝及防治

(一)墙体裂缝

墙体易产生竖向和横向裂缝。

(二)墙体裂缝预防办法

(1)地基处理要按图施工,局部软弱土层一定要加固好,地基处理必须经设计单位及有关部门验收。

(2)凡构件在墙体中产生较大的局部压力处,一定要按图纸规定处理好。

(3)必须保证保温层的厚度和质量,保温层必须按规定分隔,檐口处的保温层必须铺过墙砌体的外边线。

【习题】

一、判断题(下列判断正确的打"√",错误的打"×")

(　　)1. 砌体结构的保温隔热性能好。

(　　)2. 砌筑砂浆出现泌水现象时,应在砌筑前重新拌和。

(　　)3. 砖墙的转角处和交接处应同时砌筑。不能同时砌筑应砌成斜槎,斜槎长度不应小于高度的2/3。

(　　)4. 砖砌体砂浆饱满度水平灰缝不低于80%。

(　　)5. 编制砌块排列图常用的比例有1:200、1:100、1:50等。

二、单项选择题(下列选项中,只有一个是正确的,请将其代号填在括号内)

1. 小砌块采用自然养护时,必须养护(　　) 后方可使用。

A. 7 d　　B. 14 d　　C. 28 d　　D. 30 d

2. 用于清水墙、柱表面的砖,浇筑前应提前(　　)浇水湿润。

A. 1~2 d　　B. 7 d　　C. 10 d　　D. 14 d

3. 在砖砌体转角处、交接处应设置(　　),标明砖皮数、灰缝厚度及竖向构造的变化部位。

A. 排版图　　B. 皮数杆　　C. 垂线　　D. 警示线

4. 砖砌体中砖缝搭接不得少于(　　)的砖长。

A. 1/2　　B. 1/3　　C. 1/4　　D. 1/5

5. 当混凝土小砌块冬期施工砌筑砂浆强度等级低于(　　)时,其砂浆强度等级应比常温施工提高一级。

A. M5　　B. M7.5　　C. M10　　D. M15

三、多项选择题(下列选项中,至少有两个是正确的,请将其代号填在括号内)

1. 砌筑工程又叫砌体工程,是指在建筑工程中使用各种砌筑材料,通过砂浆的胶结作用进行砌筑的工程。砌筑工程中常用的砌筑材料有(　　)等。

A. 砖　　B. 各种中小型砌块　　C. 石材　　D. 砌筑砂浆

2. 粉煤灰砌块有(　　)等优点。

A. 容重小　　B. 保温　　C. 隔热　　D. 节能

E. 隔声效果优良　　F. 可加工性好

3. 砌筑砂浆一般分为(　　)。

A. 水泥砂浆　　B. 石灰砂浆　　C. 混合砂浆　　D. 抗裂砂浆

4. 影响砌筑砂浆饱满度的因素有(　　)。

A. 砖的含水率　　B. 铺灰方法　　C. 砂浆强度等级　　D. 砂浆和易性

E. 水泥种类

5. 砖砌体的质量要求有(　　)

A. 横平竖直　　B. 砂浆饱满　　C. 上下错缝　　D. 内外搭接

E. 砖强度高

【参考答案】

一、判断题

1. √　2. √　3. √　4. √　5. ×

二、单项选择题

1. C　2. A　3. B　4. C　5. C

三、多项选择题

1. ABCD　2. ABCDEF　3. ABC　4. BD　5. ABCD

第八章　油漆工相关岗位技能

第一节　常用涂料与辅助材料

一、常用油漆

(一)清漆

清漆是由树脂为主要成膜物质加上溶剂组成的涂料。由于不含颜料,涂料和涂膜都是透明的或带有淡淡的黄色,因此也称为透明涂料。其透明度好、光泽好、成膜快、用途广。其主要成分是树脂和溶剂或树脂、油和溶剂。涂于物体表面后,形成具有保护、装饰和特殊性能的涂膜,干燥后形成光滑薄膜,显出物面原有的花纹。

清漆作为家庭装修中现场施工最主要的漆种是有其特有原因的。聚酯漆对于施工环境和施工工艺要求很高,清漆则不然。以涂刷过程中流坠常产生的流挂(漆泪)为例,聚酯漆在涂刷过程中形成的流挂一旦凝固很难再溶解,而清漆的流平性很好,出现流挂也不要紧,再刷一遍,流挂就可以重新溶解了。

清漆具有透明、光泽、成膜快、耐水性等优点,缺点是涂膜硬度不高、耐热性差、在紫外光作用下易变黄等。

(二)色漆

色漆是为赋予涂膜颜色,并阻挡光线透过,或为增强涂膜的机械性能、化学性能而在漆料中添加各种颜料及填料制成的涂料,涂于底材,形成的涂膜能遮盖底材并具有保护、装饰或特殊技术性能。色漆包括厚漆、调和漆、磁漆和具有特殊性能的漆膜如防霉漆、变色漆和夜光漆等。色漆应有高的分散性、一定的基料含量、适当的施工黏度和储存稳定性。

1. 厚漆

厚漆又名铅油。厚漆是由着色颜料、体质颜料与精制干性油经研磨而成的稠厚浆状物质。它的油分一般只占总重量的10%~20%。厚漆不能直接使用，必须加上适量的熟桐油和松香水调配至可使用的稠度。在冬季涂刷需加上适量的催干剂才能干燥。

特点：价格便宜，黏度和干性可随意控制，涂膜软，耐久性不理想，调配时质量无保证，不能做高质量的涂层。

2. 油性调和漆

油性调和漆是由着色颜料、体质颜料与干性油经研磨后，加入溶剂、催干剂及其他辅助材料制成的。

特点：施工方便，涂膜附着力好，不易脱落龟裂。涂膜软、光泽差、耐候性差，但用耐晒铅锌类白颜料配制的浅色调和漆的硬度、致密性、抗水性及耐久性较好；黑色油性调和漆由于干燥慢、光泽差、耐候性差，现已很少使用。

3. 磁漆

磁漆是以清漆为基料，加入颜料研磨制成，涂层干燥后呈磁光色彩而涂膜坚硬，常用的有酚醛磁漆和醇酸磁漆两类，适用于金属窗纱网格等。

常用品种：建筑物装修过程中常用的磁漆品种有酯胶磁漆、酚醛磁漆、醇酸磁漆、硝基磁漆、过氯乙烯磁漆、烯树脂磁漆和聚氨酯磁漆等。

(三)底漆

底漆是指直接涂到物体表面作为面漆坚实基础的涂料。要求在物面上附着牢固，以增加上层涂料的附着力，提高面漆的装饰性。根据涂装要求可分为头道底漆、二道底漆等。

底漆是油漆系统的第一层，用于提高面漆的附着力、增加面漆的丰满度、提供抗碱性、提供防腐功能等，同时可以保证面漆的均匀吸收，使油漆系统发挥最佳效果。面漆质量好就可以不用底漆，这种说法不对，因为面漆与底漆的功能不同，面漆更加侧重于最终的装饰与表观效果，而底漆则侧重于提高附着力、防腐功能、抗碱性等。

(四) 地板漆

地板漆是用于建筑物室内地面涂层饰面的地面涂料。采用地板漆饰面造价低、自重轻、维修更新方便且整体性好。其种类包括普通地板漆、水泥地面漆、无缝地板漆、聚氨酯弹性地板漆、抗静电地板漆、防腐地板漆。

(五)防锈漆

防锈漆的主要作用是防止金属生锈和增加涂层的附着力。金属涂刷防锈漆后，能有效隔绝金属与空气接触，而且防锈能使金属表面钝化，阻止其他物质与金属发生化学或电化学反应，而起到金属防锈的作用。另外，由于防锈漆与金属表面反应后生成金属钝化层，使得油漆和金属之间的结合除物理结合外还具有化学反应。目前，使用的防锈漆大致为油性和水性两种。油性防锈漆使材料表面油腻去除困难，已很少使用。油性防锈漆使用方便，价格低廉，但因含有亚硝酸盐、铬酸盐等有毒物质，对操作人员危害较大，国家已限制使用，且此类产品性能单一，不能满足磁性合金材料的防锈要求。

二、常用建筑涂料

(一)内墙及顶棚涂料

内墙涂料也可以用作顶棚涂料，它的作用是装饰和保护室内墙面和顶棚，使其美观整洁，让人们处于愉悦的居住环境中。对内墙涂料的主要要求是色彩丰富、协调、色调柔和、涂膜细腻，耐碱性好、耐水性好、不易粉化、透气性好、重涂性好且环保。内墙漆也称内墙涂料，包括液态涂料和粉末涂料，常见的乳胶漆、墙面漆属于液态涂料。

常用的内墙涂料有合成树脂乳液涂料、水溶性内墙涂料、多彩花纹内墙涂料。

内墙涂料使用环境条件比外墙涂料好，因此在耐候性、耐水性、耐玷污性和涂膜耐温变性等方面要求较外墙涂料要低。就性能来说，外墙涂料可用于内墙，而内墙涂料不能用于外墙。但内墙涂料在环保性方面要求往往比外墙涂料高。

(二)外墙涂料

外墙涂料的主要功能是装饰美化建筑物，使建筑物与周围环境和谐。同时，还保护建筑物的外墙免受大气环境的侵蚀，延长其使用寿命。

常用的外墙涂料有合成树脂乳液外墙涂料、合成树脂乳液砂壁状外墙涂料、合成树脂溶剂型外墙涂料、外墙无机建筑涂料和复层建筑涂料。

(三)地面涂料

地面涂料的功能是装饰和保护地面，使其与室内地面及其他装饰相适应，为人们创造优雅的室内环境。地面涂料一般直接涂覆在水泥砂浆面层上，根据其装饰部位的特点，应具有良好的耐水性、耐碱性、耐磨性、耐久性、抗冲击性及重涂性，并与水泥砂浆基层有良好的胶结性能。地面涂料按基层的不同可分为木地板涂料、塑料地板涂料和水泥地面涂料。

(四)门窗家具涂料

在装饰工程中，门窗和家具所用涂料也占很大部分，这部分涂料的功能是对门窗和家具起装饰和保护作用。所用涂料的主要成膜物质是以油脂、分散于溶剂中的合成树脂或混合塑脂为主，一般人们称为油漆。这类涂料的品种繁多，性能各异，多数由有机溶剂稀释，又称为有机溶剂型涂料。门窗家具涂料常用的有油脂漆、天然树脂漆、清漆、磁漆、聚酯漆等。

三、辅助材料

(一)腻子

它是用来将物面上的洞眼、裂缝、砂眼、木纹鬃眼及其他缺陷填实补平，使物面平整。腻子一般由体质颜料与黏结剂、着色颜料、水或溶剂、催干剂等组成。常用的体质颜料有大白粉、石膏、滑石粉、香晶石粉等。黏结剂一般有血料、熟桐油、清漆、合成树脂溶液、乳液、鸡脚菜及水等。腻子应根据基层、底漆、面漆的性质选用，最好是配套使用。

(二)着色材料

(1)染料：主要用来改变木材的天然颜色，在保持木材自然纹理的基础上，使其呈现鲜艳透明的光泽，提高涂饰面的质量。染料是一种有机化合物，染料色素能渗入物体内部，使物体表面的颜色鲜艳而透明，并有一定的坚牢度。

(2)填孔料：填孔料有水老粉和油老粉，是由体质颜料、着色颜料、水或油等调配而成的。

(三)胶料

胶料主要用于水浆涂料或调配腻子用，有时也作封闭涂层用，常用的胶有动植物胶和人工合成的化学胶料。胶料主要有以下几种：

(1)白乳胶:又叫聚醋酸乙烯乳液,黏结强度好,无毒、无臭、无腐蚀性,使用方便,价格便宜。它是当前做水泥地面涂层和粘贴塑料面板用量最多且理想的一种胶粘剂。

(2)皮胶和骨胶:多用于木材黏结及墙面粉浆料的胶粘剂。

(3)107胶:又称聚乙烯醇缩甲醛胶,不燃,有良好的黏结性,可用水稀释。它可作玻璃纤维墙布、塑料壁纸的裱糊胶。与水泥、砂配成聚合砂浆,有一定的防水性和良好的耐久性及黏结性,可调配彩色弹涂色浆的黏结材料,目前基本被108胶取代。

(4)其他合成胶:主要有尿醛树脂、酚醛树脂、三聚氰胺甲醛树脂、环氧-聚酰胺树脂和酚醛乙烯树脂等。

第二节　涂料、常用腻子调配

一、常用涂料颜色调配

涂料虽然有各种各样的颜色,但施工的时候由于设计和装修风格的不同,很多颜色并不能达到使用需求,这时就需要自己动手配制。涂料调色应遵循如下技巧:

(1)调色时需小心谨慎,一般先试小样,初步求得应配色涂料的数量,然后根据小样结果再配制大样。先在小容器中将副色和次色分别调好。

(2)先加入主色(在配色中用量大、着色力小的颜色),再将染色力大的深色(或配色)慢慢地间断地加入,并不断搅拌,随时观察颜色的变化。

(3)由浅入深,尤其是加入着色力强的颜料时,切忌过量。

(4)在配色时,涂料和干燥后的涂膜颜色会存在细微的差异。各种涂料颜色在湿膜时一般较浅,当涂料干燥后,颜色加深。因此,如果来样是干样板,则配色漆需等干燥后再进行测色比较;如果来样是湿样板,就可以把样品滴在配色漆中,观察两种颜色是否相同。

(5)事先应了解原色在复色漆中的漂浮程度以及漆料的变化情况,特别是氨基涂料和过氯乙烯涂料,需更加注意。

(6)调配复色涂料时,要选择性质相同的涂料相互调配,溶剂系统也应互溶,否则由于涂料的混溶性不好,会影响质量,甚至发生分层、析出或胶化现象,无法使用。

(7)由于颜色常带有各种不同的色头,配正绿时,一般采用带绿头的黄与带黄头的蓝;配紫红时,应采用带红头的蓝与带蓝头的红;配橙色时,应采用带黄头的红与带红头的黄。

(8)调配颜色的过程中,要注意添加的那些辅助材料如催化剂、固化剂、稀释剂等的颜色,以免影响色泽。

(9)调配灰色、绿色等复色漆时,由于多种颜料的密度、吸油量不同,很可能发生“浮色”“发花”等观象,这时可酌情加入微量的表面活性剂或流平剂、防浮色剂来解决。

二、常用腻子调配

调配腻子时,要注意体积比。为了利于打磨,一般要先用水浸透填料,减少填料的吸油量。调配石膏腻子时,宜油、水交替加入,否则干燥后不易打磨。调配好的腻子要保管好,避免干结。

常用腻子的调配如下:石膏腻子:石膏粉:熟桐油:松香水:水=10:7:1:6;胶油腻子:石膏粉:老粉:熟桐油:纤维胶=0.4:10:1:8;水粉腻子:老粉:水:颜料=1:1:适量;油粉腻子:老粉:熟桐油:松香水:颜料=14.2:1:4.8:适量;虫胶腻子:稀虫胶漆:老粉:颜料=1:2:适量(根据木材颜色配定);内墙涂料腻子:石膏粉:滑石粉:内墙涂料=2:2:10。

第三节　涂饰前的基层处理

一、基层处理工具

(一)手工清除工具

(1)墙面基层处理工具。墙面基层处理工具包括各种清理面层的刷子:①长毛刷,又称软毛刷,可以用于清理基层的浮灰。②猪鬃刷,用于刷洗混凝土或水泥砂浆面层。③鸡腿刷,可以用于刷长毛刷刷不到的地方,如阴角。④钢丝刷,很坚硬,能够用于清刷基层的浮浆层、酥松层等。

(2)基层修补用工具。基层修补用工具包括各种抹子和木制工具:①铁抹子,用于抹底层灰及修理基层。②压抹子,用于水泥砂浆面层的压光和纸筋灰罩面层的施工等。③铁皮,是用弹性较好的钢皮制成,可用于小面积或铁抹子伸不进去的地方抹灰或修理,如用于门窗框的嵌缝等。④塑料抹子,是用聚氯乙烯硬质塑料制成,用于压光某些面层。⑤木抹子,用于搓平砂浆面层。⑥阴角抹子,也称阴角抽角器、阴角铁板,主要用于阴角压光。⑦圆阴角抹子,也称明沟铁板,用于水池阴角以及明沟的压光。⑧塑料阴角抹子,可用于纸筋白灰等罩面层的阴角压光。⑨阳角抹子,也称阳角抽角器、阳角铁板等,主要用于阳角压光,做护角线等。⑩圆阳角抹子,可用于楼梯踏步 步防滑条的捋光压实。⑪捋角器,用于捋水泥抱角的素水泥浆。⑫小压子,俗称抿子,用于某些细部的压光。⑬大、小压嘴,用于细部抹灰的处理。

(二)嵌、批工具

批刮腻子或厚质涂料用工具,主要是刮刀。刮刀也称刮板、刮子等,分弹簧钢片刮刀、橡皮刮刀和塑料刮刀等。弹簧钢片刮刀是用弹性好、刚度大的薄钢片制成,能够承受批刮时所施予的批刮力,且具有一定的弹性,适合于涂膜厚度薄、表面光滑的末道涂料的批刮,例如末道腻子、仿瓷涂料的批刮以及收光等;橡皮刮刀适合于批刮较厚的涂膜,例如头道找平腻子、地坪涂膜等;塑料刮刀适合于批刮黏度较低的涂料,例如某些流平性不好的乳液涂料,滚涂后流平性不好,得不到平滑的涂膜,可以使用塑料刮刀刮涂,能够得到很满意的效果。

(三)涂刷工具

一般的涂刷工具有三种:刷子、滚筒、喷枪。与之相对应,常用的涂刷方法有三种:喷涂、刷涂、滚涂。

(1)喷涂。通过喷枪或碟式雾化器,借助于压力或离心力,分散成均匀而微细的雾滴,施涂于被涂物表面的涂装方法。喷涂的缺点:一是用料多、浪费大;二是多种颜色套色喷涂时容易造成相互污染;三是喷涂漆面太薄,一旦磕碰不易修补,而且只能用专业的喷

涂设备修补,成本太高。

(2)刷涂。刷涂指人工用毛刷蘸取涂饰色浆涂刷于墙面的操作。同手工揩浆一样,工具简单,具有“看皮做皮”的凭经验操作特点。视皮的不同部位及紧密程度掌握施浆的均匀性。缺点是劳动强度大,工效低。

(3)滚涂。滚涂适于大面积施工,效率较高,但装饰性能精差。选择刷毛长度适当的滚筒,不要让涂料堆积在滚筒末端。从靠天花板的边缘开始,按 M 或 W 形向上滚涂,以减少飞散。每次带漆后,不要离开墙面,以获得均匀、平行的漆膜。

二、基层质量要求

(1)新建筑物的混凝上或抹灰基层在涂饰涂料前应涂刷抗碱封闭底漆。

(2)旧墙面在涂饰涂料前应清除疏松的旧装修层并涂刷界面剂。

(3)混凝土或抹灰基层涂刷溶剂型涂料时含水率不得大于 8%;涂刷乳液型涂料时含水率不得大于 10%;木材基层的含水率不得大于 12%。

(4)基层腻子应平整、坚实、牢固,无粉化、起皮和裂缝;内墙腻子的黏结强度应符合《建筑室内用腻子》(JG/T 298—2010)的规定。

(5)厨房、卫生间墙面必须使用耐水腻子。

不同类型的涂料对混凝土或抹灰基层含水率的要求不同,涂刷溶剂型涂料时,参照国际一般做法规定为不大于 8%;涂刷乳液型涂料时,基层含水率控制在 10%以下装饰质量较好,同时国内外建筑涂料产品标准对基层含水率的要求均在 10%左右,故规定涂刷乳液型涂料时基层含水率不大于 10%。

水性涂料涂饰工程施工的环境温度应在 5~35 ℃。涂饰工程应在涂层养护期满后进行质量验收。

三、基层处理工序

刷涂时,头遍横涂走刷要平直,有流坠马上刷开,回刷一次;蘸涂料要少,一刷一随,不宜蘸得太多,防止流淌;由上向下一刷紧挨一刷,不得留缝;第一遍干燥后刷第二遍,第二遍一般为竖涂。

滚涂是指利用滚涂辊子进行涂饰,滚涂时先把涂料搅匀调至施工黏度,少量倒入平漆盘中摊开。用辊筒均匀蘸涂料后在墙面或其他被涂物上滚涂。

喷涂是指利用压力将涂料喷涂于物面或墙面上的施工方法。喷涂施工要点如下:①将涂料调至施工所需稠度,装入储料罐或压力供料筒中,关闭所有开关。②打开空气压缩机进行调节,使其压力达到施工压力。施工喷涂压力一般在 0.4~0.8 MPa。③喷涂作业时,手握喷枪要稳,涂料出口应与被涂面垂直;喷枪移动时,应与被涂面保持平行;喷枪运行速度一般为 400~ 600 mm/s。④喷涂时,喷嘴与被涂面的距离一般控制在 400~600 mm。⑤喷枪移动范围不能太大,一般直线喷涂 700~800 mm 后,下移折返喷涂下一行,一般选择横向或竖向往返喷涂。⑥喷涂面的上下或左右搭接宽度为喷涂宽度的 1/2~1/3。⑦喷涂时,应先喷门、窗附近,涂层一般要求两遍成活(横一竖一)。⑧喷枪喷不到的地方应用油刷、排笔填补。

抹涂是指用钢抹子将涂料抹压到各类物面上的施工方法。具有操作如下:①抹涂底层涂料。用刷涂、滚涂方法先刷一层底层涂料作接合层。②抹涂面层涂料。底层涂料涂饰后 2 h 左右,即可用不锈钢抹压工具涂抹面层涂料,涂层厚度为 2~ 3 mm;抹完后,间隔 1 h 左右,用不锈钢抹子拍抹饰面压光,使涂料中的胶粘剂在表面形成一层光亮膜;涂层干燥时间一般为 48 h 以上,其间如未干燥,应注意保护。

四、基层检查、清理和修补

滚涂的涂膜应厚薄均匀,平整光滑,不流挂,不露底,表面图案清晰均匀,颜色和谐。

喷涂的涂膜应厚度均匀,颜色一致,平整光滑,不得出现露底、皱纹、流挂、针孔、气泡和失光等现象。

抹涂时,饰面涂层表面应平整光滑,色泽一致,无缺损、抹痕。

饰面涂层与基层接合牢固,无空鼓、开裂。阴阳角方正垂直,分格缝整齐顺直。

第四节　涂饰施工工艺

一、一般刷浆涂饰施工工艺

一般刷浆涂饰施工适用于工业与民用建筑室内外一般刷浆工程。涂饰方法包括刷涂和滚涂。

(一)施工准备

1. 常用材料

(1)涂料。大白浆、石灰浆、可赛银浆、聚醋酸乙烯乳液及其他配套材料。

(2)填料。石膏粉、大白粉、滑石粉等材料,应满足设计和规范要求。

(3)颜料。氧化铁红、氧化铁黄、锌白、群青等无机颜料,使用还应考虑耐光性。

(4)腻子。腻子必须与使用的涂料配套,满足耐水性要求,并应适用于水泥砂浆、混合砂浆基层。

(5)其他材料。火碱、玻璃纤维网格带等应满足设计要求和行业标准。

2. 常用工具

常用工具有塑料刮板、橡皮刮板、托板、腻子刀、腻子槽、排笔、辊具、铲刀、涂料盘、辊网、小提桶、砂纸、高凳、棉丝等。

(二)操作工艺流程与要点

本工艺只适用于室内和室外不受潮湿及雨水影响的部位,如阳台底板、分户板等,与室内涂料做法基本相同。

操作工艺流程:基层处理→刷(滚)乳胶水→嵌补缝隙、局部刮腻子、磨平→石膏板墙面拼缝处理→满刮腻子、磨平一刷(滚)涂第一遍浆→复补腻子、磨平→刷(滚)涂第二遍浆→刷(滚)涂交活浆。

(1)基层处理。将墙面的灰尘清扫干净。黏附的隔离剂、油污应用碱水(火碱:水=1:10)涂刷墙面,最后用清水冲净。如果是旧墙,应将原有粉浆全部清除干净。

(2)刷(滚)乳胶水。刮腻子之前,在混凝土墙面上先刷一道乳胶水,以增强腻子与基层表面的黏结性,配合比(质量比)为水:聚醋酸乙烯乳液=5:1,刷涂要均匀,不得有遗漏。

(3)嵌补缝隙、局部刮腻子、磨平。嵌补腻子用石膏腻子将墙面、窗口等易磕碰破损处,较大的麻面、蜂窝、裂缝等分遍补好找平,腻子干透后,先将多余的腻子铲平整,再用1号砂纸将墙面打磨平整。

(4)石膏板墙面拼缝处理。石膏板嵌缝材料,适宜采用嵌缝石膏腻子粉(厂家配套产品)。按产品说明比例先将清水倒入干净的容器内,再投入嵌继石膏粉,搅拌成无块糊状腻子,适用施工时间为45 min,该腻子接近石膏板的配料,黏接强度和变形等物理性能基本相同。

操作时,用刮刀将石膏嵌缝腻子均匀饱满地嵌入板下部的拼缝内,要使腻子挤出板背面、板边缝外,形成凸出的腻子沿口,使板缝边与嵌缝腻子咬接多而更牢固。紧接着在接缝处刮上宽约60 mm、厚约1 mm的腻子,随即把玻璃纤维网格带贴上,用刮刀将网格带压入腻子中,腻子应盖过网格带的宽度。待腻子干透后,在接缝处用刮刀再补嵌一遍石膏腻子, 再待腻子完全干透后,用2号砂布打磨平。

(5)满刮腻子、磨平。普通级没有此道工序,中级满刮1~2遍腻子。

第一遍满刮腻子用橡皮刮板横向满刮,一刮板接一刮板, 接头处不得留茬,最后收头时应干净利落。内墙腻子的配合比(质量比)为聚醋酸乙烯乳液:滑石粉或大白粉:水=1:5:3.5;外墙腻子的配合比(质量比)为聚醋酸乙烯乳液:水泥:水=1:5:1,待满刮腻子干燥后,用砂纸打磨平整。第二遍满刮腻子操作方法与第一遍相同,但刮抹方向与第一遍方向相垂直。用细砂纸打磨平整光滑。

刮腻子时,不要一次刮得太厚,以防止腻子收缩形成裂缝。腻子应坚实牢固,不得有粉化、起皮、裂纹等现象。如面层要涂刷带颜色的浆料,则腻子也要适量掺入与面层颜色相协调的颜料。

(6)刷(滚)涂第一遍浆。为增加与基层的黏结强度,在刷浆前,先刷道胶水。刷涂应颜色均匀、分色整齐、不漏刷,每个基面应一次刷完。施工操作顺序为先将门窗口周围用排笔刷好,如果墙面与顶棚为两种颜色,应在分色线处用排笔齐线并刷200 mm宽以利于接茬,然后按先顶棚后墙面、先上后下的顺序进行大面积的施涂。

墙面较粗糙的宜采用辊具滚涂,滚涂顺序同刷涂。滚涂应掌握好力度,用力应先轻后重,使涂料均匀压出,阴角交接处用排笔理顺。

(7)复补腻子、磨平。第一遍干燥后,对墙面的麻点、坑洼、刮痕等用腻子找平刮平,干后用细砂纸轻磨并扫净。

(8)刷(滚)涂第二遍浆。操作方法与第一遍基本相同。刷石灰浆应与第一遍浆刷浆方向一致。刷可赛银浆第一遍为横刷,第二遍为竖刷。第二遍浆干燥后,用细砂纸将浮粉轻轻磨掉并扫净。

(9)刷(滚)涂交活浆。交活浆应比第二遍浆的胶量适当增大一点,以防止刷浆的涂层掉粉、脱皮。刷(滚)涂的遍数由刷浆等级决定。

(三)质量验收

(1)刷浆工程所用刷浆的品种、质量等级和性能应符合设计要求及有关标准的规定。

(2)刷浆工程的颜色、图案应符合设计要求。

(3)刷浆工程严禁漏涂、透底、起皮和掉粉。

(4)水性涂料涂饰工程的基层处理应符合下列基本要求:①新建筑物的混凝土或抹灰基层在涂饰前,应涂刷抗碱封闭底漆。②旧墙面应清除酥松的旧装修层,并涂刷界面剂。③混凝土或抹灰基层施涂水性涂料时,含水率不得大于10%。

(四)注意事项

(1)涂刷大白浆动作要敏捷,为改善大白浆和易性,可适量掺入羧甲基纤维素。

(2)在旧装饰层上刷涂大白浆前,应在基层处理后,先刷1~2遍用熟猪血和石灰水配成的浆液,以防出现泛黄、起花等现象。

(3)室外刷涂石灰浆,可掺入干性油和食盐或明矾,以免浆膜掉粉。

(4)室外刷涂分片操作时,宜以分格缝、墙面阴角处、雨水管等为分界线。

(5)施涂前,检查高凳和脚手板是否搭设牢固,高度是否满足要求。

二、内墙面乳胶漆涂饰施工工艺

内墙面乳胶漆涂饰施工适用于工业与民用建筑室内墙面水泥砂浆表面、混合砂浆抹灰表面、混凝土和石膏板表面等的饰面施工,涂饰方法包括刷涂和滚涂。

(一)施工准备

1. 常用材料

(1)涂料。内墙乳胶漆、胶粘剂、聚醋酸乙烯乳液、合成树脂溶液、清油等。

(2)腻子。腻子必须与使用的涂料配套,并适用于水泥砂浆、混合砂浆基层。

(3)其他材料。石膏粉、滑石粉、大白粉等。

2. 常用工具

铲刀、腻子刮刀、钢皮刮板、橡皮刮板、托板、金属滤筛、搅拌棒、排笔、辊具、涂料盘、辊网、高凳、砂纸、小提桶等。

(二)操作工艺流程与要点

操作工艺流程:基层处理→嵌补腻子、局部刮腻子、磨平→石膏板墙面拼缝处理→满刮腻子、磨平→刷(滚)涂第一遍乳胶漆→刷(滚)涂第二遍乳胶漆→刷(滚)涂第三遍乳胶漆。

(1)基层处理。基层处理同“一般刷浆涂饰”。

(2)嵌补腻子、局部刮腻子、磨平。嵌补腻子同“一般刷浆涂饰”。

(3)石膏板墙面拼缝处理。石膏板墙面拼缝处理同“一般刷浆涂饰”。

(4)满刮腻子、磨平。满刮腻子同“一般刷浆涂饰”。

(5)刷(滚)涂第一遍乳胶漆。先将墙面清扫干净,用干净的软布擦净。刷(滚)涂顺序按先左后右、先上后下、先远后近、先边角后平面、先顶棚后墙面进行,以防漏涂或涂刷过厚。排笔蘸涂料要适度,刷涂时应一刷紧接一刷,避免时间间隔过长,看出明显接茬。由于乳胶漆的干燥速度较快,因此大面积施涂时,应配足人员,互相衔接好。另外,涂刷时要多理多顺,以避免明显刷纹。干燥后复补腻子,待腻子干燥后用1号砂纸磨光。

涂刷彩色乳胶漆时,配料要一次配足,保证每间房或每个墙面使用同一批涂料,以保证颜色一致。

滚涂时，为能够长时间均匀涂饰，不应过分用力压辊子，不要让辊子中的涂料全部挤出后才去蘸涂料，应使辊子内保持一定的涂料。边角等不易滚涂到的部位需用刷子涂刷。滚涂至接茬部位时，应用不蘸涂料的空辊子滚压一遍，以保持滚涂饰面的均匀与完整，避免在接茬部位显露明显痕迹。

(6)刷(滚)涂第二遍乳胶漆。操作方法及要求与第一遍乳胶漆相同。刷(滚)涂之前应充分搅拌，如不很稠，应不加或少加水和稀释剂，以防露底。漆膜干燥后，用细砂纸将墙面上的小疙瘩打磨掉，磨平磨光后用软布擦干净。

(7)刷(滚)涂第三遍乳胶漆。操作方法及要求与刷(滚)涂第二遍乳胶漆相同。因乳胶漆的漆膜干燥较快，应快速连续操作。

(三)质量验收

(1)涂饰工程所用涂料的品种、型号和性能应符合设计要求。

(2)水性涂料涂饰工程的颜色、图案应符合设计要求。

(3)水性涂料涂饰工程应涂饰均匀、黏结牢固，无漏涂、透底、脱皮、反锈和斑迹、掉粉。

(4)水性涂料涂饰工程的基层处理应符合下列基本要求：①新建筑物的混凝土或抹灰基层在涂饰前，应涂刷抗碱封闭底漆。②旧墙面应清除酥松的旧装修层，并涂刷界面剂。③混凝土或抹灰基层施涂水性涂料时，含水率不得大于10%。④基层腻子应平整、坚固，无粉化、起皮和裂缝。

(四)注意事项

(1)乳胶漆应储存在室内，要求温度在0 ℃以上，否则易受冻破乳，但也不能温度过高，超过60 ℃以上会聚合膨胀。如乳胶漆发生破乳或膨胀必须禁止使用。

(2)混凝土及抹灰墙面不得有起皮、起砂、松散等缺陷。正常温度下，抹灰面龄期不得少于14 d，混凝土基材龄期不得少于1个月。

(3)大面积施工前，应先做好样板，经检查鉴定合格后，方能组织工人施工。

(4)乳胶漆的最低施工温度，一般为10 ℃以上，温度过低，不能成膜。如果在冬季进行涂料施工，应在采暖条件下进行，同时设专人测试温度，以保证室内温度均衡。

(5)如果顶棚和墙面采用两种不同颜色，且交界部位不太平直时，可在顶棚与墙面之间空出0.5 cm的空隙，以便涂刷边缘显得平整。

(6)室内应保持通风良好。

(7)涂料施涂前，应检查高凳和脚手板是否搭设牢固，高度是否满足要求。

三、内墙面调和漆涂饰施工工艺

内墙面调和漆涂饰施工适用于室内墙面、顶棚、墙裙、踢脚线等部位的油凌饰面工程。涂饰方法包括刷涂和滚涂。

(一)施工准备

1. 常用材料

(1)涂料。光油、铅油、清油、油性调和(酚醛调和漆、醇酸调和漆等)、缩甲基纤维素、聚醋酸乙烯乳液等。

(2)填充料。石膏粉、滑石粉、大白粉、红土子、地板黄、黑烟子等。

(3)稀释剂。各种与油漆相配套的稀料、酒精、煤油、松香水等。

(4)颜料。各色颜料应耐光、耐碱。

(5)腻子。必须与使用的涂料配套,并适用于水泥砂浆、混合砂浆基层。

2. 常用工具

橡皮刮板、钢皮刮板、腻子槽、油漆刷、排笔、辊具、涂料盘、大桶、小提桶、高凳、砂纸、擦布、棉丝等。

(二)操作工艺流程与要点

操作工艺流程:基层处理→嵌补缝隙、局部刮腻子、磨平→石膏板墙面拼缝处理→满刮腻子、磨平→刷(滚)涂第一遍涂料→刷(滚)涂第二遍面层涂料→刷(滚)涂第三遍面层涂料。

(1)基层处理。基层处理同"一般刷浆涂饰"。

(2)嵌补缝隙、局部刮腻子、磨平。嵌补腻子同"一般刷浆涂饰"。

(3)石膏板墙面拼缝处理。石膏板墙面拼缝处理同"一般刷浆涂饰"。

(4)满刮腻子、磨平。满刮腻子同"一般刷浆涂饰"。墙面如有分色线,应在涂刷前弹线。

(5)刷(滚)涂第一遍涂料。第一遍铅油施涂前,可进行第二遍清油打底。施涂底油的重要目的是增强腻子与墙面之间、铅油与腻子之间的附着力,也是为了刷涂铅油均匀,同时节省铅油用量(节省 10%~20%)。施涂底油时,手势要重,必须把墙面上的浮粉刷掉,特别是在刷第一遍时, 应把孔洞、缝隙中的浮粉刷掉,以免嵌入孔洞、缝隙中的腻子黏结不牢。

第一遍涂刷遮盖力较强的铅油,其稠度以盖底、不流淌为准。刷(滚)涂顺序按先左后右、先上后下、先远后近、先边角后平面、先顶棚后墙面进行,以防漏涂或涂刷不均匀。第一遍涂料完成后,个别部位还应复补腻子,待腻子干透后,用砂纸磨平磨光。墙面如有分色线,应先涂浅色,后涂深色。滚涂方法同"内墙面乳胶漆"。

(6)刷(滚)涂第二遍面层涂料。操作方法及要求与涂刷第一遍涂料相同。若为中级涂饰,此遍可刷铅油。严格控制稠度,不可随意加入稀释剂,以免透底。待涂料干燥后,用细砂纸把墙面磨平磨光,最后用潮湿的软布擦净。

(7)刷(滚)涂第三遍面层涂料。若墙面为中级涂饰,则此遍可采用调和漆,并作为最后一遍罩面涂料。刷涂面漆适宜使用涂刷过铅油的旧漆刷,以免施涂不均匀、刷纹粗。

(三)质量验收

(1)油漆工程所用油漆的品种、型号和性能应符合设计要求。

(2)油漆工程的颜色、光泽、图案应符合设计要求。

(3)油漆工程应涂饰均匀、黏结牢固,不得漏涂、透底和起皮。

(4)溶剂型涂料涂饰工程的基层处理应符合下列基本要求:①新建筑物的混凝土或抹灰基层在涂饰前,应涂刷抗碱封闭。②旧墙面应清除酥松的旧装修层,并涂刷界面剂。③混凝土或抹灰基层施涂溶剂型涂料时,含水率不得大于 8%。④基层腻子应平整、坚固,无粉化、起皮和裂缝。

(四)注意事项

(1)当漆面干燥太快时,可稍加清油,以免在接头处产生明显接茬。

(2)配料应配足且应一次用完,以确保颜色一致。

(3)混凝土及抹灰墙面不得有起皮、起砂、松散等缺陷。

(4)大面积施工前应先做好样板,经检查鉴定合格后,才能组织工人施工。

(5)适宜施工温度为5~35 ℃,环境干燥通风良好。如果在冬季进行涂料施工,应在采暖条件下进行。

(6)室内应保持通风良好。

(7)采取相应的劳动保护措施,如防毒面罩、口罩、手套等,以免对身体造成损害。

(8)涂料使用后,应及时封闭存放,剩余涂料应收集后集中处理。废弃物(如废油桶、棉纱等)按环保要求分类处理。

四、金属面涂饰施工工艺

金属面施涂调和漆包括钢门窗、钢结构表面中级、高级油漆施工。涂饰方法为刷涂。

(一)施工准备

1. 常用材料

(1)涂料。光油、清油、铅油、调和漆(磁性调和漆、油性调和漆)、醇酸清漆、醇酸磁漆、防锈漆(红丹防锈漆、铁红防锈漆)等。

(2)填充料。石膏粉、大白粉、地板黄、红土子、黑烟子、纤维素等。

(3)稀释剂。汽油、煤油、醇酸稀料、松香水、酒精等。

(4)腻子。腻子必须与使用的涂料配套,并满足耐水性要求。

2. 常用工具

常用工具有圆盘打磨器、钢针除锈枪、旋转钢丝刷、钢皮刮板、橡皮刮板、腻子刀、牛角刮板、滤漆筛、油漆刷、油画笔、小提桶、砂布、砂纸、软布、高凳等。

3. 操作工艺流程与要点

操作工艺流程:基层处理→刷涂防锈涂料或补刷防锈涂科→修补腻子→满刮腻子、打磨→刷第一遍色漆→刮腻子、打磨→刷第二遍色漆、打磨→刷第三遍色漆。

(1)基层处理。金属表面的处理,除油脂、污垢、锈蚀外,最重要的是表面氧化皮的清除,常用的方法有机械清除、手工清除、火焰清除、喷砂清除。根据不同的基层要求,除锈要彻底。

(2)刷防锈涂料或补刷防锈涂料。除锈后,根据环境条件、设计要求,满刷防锈漆1~2遍。涂刷顺序为先左后右、先上后下、先边角后平面。对安装过程的焊点、防锈漆磨损处,需清除焊渣,补刷1~2遍防锈漆。

(3)修补腻子。待金属表面的防锈漆膜干透后,将钢门窗的砂眼、凹坑、缺棱拼缝等处找补腻子,要求钢结构表面腻子刮平整。配合比(质量比)为石膏粉:熟桐油:油性腻子或醇酸腻子:底层涂料:水=20:5:10:7:适量。调制以软硬适中、挑丝不倒为宜。待腻子干透后,用1号砂纸打磨光滑,用软布擦净。

(4)满刮腻子、打磨。用橡皮刮板在钢结构表面满刮一遍腻子,配合比同上。要刮得薄且平整均匀,待腻子干透后,用 1 号砂纸打磨、擦净。

(5)刷第一遍色漆。可采用铅油或醇酸无光调和漆,也可以用铅油和调和漆等量配制。分色色漆涂饰,一般为外深内浅,为了分色线的清晰、整洁,本着先难后易的原则,先将分色线刷出,再刷深色,最后刷浅色。分色线处理在窗扇、门扇的侧面阴阳角处及窗框、门框的中央。最后刷浅色漆,同样注意不要越过已经施涂过的分色线。深浅色漆之间应留有足够的干燥时间,以免在分色线处产生混色现象。若主要面为深色漆,则应采取先浅后深的方法,即先后顺序是根据最后一遍色漆的位置而定。不把分色线暴露在主要的一面。重点检查线角和阴阳角处有无流坠、漏刷、裹棱、透底,并及时修整。

(6)刮腻子、打磨。待油漆干透后,对腻子收缩或残缺处,再用石膏腻子刮抹一次,待腻子干透后,用 1 号以下的砂纸打磨。要求与操作方法同前,打磨好后用潮湿软布擦净。刷好防锈漆和底漆的钢门窗,应安装玻璃,并抹好油灰,窗子里面的底灰也应修补平整。

(7)刷第二遍色漆、打磨。操作方法与第一遍相同。待腻子干透后,用 1 号砂纸(新砂纸应将两张对磨,把大砂粒磨掉)或旧砂纸轻磨一遍,最后用潮湿软布擦净。在玻璃油灰上刷油,应盖过油灰 0.5~1.0 mm,以起到密封作用。

(8)刷第三遍色漆。操作方法与第一遍相同。最后将门、窗、扇打开,用梃钩或木楔子固定好。

(二)质量验收

(1)涂饰工程所用涂料的品种、型号和性能应符合设计要求。

(2)涂饰工程的颜色、光泽应符合设计要求。

(3)涂饰工程应涂饰均匀、黏结牢固,不得漏涂、透底、起皮和反锈。

(4)基层腻子应平整、坚实、牢固、无粉化、起皮和裂缝。

(三)注意事项

(1)对金属等无孔隙基层、底层和中间涂层都不宜摊得过厚,并应刷开、刷到,只有面漆可适当厚一些。

(2)在玻璃油灰上刷油,应等油灰达到一定强度后方可进行。

(3)施工前,应对钢门窗外形进行检查,若有变形不合格的,应及时拆换。

(4)施工环境应通风良好,温度不宜低于 10 ℃,相对湿度不宜大于 60%。

(5)大面积施工前,应事先做样板,经有关质量部门检查鉴定合格后,才可组织人员进行施工。

第五节　涂饰施工常见问题及解决方法

一、涂料施工常见问题及解决方法

建筑涂料理想的装饰效果不取决于涂料的优良性能,更重要的还有科学的施工和技巧配套,才能达到预期的目的,否则涂料自身优良的性能难以发挥出来。

在施工中常见的涂料涂层问题归纳起来有以下几种。

(一)施工时涂料起泡

施工起泡的主要原因有三点:一是产品的施工黏度不合适,黏度太高,施工中起泡不易消除;涂料兑水过量,黏度太低,施工起泡较严重。因此,一定要根据施工经验和产品说明书调节黏度,以防止起泡。二是施工工具的选择,一般毛辊尤其是滚筒,在滚涂过程中挤压空气比较容易起泡,用毛刷和排笔工能够排除空气,减少气泡的产生,但刷涂施工效率比滚涂要好,喷涂也可以预防气泡产生。三是基层状况,基层过于干燥和粗糙,对涂料的吸收过快导致起泡。

(二)漆膜开裂

涂料施工有时会出现漆膜开裂现象,施工环境、漆膜涂刷厚度是导致漆膜开裂的两个主要因素。对水性涂料来说,施工温度过低是开裂的主要因素,同时在过于干燥的大风天气施工,漆膜常会开裂,这主要是水分挥发太快造成的。施工如果不配套,也易出现漆膜开裂,如在弹性涂料表面涂刷普通非弹性涂料,很容易造成面漆开裂和起效脱层。另外,涂料施工时,漆膜一次性涂刷太厚,干燥过程中也常会使漆膜开裂,如在浮雕上施工时,接缝处容易造成漆膜过厚而开裂。

(三)下雨后涂料起鼓

下雨后外墙涂料有时会起鼓,涂料起鼓(如同大水泡)的原因是基层材料的耐水性差、腻子层受油污和灰尘污染所导致。要避免涂膜起鼓,首先涂料施工前一定要把基材处理彻底,确保基材干燥、无油污、无灰尘。同时也要注意施工的配套性,如弹性涂料上就不能涂刷非弹性涂料。

(四)外墙涂料出现雨痕

外墙涂料出现雨痕是一种常见的现象,主要原因有两点:一是施工现场环境较差,施工时漆膜被灰尘严重污染,雨水不均匀地冲洗而导致雨痕现象的发生;二是水性涂料本身的技术障碍所造成的,水性涂料配方中加入了一定的水溶性表面活性剂,在涂料施工后的较长一段时间内(一般约 15 d),漆膜遇水后被润湿,漆膜中残留的助剂发生迁移,形成雨痕现象,但随着时间的推移,雨水的增多,雨痕现象会慢慢地消失。

(五)涂料浮色发花现象

浮色发花是涂料尤其是深色涂料的常见现象。涂料浮色发花主要发生在漆膜干燥的初期阶段。首先,颜料、填料粒子的粒径对涂料浮色发花有一定的影响。涂料在干燥过程中,挥发分夹带一部分颜料、填料至漆膜的表面,粒径较细的粒子易于上浮,导致颜料、填料的分布不均而造成浮色。其次,白色的基础漆与外购的色浆混容性差,也会导致漆膜浮色发花现象的发生。最后,体系中的颜料润湿分散不充分,造成颜料的絮凝而产生浮色发花的现象。

(六)遮盖力低(露底)

1. 原因

(1)涂料搅拌不均匀。

(2)加水过多,涂料黏度低,涂刷过薄。

(3)基材与涂料的颜色相差大。

2. 措施

(1)施工中涂料充分搅拌均匀。

(2)按标准加水稀释,力求涂层厚薄均匀。

(3)增加涂层工序。

(七)腻子裂纹

腻子干燥后出现裂纹,导致孔胶漆龟裂。

1. 原因

(1)腻子中大白粉、滑石粉比例高,胶类比例过低,使腻子黏性小。

(2)一次涂刮腻子太厚或不均匀。

(3)基层处理不干净,坑凹处灰尘、杂物未清理干净,腻子不能生根。

2. 措施

(1)调腻子时,稠度适中,胶液可略多些。

(2)基层清理干净。坑凹处可先涂一遍黏结液, 空洞较大,分层刮腻子。

(3)刮腻子操作要均匀,每次不可太厚。

二、墙面刷漆时常见问题及解决方法

(一)刷油漆过厚

过厚漆膜会造成漆膜机械性能降低,抗冲击度及硬度降低,易产生剥落开裂等现象,若发生很难再修复,需重做,比较麻烦且伤身体;漆膜过厚、透明度差及出现下陷现象,漆膜内溶剂挥发慢会影响人体健康。此外,造成造价增加,浪费资金。

(二)油漆开裂剥落

由于温度、湿度变化,光线照射,擦洗碰撞等外部因素影响,或者是墙面漆膜层之间附着接合不良,造成油漆开裂或者剥落现象产生,原因主要是表面不洁、底层打磨不充分、底漆配套性差、面漆过厚或未干透、外界环境影响漆膜收缩膨胀等。防止此现象发生的措施主要有:①墙面表面处理时要把油污、水分或其他污物彻底清除;②选择配套的底漆、面漆;③干透后再涂装下一道漆。

(三)油漆泛黄

(1)乳胶漆。乳胶漆若是与含有 TDI 的油漆交叉施工,会发生化学反应导致墙面变黄。

(2)油性漆。由于紫外线照射,树脂油漆中的不饱和结构发生变化、氧化甚至化学键断裂,导致漆膜变黄。

(3)白油漆。在制作板材时,为消除板材色差,厂家常对板材漂白处理(其中含有的漂白剂主要含有双氧水和亚铝酸钠),聚酯白漆的固化剂和漂白时残留的氧化性漂白剂产生反应,导致表面泛黄。

油漆泛黄后,就很难处理了,需要重新翻修。但在装修完后,可以用一些方法防止墙面油漆泛黄,如用小块海绵粘含有软性研磨成分擦拭家具,每个月擦拭一次, 就可以长期保持白色油漆常亮常新了;用牙膏擦拭,效果不错,但牙膏只能用一次,若用 2~3 次,表面就没有光泽了,且会越来越脏,划痕会导致表面很快地附着灰尘,影响美观和使用。应综合考虑,选择合适的对策,确保质量。

第六节　涂饰安全与防护

一、涂料施工安全防护

(一)涂料储存安全防护

(1)建造涂料仓库应使用非燃烧材料。

(2)库房位置的设定要远离明火作业点和高压线,与其他建筑物应保持一定的安全距离。

(3)涂料库房应保持干燥、阴凉、通风,防止强光暴晒、邻近火源。

(4)库房温度一般应保持在15~25 ℃,相对湿度在50%~75%,并采取防火、防爆、通风、降温等防护措施,防止出现鼓涌、喷溅事故。

(5)易燃或有毒涂料,应存放在专用库房内,不能与其他材料混放,并指定专人负责。

(6)挥发性材料必须存放于密闭容器内。

(7)库房应保证良好的通风,悬挂醒目的"严禁烟火"的标志,配备足够数量的灭火装置,如泡沫、二氧化碳型灭火器或干粉灭火器。

(8)危险化学品采购由专人负责,必须到有经营或生产危险化学品资质的单位购买,并对所购危险品的品种、数量等进行登记。

(二)涂料调配安全防护

(1)调配涂料应在通风良好、干燥、阴凉的配料房内进行,使用煤油、汽油、松香水、丙酮等易燃材料调配时,应佩戴好防护用品。

(2)配料房内及附近均不得有火源,并应配备足够数量的消防设备。

(3)配料房内的稀释剂和易燃油漆必须放在专用库中妥善保管,切勿放在门口和人经常走动的地方。

(4)调配好的油漆,如果放在大口铁桶内,需要盖上皮纸并用双层皮纸塑料盖住桶口,用细绳系紧,以防气体挥发。

(5)配料房只准存放一天的涂料和稀释剂用量,并避免放在门口和人员经常走动的地方,选择安全地点妥善摆放、盖好桶盖,防止挥发。

(6)配料房必须经常打扫,随时清除漆垢、干残渣和可燃物。

(7)使用硝基清漆和香蕉水等稀释剂时,容易挥发大量可燃液体蒸气,应注意及时通风并避免明火。

(三)涂料施工安全防护

(1)现场施工人员应对施工环境有充分的了解,如果有火灾出现能及时有效地进行灭火,防止爆炸事件的发生。

(2)夜间作业时,照明灯应用玻璃罩保护,防止漆雾沾上灯泡而引起爆炸,现场禁止使用高温灯照明。

(3)为避免静电聚集,罐体涂漆应设有接地保护装置。

(4)沾有油漆的工作服应挂在固定通风的地方,工作服内不能装沾漆的棉纱等,以防自燃。

(5)擦拭油漆的棉纱、破布等物品应集中妥善存放在有清水的密闭桶中,集中销毁或用碱将油污洗净以备再用。

(6)在油漆使用过程中,尽量避免敲打、碰撞、冲击、摩擦等动作,防止产生火花引起燃烧。

(7)施工中注意将涂料和溶剂的桶盖严,避免溶剂挥发,施工场所应有排风和排气设备,以防止溶剂蒸发的浓度过高,而达到爆炸下限。

(8)五级以上大风时,严禁在高空及外檐处进行操作。

(9)施工场地严禁吸烟,并有各种防火醒目标志,配备灭火器材。

(10)冬季涂料施工时,严禁使用火炉取暖和提高油漆作业场所的环境温度,加快油漆干燥速度。

(11)涂件烘烤时,严禁使用有电阻丝外露的电烘箱或有明火的烘房。

(12)涂料施工中需要动火检修焊、割时,应按照公司准用程序,申请《热加工许可证》,并且采取必要的防范措施后才能进行。

(13)在工地进行涂料施工时,必须佩戴安全帽。

(14)凡在有可能坠落高度基准面2 m以上(含2 m)高处进行涂饰的,称为高处作业。高处作业时,要头戴安全帽、腰系安全带,必要时应搭设安全网。

(15)刷外开窗扇必须佩戴安全带,并将安全带挂在牢固的地方,刷封檐板、水落管等应搭设脚手架或吊架。在铁皮坡屋面上刷油时,应使用活动板、防护栏杆和安全网。

(16)脚手板应具有足够的宽度,搭接处要牢固,避免空洞或探头。

(17)用喷砂除锈时,喷嘴接头要牢固,不准对人。喷嘴堵塞时,应停机消除压力后,方可进行修理或更换。

二、涂料施工卫生防护

在涂料施工过程中,不可避免地会遇到一些有害物质,如涂料施工中使用的苯类溶剂和某些颜料,在粘贴施工时使用的溶剂型胶粘剂,清除油污时采用的汽油、松香水之类的洗涤剂,表面处理时使用的草酸、氨水、漂白粉等。这些物质危害人体健康,如苯会抑制人体造血功能,易使白细胞、红细胞、血小板减少;酯类和三氯乙烯对人体黏膜有刺激性,易引起结膜炎、咽喉炎;铅(烟、尘)、铬(尘)、粉尘等易引起中毒,使皮肤或呼吸系统过敏。因此,在施工中必须注意安全卫生防护。

(1)施工现场保持良好通风,不要在密闭的房间内进行溶剂型涂料的施工。

(2)涂料不要长时间与皮肤接触,乳胶涂料虽然比油性涂料安全一些,但仍对人体有害。施工操作前,暴露在外的双手和脸部应涂抹凡士林保护,工作结束后,洗净手和脸部,并涂抹凡士林于裸露的皮肤处,以防止皮肤过敏。涂刷顶棚时,应佩戴防护眼镜和披风帽。

(3)粘在皮肤上的涂科应用肥皂水或热水洗去。油性漆可用菜油、白油清洗。如涂料溅入眼睛内,应立即用清水冲洗10 min,然后立即就医。

(4)严禁在施工现场喝水或饮食。饭前或下班后要洗净手、脸,换下工作服。

(5)严禁涂料进入口、眼中,若进入口、眼必须用清水冲洗,并迅速就医。

(6)保证空气流通(排气或换气),防止溶剂蒸气聚集,如大量吸入溶剂蒸气,出现不适症状时,应迅速离开工作现场,到室外呼吸新鲜空气。待症状消失后,方可重新施工。如发现急性中毒现象,应及时组织抢救。

(7)清理旧涂层,特别是含铅涂层时,应喷湿涂层。打磨的细粉末应在干燥前清除干净,以防止含铅粉尘吸入体内。

(8)使用煤油、汽油、松香水、丙酮等易燃材料调配时,应佩戴防护用品。

(9)使用钢丝刷、板锉、气动或电动工具清除金属锈蚀时,应佩戴防护眼镜。

(10)涂刷红丹防锈漆及含铅颜料的涂料时,要佩戴防毒口罩,以防中毒。

(11)施工过程中,如感觉头痛、心悸或恶心,应立即停止工作,远离工作地点到通风处换气,如仍不能缓解,应及时就医。

(12)大面积涂刷墙面或地板时,应经常调换作业人员,以防长时间操作导致中毒。

(13)施工人员应定期体检,有中毒症状的应及时治疗。

(14)刷涂耐酸、耐腐蚀的过氯乙烯漆时,由于气味较大、有毒性,操作时应佩戴防毒口罩,并每隔 1 h 到室外换气一次。

三、应急处理预案

(一)涂料中毒的应急处理预案

一旦发生人员中毒,应急处理人员在穿戴好空气呼吸器、防护服的情况下,迅速将中毒者救离泄漏区,急救后迅速就医。

(1)皮肤接触。脱去被污染的衣服,用肥皂水和清水彻底冲洗皮肤。

(2)眼睛接触。提起眼睑,用流动的清水或生理盐水彻底冲洗。

(3)吸入。迅速脱离现场至空气清新处,保持呼吸道通畅。如呼吸困难,输氧;如果呼吸停止,立即进行人工呼吸。

(4)食入。饮足量温水,催吐。

(二)物料泄漏的应急处理预案

(1)迅速撤离泄漏污染区人员至安全区,并进行隔离,严格限制出入。

(2)切断火源。

(3)建议应急处理人员戴自给正压式呼吸器,穿消防防护服。

(4)尽可能切断泄漏源,防止进入下水道、排洪沟等限制性空间。

(5)少量泄漏可用活性炭或其他惰性材料吸收。也可以用大量水冲洗稀释后排入废水系统。

(6)大量泄漏需要构筑围堤或挖坑收容;用泡沫覆盖,降低蒸气灾害。喷雾状水冷却和稀释蒸气,把泄漏物稀释成不燃物。用防爆泵转移至槽车或专用收集器内,回收或运至废物处理场所。

【习题】

一、判断题(下列判断正确的打“√”,错误的打“×”)

(　　)1. 金属面施涂调和漆包括钢门窗、钢结构表面中级、高级油漆施工。涂饰方法为刷涂。

(　　)2. 一般刷浆涂饰操作流程:基层处理→刷(滚)乳胶水→嵌补缝隙、局部刮腻子、磨平→石膏板墙面拼缝处理→满刮腻子、磨平一刷(滚)涂第一遍浆→复补腻子、磨平→刷(滚)涂第二遍浆一刷(滚)涂交活浆。

(　　)3. 涂料施工时,漆膜一次性涂刷太厚,干燥过程中常会使漆膜开裂。

(　　)4. 油漆泛黄后,就很难处理了,需要重新翻修。但在装修完后,可以用牙膏擦拭防止墙面油漆泛黄。

(　　)5. 冬季涂料施工时,可以使用火炉取暖和提高油漆作业场所的环境温度,加快油漆干燥速度。

二、单项选择题(下列选项中,只有一个是正确的,请将其代号填在括号内)

1. 下列不属于内墙涂料特点的是(　　)。

A. 色彩丰富、细腻、协调　　B. 耐碱性好、耐水性好

C. 涂刷容易　　D. 耐候性好

2. 涂刷工具不包括(　　)。

A. 刷子　　B. 滚筒　　C. 喷枪　　D. 刮刀

3. 调配灰色、绿色等复色漆时,由于多种颜料的密度,吸油量不同,很可能发生“浮色”“发花”等观象,这时不可加入(　　)。

A. 表面活性剂　　B. 流平剂　　C. 防浮色剂　　D. 稀释剂

4. 刮腻子之前,在混凝土墙面上先刷一道乳胶水的目的是(　　)。

A. 增强腻子与基层表面的黏结性　　B. 增强基层平整性

C. 增加基层的含水率　　D. 减少基层的含水率

5. 墙面刷漆时常见问题不包括(　　)。

A. 刷油漆过厚　　B 油漆开裂剥落　　C. 油漆泛黄　　D. 油漆泛红

三、多项选择题(下列选项中,至少有两个是正确的,请将其代号填在括号内)

1. 内墙面乳胶漆涂饰施工质量要求包括(　　)。

A. 涂饰工程所用涂料的品种、型号和性能应符合设计要求

B. 水性涂料涂饰工程的颜色、图案应符合设计要求

C. 水性涂料涂饰工程应涂饰均匀、黏结牢固,无漏涂、透底、脱皮、反锈和斑迹、掉粉

D. 基层腻子应平整、坚固,无粉化、起皮和裂缝

2. 金属面涂饰施工的质量要求包括(　　)。

A. 涂饰工程所用涂料的品种、型号和性能应符合设计要求

B. 涂饰工程的颜色、光泽应符合设计要求

C. 涂饰工程应涂饰均匀、黏结牢固,不得漏涂、透底、起皮和反锈

D. 基层腻子应平整、坚实、牢固、无粉化、起皮和裂缝

3. 腻子干燥后出现裂纹,导致孔胶漆龟裂,应采取哪些措施?(　　)

A. 调腻子时,稠度适中,胶液可略多些

B. 基层清理干净。坑凹处可先涂一遍黏结液, 空洞较大,分层刮腻子

C. 刮腻子操作要均匀,每次不可太厚

D. 调腻子时,稠度适中,胶液可少些

4. 在进行一般刷浆涂饰施工时,下列说法正确的是(　　)。
   A. 涂刷大白浆动作要敏捷,为改善大白浆和易性,可适量掺入羧甲基纤维素
   B. 在旧装饰层上刷涂大白浆前,应在基层处理后,先刷 1~2 遍用熟猪血和石灰水配成的浆液,以防出现泛黄、起花等现象
   C. 室外刷涂石灰浆,可掺入干性油和食盐或明矾,以免浆膜掉粉
   D. 室外刷涂分片操作时,不宜以分格缝、墙面阴角处、雨水管等为分界线
5. 在进行金属面涂饰施工时,下列说法正确的是(　　)。
   A. 对金属等无孔隙基层、底层和中间涂层都不宜摊得过厚,并应刷开、刷到,只有面漆可适当厚一些
   B. 在玻璃油灰上刷油,应等油灰达到一定强度后方可进行
   C. 施工前,应对钢门窗外形进行检查,若有变形不合格的应及时拆换
   D. 施工温度不宜高于 10 ℃,相对湿度不宜小于 60%

【参考答案】

一、判断题

1. √　2. √　3. √　4. √　5√

二、单项选择题

1. C　2. D　3. D　4. A　5. D

三、单项选择题

1. ABCD　2. ABCD　3. ABC　4. ABC　5. ABC